大学数学系列教材

概率论与数理统计（第三版）

主　编　周仲礼　余海洋
副主编　陈国东　许必才

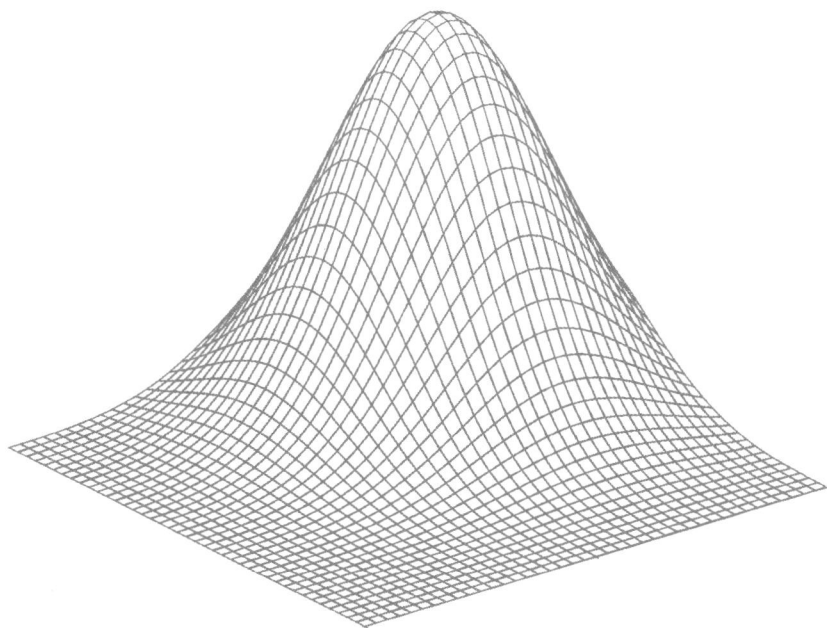

中国教育出版传媒集团

高等教育出版社·北京

内容提要

本书是在第二版(四川省"十二五"普通高等教育本科规划教材)的基础上修订而成的,是为了适应新工科人才培养而编写的创新性概率论与数理统计教材。本书含概率论部分以及数理统计部分,力求使两部分内容并重且有机结合,尽量做到概念准确、理论系统、解析完备。书中知识体系脉络清晰,内容设置方便学习。本书以随机事件和随机变量为主线,突出对随机变量的研究。

全书内容包括:随机事件及其概率、一维随机变量及其分布、多维随机变量及其分布、随机变量的数字特征、大数定律和中心极限定理、样本及抽样分布、参数估计、假设检验、方差分析、回归分析。本次修订重新编排了部分章节,也增删了部分知识,并修改了第二版中的疏漏,新增的各章知识结构导图与知识总结均以二维码的形式呈现。

本书可以作为高等学校本科生"概率论与数理统计"课程的教材,也可供工程技术人员和报考研究生的读者参考。

图书在版编目（CIP）数据

概率论与数理统计／周仲礼，余海洋主编；陈国东，许必才副主编． -- 3 版． -- 北京：高等教育出版社，2025．2． -- ISBN 978-7-04-063890-5

Ⅰ．O21

中国国家版本馆 CIP 数据核字第 2024B3B627 号

Gailülun yu Shuli Tongji

策划编辑	刘 荣	责任编辑	刘 荣	封面设计	赵 阳	版式设计 杨 树
责任绘图	于 博	责任校对	吕红颖	责任印制	刘思涵	

出版发行	高等教育出版社	网　址	http://www.hep.edu.cn
社　址	北京市西城区德外大街4号		http://www.hep.com.cn
邮政编码	100120	网上订购	http://www.hepmall.com.cn
印　刷	高教社（天津）印务有限公司		http://www.hepmall.com
开　本	787 mm×1092 mm　1/16		http://www.hepmall.cn
印　张	18.25	版　次	2007年4月第1版
字　数	350千字		2025年2月第3版
购书热线	010-58581118	印　次	2025年2月第1次印刷
咨询电话	400-810-0598	定　价	36.70元

本书如有缺页、倒页、脱页等质量问题,请到所购图书销售部门联系调换
版权所有　侵权必究
物 料 号　63890-00

第三版前言

本书是在第二版的基础上修订而成的,第二版入选四川省"十二五"普通高等教育本科规划教材。本书自 2004 年第一版出版、2014 年第二版出版以来,一直作为成都理工大学"概率论与数理统计"课程的教材,供广大教师教学、学生学习以及考研复习使用。在使用的过程中,师生和读者向我们提出了许多宝贵的建议与意见,对此我们深表感谢。目前,高质量人才培养的需求增加以及信息科学技术的高速发展,带动概率论与数理统计发展到了一个新的水平。同时,在新工科背景下,人工智能、大数据科学、卫星通信等前沿科技领域数学问题的不断涌现,使概率论与数理统计等数学分支的基础地位及其在关键领域发挥的基础作用更加凸显。

本书编者发挥编著团队长期从事"概率论与数理统计"课程教学实践以及教学改革的优势,紧跟时代发展的步伐,在保持第二版教材的内容体系、特色、风格的基础上,对概率论与数理统计经典的基本概念、运算、理论、方法等予以保留,并对部分内容加以着重强调。本书面向理工科高等院校,能够适应国家对高等教育的新要求,有效满足线上线下教学与学习的需要,充分体现大学数学基础课程与其他学科的交叉与融合,突出了数学的实用性和易用性等特点。修订时,首先对第二版中的疏漏以及不妥之处做了修改,对个别地方进行了勘误;其次,对部分章节内容作了调整,重新编排了知识体系,增减了一部分章节内容;第三,对传统的例题进行优化,精心设计与选择了一批与课程内容紧密贴合、扎根于基础科学、反映前沿科技的新内容、新例题,并有机融入本书;第四,为了使读者更好、更方便地使用本书,编者特意为每章内容设置了知识结构导图与知识总结,读者可以使用手机扫码学习,部分内容以及例题也以二维码形式呈现,方便学有余力的读者更方便地学习。本书无论是内容结构、概念叙述,还是例题解析、习题精练等,都力求与新工科的要求一致。

本书共分为十章,按照概率论与数理统计经典的内容,以随机事件与随机变量为主线进行内容编排。全书条理清晰、结构合理,由浅入深,脉络通畅,适合学生学习。本书由成都理工大学周仲礼、余海洋担任主编,陈国东、许必才担任副主编。本书第一至三章由余海洋编写;第四、五章由周仲礼编写;第六至八章由陈国东编写;第九、十章由许必才编写,由余海洋、陈国东统一定稿。

本书由成都理工大学魏贵民教授担任主审。魏贵民教授从严、从实审理本书的各项内容,对本书质量的提升提出了非常宝贵的指导意见和建议,在此感谢魏贵民教授长期的指导和支持。作者特别感谢高等教育出版社刘荣老师对本书出版的大力支持和指导。本书为高等学校大学数学教学研究与发展中心资助成果(项目编号CMC20240602)。

虽然编著团队努力使本书成为质量上乘、适合学生学习的教材,但由于编者水平有限,书中恐怕仍有不足之处,恳请各位读者批评指正,让我们有机会使本书不断修正、完善。

编　者

2024 年 9 月于成都

第二版前言

本书入选四川省"十二五"普通高等教育本科规划教材,在 2007 年第一版的基础上修订而成。全书内容分为两部分,第一部分为概率论的基本知识和方法,第二部分为数理统计的基本理论和方法。在编写过程中,本书充分吸收国内外同类教材的精华,在保证教学内容完整性的基础上,注重科学性和实用性。书中的例题和习题涉及多个应用领域,具有广泛性和代表性,力求将理论与实际紧密结合。

本书第一版经过多年的教学实践,得到了广大高校和师生的认可。本次修订针对第一版中的疏漏和不妥之处做了修改,对各章的例题和习题作了一定的调整。特别地,由于工科院校更注重数学方法的应用,即不仅要"学数学",更要"用数学",故本书将原"附录一:阅读材料"中的部分内容融入正文相关章节,新增"Excel 中的概率统计实验",其中实验内容基本与正文章节相呼应,采用 Excel 为实验平台,以便教师在教学中使用。

本书由首届四川省高等学校教学名师、成都理工大学魏贵民教授担任主编,周仲礼、许必才、范安东担任副主编。第二版修订工作由范安东教授主持,郭科教授主审。郭发明教授、王玉兰副教授也参加了审稿工作,柳炳利、林红霞老师参与了第二版附录的修订工作。本书同时也广泛吸收了许多教师和同学的意见和建议,编者在此表示衷心感谢。

由于编者水平有限,书中不足与疏漏之处在所难免,希望广大读者批评指正。

编　者
2014 年 11 月

第一版前言

　　《概率论与数理统计》是高等教育工科数学系列教材之一,主要介绍概率论与数理统计的基础知识。本册内容分为两个部分,第一部分为概率论的基本理论与方法,第二部分为数理统计的基本原理、方法及其应用,主要内容包括概率论基本概念、一维随机变量及其分布、多维随机变量及其分布、数字特征、大数定律与中心极限定理、样本及抽样分布、参数估计、假设检验、方差分析和回归分析,共十章。每节配有习题,书末附有习题参考解答。本书的主要特色有以下几个方面:

　　一、内容合理,体系结构清晰

　　本书在编写过程中吸收了国内外众多优秀教材的长处,结合了编者多年来参与工科数学教学改革与教学实践的经验,在保证教学内容的完整性与科学性的基础上,对传统的概率论与数理统计的教学内容与体系结构作了一定的合理调整,注重教材的系统性与逻辑性,深入浅出,循序渐进,力求概念的准确性与简明性,更加有利于工科学生学习。

　　二、注重实际应用,遵循易教易学的原则

　　工科及理科非数学类专业学生学习本课程的目的主要在于实际应用。针对这一特点,我们着重讲清基本概念、原理与方法,尽量避免了烦琐的理论推导与论证,如估计理论、假设检验、回归分析与方差分析等,本书通过精炼的符号描述,将思想方法介绍给读者,更多的是通过对很多实际问题的处理,归纳总结出这些方法的原理与步骤。各章节内容的安排符合教学规律,注意消化教学难点,加强教学重点,增加了很多实际应用事例,将科学性、趣味性和实用性紧密结合起来。

　　三、定位准确,选题恰当

　　本书中的例子与习题涉及很多领域的实际问题,巧妙地将"概率论与数理统计"课程的烦琐计算与实际问题结合起来,重视思想方法,淡化计算技巧,激发学生的学习动力,力求提高学生的综合素质。针对理工科学生的学习特点,书中涉及的一些理论性较强的推证过程,我们以阅读材料的形式提供给不同层次的读者参考。

　　本系列教材由成都理工大学魏贵民教授任主编,胡灿、魏友华任副主编。《概率论与数理统计》由魏贵民、周仲礼、许必才执笔编写,郭科教授主审,胡灿副教授、范安东副教授也参加了审稿工作,他们为本书提出了重要的修改意见。

由于编者水平有限,书中肯定有很多不足与疏漏之处,错误在所难免,我们希望得到专家、同行和读者的批评指正,使本书在教学实践中不断完善起来。

编　者

2006 年 12 月

目　录

第一章

随机事件及其概率

第一章知识结构导图

教学基本要求

（1）了解随机现象与随机试验，了解样本空间的概念，理解随机事件的概念，掌握事件之间的关系与运算.

（2）了解事件频率的概念，了解概率的统计定义和古典定义，会计算简单的古典概率.

（3）了解概率的公理化定义，掌握概率的基本性质，了解概率加法定理.

（4）了解条件概率的概念、概率的乘法定理、全概率公式与贝叶斯公式，会应用它们解决较简单的问题.

（5）理解事件的独立性概念.

（6）了解伯努利概型.

概率论与数理统计研究的对象是随机现象.概率论研究随机的模型及其性质，数理统计研究随机现象的数据收集、数据处理以及统计推断.

在自然界和人类社会生活中普遍存在着两类现象：一类现象在一定条件下必然发生，如水稻的生长从播种到收割要经过发芽、育秧、长叶、吐穗、扬花、结实这几个阶段；在 1 个标准大气压下，将纯净水加热到 100 ℃ 时必然沸腾；同性电荷必定互相排斥，等等.这类现象叫做确定性现象.另一类现象则不然，例如，在相同条件下抛同一枚硬币，其结果可能是正面朝上，也可能是反面朝上，并且每次抛掷之前无法肯定其结果；同一台机器用相同的材料生产的产品可能是合格品，也可能是不合格品；射击运动员射击时，每次弹着点不尽相同，在一次射击之前无法预测弹着点的确切位置，等等.这类现象在完全相同的条件下，进行若干次观察或试验，却未必出现相同的结果，且在观察或试验之前不能预知确切的结果,叫做**随机现象**.随机现象在客观世界中普遍存在.

随机现象在个别试验中的结果呈现出不确定性,但人们经过长期实践并深入研究之后,发现这类现象在大量重复观察或试验下,其结果却呈现出某种规律性,这种规律性叫做**统计规律性**.例如,多次重复抛掷一枚质地均匀的硬币,正面朝上的次数大致有一半,射击运动员正常发挥时弹着点也按照一定规律分布.概率论与数理统计就是研究和揭示随机现象统计规律性的一个数学分支,在现实生活中有极其广泛的应用,并且其应用几乎遍及所有的科学领域.

第一节　随机试验与随机事件

一、随机试验

为了深入研究随机现象的统计规律性,往往要对随机现象进行多次重复观察或试验.我们把对随机现象的观察或试验叫做**随机试验**,简称为**试验**,通常用字母 E 来表示.这里,试验的含义是广泛的,包括各种科学实验,对某一事物的某一特征的观察也认为是一种试验.随机试验具有如下三个特征:

(1) 在相同的条件下可以重复进行;

(2) 每次试验的可能结果有多个,且事先可以预知试验的所有可能结果;

(3) 每次试验只能出现一个可能结果,但试验之前无法确定具体出现哪一个结果.

对于试验 E,每一个可能出现的结果叫做**样本点**,习惯上用 e 表示,所有的样本点组成的集合叫做**样本空间**,用大写字母 S 表示.

例 1　试验 E_1:抛掷一枚质地均匀的硬币,观察正面、反面出现的情况.我们用样本点 e_1 表示"正面朝上", e_2 表示"反面朝上",则样本空间 $S_1=\{e_1,e_2\}$.

例 2　试验 E_2:抛掷两枚质地均匀的硬币,观察正面、反面出现的情况.样本点 e_1 表示"两枚均是正面朝上", e_2 表示"一枚正面朝上,一枚反面朝上", e_3 表示"两枚均是反面朝上",则样本空间 $S_2=\{e_1,e_2,e_3\}$.

例 3　试验 E_3:抛掷两枚质地均匀的硬币,观察正面出现的次数.样本点 e_i 表示"正面朝上出现 i 次"$(i=0,1,2)$,则样本空间 $S_3=\{e_0,e_1,e_2\}$.

由例 2 和例 3 可以看出,样本空间的元素是由试验的目的所决定的.在 E_2 和 E_3 中同是抛掷两枚质地均匀的硬币,由于试验目的不一样,其样本空间也不一样.

例 4　试验 E_4:在相同的条件下进行投篮训练,直到第二次投中为止,观察训练中所需的投篮次数. 设 e_i 表示"第二次投中时的投篮次数为 i 次"$(i=2,3,\cdots)$,则样本空间 $S_4=\{e_2,e_3,\cdots\}$.

例 5 试验 E_5:在一批灯泡中任意抽取一只,测试它的使用寿命 t(单位:h).

我们知道灯泡的使用寿命 $t\geqslant 0$,但在测试之前不能确定它的使用寿命有多长,则有 $S_5=\{t\mid t\geqslant 0\}$.

例 6 试验 E_6:观察某城市一天中的最高温度和最低温度(单位:℃),根据历史数据已知该城市的温度下限为 T_0,上限为 T_1.

这里用 x 表示最低温度,y 表示最高温度,(x,y) 表示一次观察结果,显然有 $T_0\leqslant x\leqslant y\leqslant T_1$,则有 $S_6=\{(x,y)\mid T_0\leqslant x\leqslant y\leqslant T_1\}$.

由上述例子可以看出,样本空间中的样本点有以下 3 种情况:

(1) 样本空间包含有限个样本点;

(2) 样本空间包含无穷可列个样本点;

(3) 样本空间包含不可列个样本点.

二、随机事件

在实际中,我们常常关心满足某种特定条件的那些样本点所组成的集合. 如若规定灯泡的使用寿命(单位:h)小于 500 为不合格产品,则在试验 E_5 中我们通常关心灯泡产品是否合格,对于合格产品有 $t\geqslant 500$,满足这一条件的样本点组成 S_5 的一个子集:$A=\{t\mid t\geqslant 500\}$. 我们称 A 为试验 E_5 的一个随机事件. 一般地,我们称试验 E 的样本空间 S 的子集为 E 的<u>随机事件</u>,简称<u>事件</u>. 在每次试验中,当这一子集中的一个样本点出现时,称这一事件<u>发生</u>.

特别地,由一个样本点组成的单点集 $\{e_i\}$ 称为<u>基本事件</u>. 由若干基本事件组合而成的事件称为<u>复合事件</u>. 例如,试验 E_1 有两个基本事件 $\{e_1\}$ 和 $\{e_2\}$;试验 E_3 有三个基本事件 $\{e_0\}$,$\{e_1\}$,$\{e_2\}$.

样本空间 S 包含所有的样本点,它是 S 自身的子集,在每次试验中总是发生,S 称为<u>必然事件</u>. 空集 $\varnothing$ 不包含任何样本点,它也是样本空间的子集,在每次试验中都不发生,$\varnothing$ 称为<u>不可能事件</u>.

下面举几个事件的例子.

例 7 设试验 E 为"抛一枚硬币三次",事件 A_1:"第一次出现的是 H",即 $A_1=\{HHH,HHT,HTH,HTT\}$. 这里,H 表示"正面",T 表示"反面".

事件 A_2:"三次出现同一面",即 $A_2=\{HHH,TTT\}$.

例 8 在 E_5 中,事件 A_3:"寿命小于 1 000 h",即
$$A_3=\{t\mid 0\leqslant t<1\,000\}.$$

例9 在 E_6 中,事件 A_4:"最高温度与最低温度相差 $10\,°\!C$",即
$$A_4 = \{(x,y) \mid y-x=10, T_0 \leqslant x < y \leqslant T_1\}.$$

三、 事件间的关系与运算

一个样本空间 S 中,事件可能有很多. 我们可以通过研究这些事件之间的关系和运算,从简单事件的统计规律去探求复杂事件的统计规律. 事件是由样本点组成的一个集合,因而事件间的关系与运算可以按集合论中集合之间的关系和运算来处理.

设试验 E 的样本空间为 S,而 $A,B,C,A_k(k=1,2,\cdots)$ 是 S 的子集.

1. 事件的包含

如果事件 A 发生,则事件 B 必然发生,则称事件 B 包含事件 A,或称事件 A 含于事件 B,记作 $B \supseteq A$ 或 $A \subseteq B$. 图 1-1 给出了包含关系的几何表示.

由事件间的包含关系定义容易得到:

(1) 任一事件都包含自身,即 $A \subseteq A$;

(2) 包含关系具有传递性,即若 $A \subseteq B, B \subseteq C$,则 $A \subseteq C$;

(3) 任意事件都含于必然事件 S,即 $A \subseteq S$;

(4) 任意事件都包含不可能事件 $\varnothing$,即 $\varnothing \subseteq A$.

若 $A \subseteq B$ 且 $B \subseteq A$,即 $A=B$,则称事件 A 与事件 B 相等.

2. 积事件

事件 $A \cap B = \{x \mid x \in A$ 且 $x \in B\}$ 称为事件 A 与事件 B 的积事件. 当且仅当 A,B 同时发生时,事件 $A \cap B$ 发生. $A \cap B$ 也记作 AB. 图 1-2 给出了积事件的几何表示.

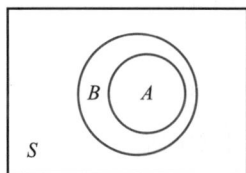
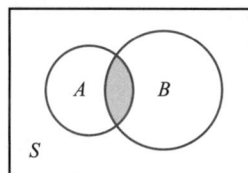

图 1-1 图 1-2

类似地,称 $\bigcap\limits_{k=1}^{n} A_k$ 为 n 个事件 $A_1, A_2, \cdots, A_n$ 的积事件;称 $\bigcap\limits_{k=1}^{\infty} A_k$ 为可列个事件 $A_1, A_2, \cdots$ 的积事件.

3. 和事件

事件 $A \cup B = \{x \mid x \in A$ 或 $x \in B\}$ 称为事件 A 与事件 B 的和事件. 当且仅当 A,B 至

少有一个发生时,事件 $A \cup B$ 发生.图 1-3 给出了和事件的几何表示.

类似地,称 $\bigcup\limits_{k=1}^{n} A_k$ 为 n 个事件 $A_1, A_2, \cdots, A_n$ 的和事件;称 $\bigcup\limits_{k=1}^{\infty} A_k$ 为可列个事件 A_1, $A_2, \cdots$ 的和事件.

4. 互不相容事件

如果事件 A 与 B 不可能同时发生,则称事件 A 与事件 B 是互不相容的,或互斥的,即 $A \cap B = \varnothing$.图 1-4 给出了互斥事件的几何表示.

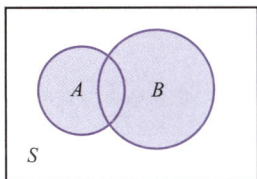
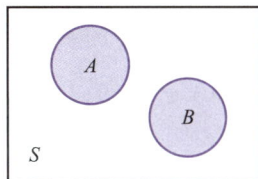

图 1-3　　　　　　　　　　图 1-4

若 n 个事件 $A_1, A_2, \cdots, A_n$ 中任意两个事件是互不相容的,即
$$A_i \cap A_j = \varnothing \quad (1 \leqslant i < j \leqslant n),$$
则称这 n 个事件是两两互不相容的或两两互斥的.

显然,基本事件是互不相容的.同样,不可能事件 $\varnothing$ 与任意事件都是互不相容的.

5. 对立事件

如果两个事件 A, B 满足 $A \cup B = S$ 且 $A \cap B = \varnothing$,则称事件 A 与事件 B 互为逆事件或对立事件.这指的是对每次试验而言,事件 A, B 中必有一个发生,且仅有一个发生. A 的对立事件记为 $\bar{A}$.图 1-5 给出了对立事件的几何表示.

显然 $\bar{S} = \varnothing$,$\bar{\varnothing} = S$,$\bar{\bar{A}} = A$.

注意:对立事件一定是互不相容事件,但互不相容事件未必是对立事件.

6. 差事件

事件 $A - B = \{x \mid x \in A \text{ 且 } x \notin B\}$ 称为事件 A 与事件 B 的差事件.当且仅当 A 发生、B 不发生时,事件 $A - B$ 发生.由此可得,$\bar{A} = S - A$.图 1-6 给出了差事件的几何表示.

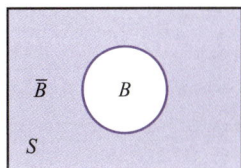
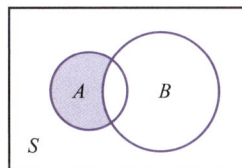

图 1-5　　　　　　　　　　图 1-6

由差事件、积事件与对立事件的定义不难看出:

$$A-B=A-AB=A\bar{B}.$$

事件间的关系与运算符合集合论中的有关定律. 设 A,B,C 为事件,则有

(1) 交换律: $A\cup B=B\cup A,AB=BA$;

(2) 结合律: $A\cup(B\cup C)=(A\cup B)\cup C,A\cap(B\cap C)=(A\cap B)\cap C$;

(3) 分配律: $A\cup(B\cap C)=(A\cup B)\cap(A\cup C),A\cap(B\cup C)=(A\cap B)\cup(A\cap C)$;

(4) 德摩根律: $\overline{A\cup B}=\bar{A}\bar{B},\overline{AB}=\bar{A}\cup\bar{B}$.

德摩根律又称为对偶律,在事件的运算中非常有用. 这些性质的证明也不困难,在此用集合论的语言证明其中的第一个结论.

设 $x\in\overline{A\cup B}$,即 $x\notin A\cup B$,这表明 $x\notin A,x\notin B$,于是 $x\in\bar{A},x\in\bar{B}$,即 $x\in\bar{A}\cap\bar{B}$,这说明

$$\overline{A\cup B}\subseteq\bar{A}\cap\bar{B}.$$

另一方面,设 $x\in\bar{A}\cap\bar{B}$,即 $x\in\bar{A},x\in\bar{B}$,那么 $x\notin A,x\notin B$,这表明 x 不属于 A 和 B 中的任何一个,即 $x\notin A\cup B$,所以 $x\in\overline{A\cup B}$,于是

$$\bar{A}\cap\bar{B}\subseteq\overline{A\cup B}.$$

综上,

$$\overline{A\cup B}=\bar{A}\cap\bar{B}.$$

德摩根律可推广到多个事件的情况:

$$\overline{\bigcup_{i=1}^{n}A_i}=\bigcap_{i=1}^{n}\bar{A}_i,\quad\overline{\bigcap_{i=1}^{n}A_i}=\bigcup_{i=1}^{n}\bar{A}_i.$$

例 10　在篮球投篮练习中,一位运动员连续投篮三次,以 A_i 表示事件"第 i 次投篮命中", $i=1,2,3$;以 B_j 表示事件"恰好有 j 次投篮命中", $j=0,1,2,3$;以 C_k 表示事件"至少有 k 次投篮命中", $k=0,1,2,3$. 用事件 A_i 表示 B_j,C_k.

解　$B_0=\overline{A_1}\,\overline{A_2}\,\overline{A_3}=\overline{A_1\cup A_2\cup A_3},B_1=\overline{A_1}\,\overline{A_2}A_3\cup\overline{A_1}A_2\overline{A_3}\cup A_1\overline{A_2}\,\overline{A_3}$,

$B_2=A_1A_2\overline{A_3}\cup\overline{A_1}A_2A_3\cup A_1\overline{A_2}A_3,B_3=A_1A_2A_3$;

$C_0=B_0\cup B_1\cup B_2\cup B_3,C_1=B_1\cup B_2\cup B_3=A_1\cup A_2\cup A_3$,

$C_2=B_2\cup B_3=A_1A_2\cup A_1A_3\cup A_2A_3,C_3=B_3=A_1A_2A_3$.

习题 1-1

1. 判断下列试验是否为随机试验:

（1）观察在 1 个标准大气压下水的沸点；

（2）观察炮弹的落地位置；

（3）观察肺癌患者从患病到死亡的时间；

（4）观察一交通道口中午 1 h 内的汽车流量.

2. 写出下列试验的样本空间：

（1）抛掷三颗质地均匀的骰子，观察三颗骰子出现的点数之和；

（2）对一个目标进行射击，一旦击中便停止射击，观察射击的次数；

（3）在单位圆内任取一点，记录它的坐标；

（4）记录一个班一次概率考试的平均分数.

3. 在区间 $[0,5]$ 上任取一数，设事件 A 表示"取到区间 $[1,3)$ 内的数"，B 表示"取到区间 $(\sqrt{2},4]$ 内的数"，写出下列事件中的样本点：$A \cup B, AB, B-A, \overline{A \cup B}$.

4. 将下列事件用事件 A, B, C 表示出来：

（1）A, B, C 中至少有一个发生；

（2）A, B, C 中只有 A 发生；

（3）A, B, C 中恰好有两个发生；

（4）A, B, C 中至少有两个发生；

（5）A, B, C 中只有一个发生；

（6）A, B, C 中不多于一个发生；

（7）A, B, C 都不发生.

5. 化简下列各式：

（1）$AB \cup A\overline{B}$；

（2）$(A \cup B) \cup (A \cup \overline{B})$；

（3）$(\overline{A \cup B}) \cap (A-\overline{B})$.

第二节　频率与概率

在一次随机试验中，随机事件可能发生，也可能不发生，呈现出随机性. 对于不同的事件，它们发生的可能性大小常常不一样. 我们希望找到一个合适的数来表征事件在一次试验中发生的可能性大小，即事件的概率. 为此，本节先引入表征事件发生频繁程度的量——频率，在频率的启发下，再引入概率的公理化定义.

一、频率

定义 1　在相同条件下，进行了 n 次试验，在 n 次试验中事件 A 发生的次数为 n_A（n_A 叫做频数），则 $\dfrac{n_A}{n}$ 叫做事件 A 发生的频率，并记为 $f_n(A)$，即 $f_n(A) = \dfrac{n_A}{n}$.

由定义,易知频率有下述基本性质:

(1) 对于任意事件 A,有 $0 \leqslant f_n(A) \leqslant 1$;

(2) $f_n(S) = 1$;

(3) 若 $A_1, A_2, \cdots, A_k$ 是两两互不相容的事件,则

$$f_n(A_1 \cup A_2 \cup \cdots \cup A_k) = f_n(A_1) + f_n(A_2) + \cdots + f_n(A_k).$$

事件 A 的频率 $f_n(A)$ 表示 A 发生的频繁程度.一般地,$f_n(A)$ 越大,则在一次试验中 A 发生的可能性就越大,反之亦然.但是,能否用在 n 次试验中 A 发生的频率来作为 A 发生的可能性大小呢?事实上,$f_n(A)$ 会随着试验次数 n 的不同而不同;即使是相同的试验次数,不同的人做试验也会得出不同的频率;即频率是随机波动的.历史上不少人做过抛硬币试验,得到表 1-1 中的数据:

表 1-1　抛硬币试验

试验者	试验次数 n	出现正面的频数 n_A	出现正面的频率 $f_n(A)$
德摩根	2 048	1 061	0.518 1
蒲丰	4 040	2 048	0.506 9
皮尔逊	12 000	6 019	0.501 6
皮尔逊	24 000	12 012	0.500 5

从表中数据可以看出,当试验次数 n 较大时,频率 $f_n(A)$ 在 0.5 附近波动,且波动幅度较小,并且随着试验次数 n 的增加,$f_n(A)$ 逐渐稳定在 0.5 这个数值上.所以用 0.5 这个数值来刻画一次试验中正面出现的可能性大小是合适的.

人们在长期的实践中发现,虽然一个事件 A 在一次试验中可能发生也可能不发生,但是,在大量重复试验中事件 A 发生的频率却具有稳定性,它会稳定于一个数值.我们把这个数值称为事件 A(发生)的概率,概率的这个定义称为概率的统计定义.

概率的统计定义易于理解,但是其计算依赖于大量重复的试验,同时由于试验次数的限制,利用统计定义计算概率难免会出现误差,因此不得不从其他角度去考虑"概率"的定义.

二、概率

根据上面频率的性质,我们给出关于事件 A 发生的可能性大小的度量——概率的定义.

定义 2　设随机试验 E 的样本空间为 S,A 是其中任意一个事件,与 A 对应的实数 $P(A)$ 若满足

(1) **非负性**:对任意事件 A,有 $P(A) \geqslant 0$;

(2) **规范性**:对必然事件 S,有 $P(S) = 1$;

（3）可列可加性：设 $A_1, A_2, \cdots$ 是两两互不相容的事件，即对于 $i \neq j, A_i A_j = \varnothing, i, j = 1, 2, \cdots$，有

$$P\left(\bigcup_{i=1}^{\infty} A_i \right) = \sum_{i=1}^{\infty} P(A_i),$$

则 $P(A)$ 叫做事件 A（发生）的概率.

在第五章中将证明，当 $n \to \infty$ 时，事件 A 发生的频率 $f_n(A)$ 在一定意义下收敛于概率 $P(A)$. 因此，概率 $P(A)$ 可用来表征事件 A 在一次试验中发生的可能性大小.

根据概率的公理化定义，可以得到概率的一些重要性质.

性质 1　$P(\varnothing) = 0.$

证　取 $A_n = \varnothing (n = 1, 2, \cdots)$，则 $\bigcup_{n=1}^{\infty} A_n = \varnothing$，且 $A_i A_j = \varnothing, i \neq j, i, j = 1, 2, \cdots$. 由概率的可列可加性得

$$P\left(\bigcup_{n=1}^{\infty} A_n \right) = \sum_{n=1}^{\infty} P(A_n),$$

即有

$$P(\varnothing) = \sum_{n=1}^{\infty} P(\varnothing).$$

由概率的非负性知 $P(\varnothing) \geqslant 0$，故由上式得 $P(\varnothing) = 0.$

性质 2（有限可加性）　设 n 个事件 $A_1, A_2, \cdots, A_n$ 两两互不相容，则
$$P(A_1 \cup A_2 \cup \cdots \cup A_n) = P(A_1) + P(A_2) + \cdots + P(A_n).$$

证　取 $A_i = \varnothing, i = n+1, n+2, \cdots$，于是 $A_1, A_2, \cdots, A_n, A_{n+1}, \cdots$ 是可列个两两不相容的事件. 由可列可加性以及性质 1 得

$$P\left(\bigcup_{i=1}^{\infty} A_i \right) = \sum_{i=1}^{\infty} P(A_i),$$

即

$$P\left(\bigcup_{i=1}^{n} A_i \right) = P\left(\bigcup_{i=1}^{\infty} A_i \right) = \sum_{i=1}^{\infty} P(A_i) = \sum_{i=1}^{n} P(A_i) + \sum_{i=n+1}^{\infty} P(\varnothing) = \sum_{i=1}^{n} P(A_i).$$

性质 3　对任意一个事件 A，有 $P(\overline{A}) = 1 - P(A).$

证　由于事件 A 与 $\overline{A}$ 互不相容，且 $A \cup \overline{A} = S$，由有限可加性得
$$1 = P(S) = P(A \cup \overline{A}) = P(A) + P(\overline{A}),$$

即有

$$P(\overline{A}) = 1 - P(A).$$

性质 4　对于任意两个事件 A, B，有
$$P(A - B) = P(A) - P(AB).$$

特别地，若 $A \supseteq B$，则有

$$P(A-B)=P(A)-P(B),\quad P(A)\geqslant P(B).$$

证 因为 $A=(A-B)\cup AB$，且 $(A-B)\cap AB=\varnothing$，所以

$$P(A)=P((A-B)\cup AB)=P(A-B)+P(AB),$$

即

$$P(A-B)=P(A)-P(AB).$$

特别地，当 $A\supseteq B$ 时，$AB=B$，则有

$$P(A-B)=P(A)-P(B).$$

再由概率的非负性得，$P(A-B)\geqslant 0$，因此 $P(A)\geqslant P(B)$。

性质 5 对任意事件 A，有 $P(A)\leqslant 1$。

证 对任意事件 A，均有 $A\subseteq S$，由性质 4 即有

$$P(A)\leqslant P(S)=1.$$

性质 6（加法公式） 对任意两个事件 A 与 B，有

$$P(A\cup B)=P(A)+P(B)-P(AB).$$

证 由于

$$A\cup B=A\cup(B-A)=A\cup(B-AB),$$

且 $A\cap(B-AB)=\varnothing$，$AB\subseteq B$，由有限可加性及性质 4 得

$$P(A\cup B)=P[A\cup(B-AB)]=P(A)+P(B-AB)$$
$$=P(A)+P(B)-P(AB).$$

加法公式还可以推广到多个事件的情况。例如，对于三个事件 A,B,C，

$$P(A\cup B\cup C)=P(A)+P(B)+P(C)-P(AB)-P(AC)-P(BC)+P(ABC),$$

因为

$$P(A\cup B\cup C)$$
$$=P[(A\cup B)\cup C]$$
$$=P(A\cup B)+P(C)-P[(A\cup B)\cap C]$$
$$=P(A)+P(B)+P(C)-P(AB)-P(AC\cup BC)$$
$$=P(A)+P(B)+P(C)-P(AB)-[P(AC)+P(BC)-P(ABC)]$$
$$=P(A)+P(B)+P(C)-P(AB)-P(AC)-P(BC)+P(ABC).$$

一般地，对于任意 n 个事件 $A_1,A_2,\cdots,A_n$，用数学归纳法不难证明

$$P\left(\bigcup_{i=1}^{n}A_i\right)=\sum_{i=1}^{n}P(A_i)-\sum_{1\leqslant i<j\leqslant n}P(A_iA_j)+$$
$$\sum_{1\leqslant i<j<k\leqslant n}P(A_iA_jA_k)-\cdots+(-1)^{n-1}P(A_1A_2\cdots A_n).$$

例 1 设 A,B,C 为三个事件，且已知 $P(A)=\dfrac{1}{3}$，$P(B)=\dfrac{1}{6}$，$P(C)=\dfrac{1}{4}$，$P(AB)=$

0, $P(AC) = P(BC) = \dfrac{1}{12}$, 求事件"$A,B,C$ 均不发生"的概率.

解 所求概率为 $P(\bar{A}\,\bar{B}\,\bar{C})$, 由德摩根律知

$$P(\bar{A}\,\bar{B}\,\bar{C}) = P(\overline{A\cup B\cup C}) = 1 - P(A\cup B\cup C),$$

而

$$P(A\cup B\cup C) = P(A) + P(B) + P(C) - P(AB) - P(AC) - P(BC) + P(ABC),$$

由于 $ABC \subseteq AB$, 而 $P(AB) = 0$, 故

$$0 \leqslant P(ABC) \leqslant P(AB) = 0,$$

则 $P(ABC) = 0$. 于是,

$$P(A\cup B\cup C) = \dfrac{1}{3} + \dfrac{1}{6} + \dfrac{1}{4} - 0 - \dfrac{1}{12} - \dfrac{1}{12} + 0 = \dfrac{7}{12},$$

因此,

$$P(\bar{A}\,\bar{B}\,\bar{C}) = 1 - \dfrac{7}{12} = \dfrac{5}{12}.$$

例 2 目前, 人们使用移动支付的情况十分普遍. 根据对某高校师生使用移动支付情况的调查显示, 使用支付宝的师生占比 35%, 使用微信支付的师生占比 45%, 同时使用这两种支付方式的师生占比 20%, 求"至少使用一种移动支付"的概率和"只使用一种移动支付"的概率.

解 设 A 表示"使用支付宝支付", B 表示"使用微信支付", 那么, "至少使用一种移动支付"可表示为 $A\cup B$, "只使用一种移动支付"可表示为 $A\bar{B}\cup\bar{A}B$, 且 $A\bar{B}\cap\bar{A}B = \varnothing$.

$$P(A\cup B) = P(A) + P(B) - P(AB) = 0.35 + 0.45 - 0.2 = 0.6,$$

$$P(A\bar{B}\cup\bar{A}B) = P(A\bar{B}) + P(\bar{A}B) - P(A\bar{B}\cap\bar{A}B) = P(A\bar{B}) + P(\bar{A}B)$$

$$= P(A-AB) + P(B-AB) = P(A) - P(AB) + P(B) - P(AB)$$

$$= 0.35 + 0.45 - 0.2 - 0.2 = 0.4.$$

习题 1-2

1. 设 A,B,C 是三个事件, 且 $P(A) = P(B) = P(C) = \dfrac{1}{4}$, $P(AB) = P(BC) = 0$, $P(AC) = \dfrac{1}{8}$. 求"A,B,C 中至少有一个发生"的概率以及"A,B,C 全不发生"的概率.

2. 设 A,B 是两个事件, 已知 $P(A) = 0.5$, $P(B) = 0.7$, $P(A\cup B) = 0.8$. 试求 $P(A-B)$ 与 $P(B-A)$.

3. 设 $P(A) = a$, $P(B) = b$, $P(A\cap B) = c$. 用 a,b,c 表示 $P(\bar{A}\cup\bar{B})$, $P(\bar{A}\cap B)$ 及 $P(\bar{A}\cap\bar{B})$.

4. 设 A,B 是两个事件且 $P(A) = 0.6$, $P(B) = 0.7$. 问

（1）在什么条件下 $P(AB)$ 取到最大值,最大值是多少?

（2）在什么条件下 $P(AB)$ 取到最小值,最小值是多少?

5. 设事件 A,B 发生的概率分别是 $\dfrac{1}{3}$ 和 $\dfrac{1}{2}$,求以下三种情况下 $P(\bar{A}B)$ 的值:

（1）$A\cap B=\varnothing$;　　　（2）$A\subset B$;　　　（3）$P(AB)=\dfrac{1}{8}$.

第三节　古典概型与几何概型

概率的公理化定义使概率有了严格的数学定义,但是此定义没有告诉我们如何计算一个随机事件的概率. 本节介绍两类直接计算概率的模型:古典概型和几何概型.

一、古典概型

抛一枚硬币,由于硬币是均匀的,出现正面和反面的可能性是相同的;掷一枚骰子,由于骰子是均匀的,每个点数出现的可能性是相同的. 在实际问题中,有很多这类的随机试验.

定义 1　**若随机试验 E 满足**

（1）**样本空间 S 只包含有限个元素；**

（2）**每个样本点(基本事件)出现的概率相同,**

则称 E 是古典型随机试验,简称古典概型.

古典概型是概率论发展初期的主要研究对象,它具有直观、容易理解的特点,在实际中有着广泛的应用.

下面我们来讨论古典概型中事件概率的计算公式.

设古典概型 E 的样本空间 $S=\{e_1,e_2,\cdots,e_n\}$,由于基本事件发生的概率相同,故
$$P(\{e_1\})=P(\{e_2\})=\cdots=P(\{e_n\}).$$
又由于基本事件是互不相容的,所以
$$1=P(S)=P\Big(\bigcup_{i=1}^{n}\{e_i\}\Big)=\sum_{i=1}^{n}P(\{e_i\})=nP(\{e_i\}),$$
即
$$P(\{e_i\})=\frac{1}{n},\quad i=1,2,\cdots,n.$$

若事件 A 含有 k 个样本点,即 $A=\{e_{i_1},e_{i_2},\cdots,e_{i_k}\}$,其中 $i_1,i_2,\cdots,i_k$ 是 $1,2,\cdots,n$ 中 k 个不同的数,则
$$P(A)=P(\{e_{i_1}\}\cup\{e_{i_2}\}\cup\cdots\cup\{e_{i_k}\})$$

$$= P(\{e_{i_1}\}) + P(\{e_{i_2}\}) + \cdots + P(\{e_{i_k}\})$$

$$= \frac{k}{n} = \frac{A\,包含的样本点数}{S\,包含的样本点数}. \qquad (1.3.1)$$

(1.3.1)式就是古典概型中事件 A 发生的概率计算公式.

例1　一个盒子中装有 10 只晶体管,其中 3 只是不合格品. 从这个盒子中依次随机取 2 只晶体管. 在下列两种情形下,分别求出 2 只晶体管中恰有 1 只是不合格品的概率:

(1) 放回抽样,即第一次取出 1 只晶体管,测试后放回盒子中,第二次再从盒子中取 1 只晶体管;

(2) 不放回抽样,即第一次取出 1 只晶体管,测试后不放回盒子中,第二次再从盒子中取 1 只晶体管.

解　从盒子中连续取 2 只晶体管,每一种取法是一个基本事件,这是一个古典概型问题. 设 A 表示随机事件"2 只晶体管中恰有 1 只是不合格品".

(1) 对放回抽样,此时第一次有 10 只晶体管可供抽取,第二次仍有 10 只晶体管可供抽取,所以,总的取法(样本空间 S 的元素个数)为 $10 \times 10 = 100$ 种. 对于事件 A,第一次取到合格品且第二次取到不合格品的取法共为 $7 \times 3 = 21$ 种;第一次取到不合格品且第二次取到合格品的取法共为 $3 \times 7 = 21$ 种. 所以,A 中元素个数为 $21 + 21 = 42$,因此,

$$P(A) = \frac{42}{100} = 0.42.$$

(2) 对不放回抽样,此时第一次有 10 只晶体管可供抽取,第二次有 9 只晶体管可供抽取,所以,总的取法为 $10 \times 9 = 90$ 种. 对于事件 A,第一次取到合格品且第二次取到不合格品的取法为 $7 \times 3 = 21$ 种;第一次取到不合格品且第二次取到合格品的取法为 $3 \times 7 = 21$ 种. 所以,A 中元素个数为 $21 + 21 = 42$,因此,

$$P(A) = \frac{42}{90} = 0.47.$$

例2　设 n 个人中每个人的生日在一年 365 天中任一天是等可能的. 求这 n 个人中至少有两人生日相同的概率(此处 $n \leqslant 365$).

解　设 A 表示"n 个人中至少有两人生日相同",则 $\bar{A}$ 表示"n 个人的生日各不相同". 在此问题中,n 个人的每一种生日情况为一个基本事件. 第一个人的生日可能情况数为 365,由于 n 个人的生日在 365 天中任一天是等可能的,所以,第二个人、第三个人……第 n 个人的生日可能情况数均为 365. 因此,n 个人的生日情况数为 365^n.

对于 $\bar{A}$,为使 n 个人生日各不相同,则第一个人的生日可能情况数为 365,第二个

人的生日可能情况数为 364……第 n 个人的生日可能情况数为 $365-n+1$. 所以, n 个人生日各不相同的情况总数为 $365 \cdot 364 \cdots (365-n+1)$. 故,

$$P(\bar{A}) = \frac{365 \cdot 364 \cdots (365-n+1)}{365^n},$$

$$P(A) = 1 - \frac{365 \cdot 364 \cdots (365-n+1)}{365^n}.$$

经过计算可得下述结果:

n	20	23	30	40	50	64	100
$P(A)$	0.411	0.507	0.706	0.891	0.970	0.997	0.999 999 7

从上表可看出,在仅有 64 人的班级里,"至少有两人生日相同"这一事件的概率几乎为 1,即在一次试验中几乎一定会发生.

例 2 是历史上著名的生日问题,是古典概型中非常典型的问题之一.

例 3 袋中有 a 个白球, b 个黑球. 现依次从袋中取球,每次取一个,取后不放回,试求第 $k(k \leq a+b)$ 次取得白球的概率.

解 设 A 表示事件"第 k 次取得白球".

方法一,将球看成除颜色外没有区别. 此试验所有不同的样本点为在 $a+b$ 个位置中选取 a 个位置放白球,剩下 b 个位置放黑球的不同放法. 所以,样本空间共有 C_{a+b}^a 个不同的样本点. 而满足第 k 次取得白球的取法总数为 C_{a+b-1}^{a-1},即为第 k 个位置放白球,其余 $a+b-1$ 个位置任意取 $a-1$ 个放白球,剩下位置放黑球的放法数,所以,

$$P(A) = \frac{C_{a+b-1}^{a-1}}{C_{a+b}^a} = \frac{a}{a+b}.$$

方法二,将球看成各不相同的. 此时,随机试验是把 $a+b$ 个球排成一列,样本空间中样本点的个数(总的排法数)为 $(a+b)!$,而"第 k 次取得白球"指的是第 k 个位置放 a 个白球中任一个,其余 $a+b-1$ 个球在剩下 $a+b-1$ 个位置上全排列. 所以,第 k 次取得白球的取法总数为 $a(a+b-1)!$,因此,

$$P(A) = \frac{a(a+b-1)!}{(a+b)!} = \frac{a}{a+b}.$$

如采取放回抽样,容易求出 $P(A) = \frac{a}{a+b}$.

例 3 求出的结果与 k 无关. 这说明在取球时,不管是第几次去取,取到白球的可能性都是 $\frac{a}{a+b}$,所以日常生活中抓阄的方法是公平的.

例 4 某接待站在某一周曾接待过 12 次来访,已知所有这 12 次接待都是在周二

和周四进行的,问是否可以推断接待时间是有规定的?

解　假定接待时间没有规定,因而各来访者在一周内任一天去接待站是等可能的.所以,12 次接待来访者都发生在周二和周四的概率为

$$p = \frac{2^{12}}{7^{12}} = 0.000\ 000\ 3.$$

人们在长期的实践中总结得到:"概率很小的事件在一次试验中实际上几乎是不发生的",这叫做实际推断原理.

现在,概率很小的事件在一次试验中竟然发生了,因此有理由怀疑假设的正确性,从而推断接待站的接待时间是有规定的.实际推断原理常常用来做类似的分析判断,应用较为广泛.

二、几何概型

古典概型考虑了样本空间仅包含有限个样本点的等可能概型.在一些试验中,虽然每个样本点发生的可能性相同,但是样本空间中样本点不能用一个有限的数来描述.例如,向区间 $[0,1]$ 中随意投一个点,试问其落在区间 $\left[0,\frac{1}{2}\right]$ 上的概率是多少?这里落点的可能位置有无穷多个,且落到每个位置的可能性相同.由于样本空间中样本点是无穷多个,古典概型的计算概率公式就不适用了,只有借助几何知识来解决问题.若样本空间为一线段、平面区域、空间立体等形式,这类等可能概型称为**几何概型**.

如果试验具有如下特点:

(1) 随机试验的样本空间 S 为可度量的几何区域;

(2) S 中任一区域出现的可能性大小与该区域的几何度量成正比,而与该区域的位置与形状无关,

则此类试验称为几何概型.

对于几何概型,若事件 A 是 S 中某一区域,且 A 可度量,则事件 A 的概率为

$$P(A) = \frac{A\ 的度量}{S\ 的度量}, \tag{1.3.2}$$

其中,如果 S 或 A 是一维、二维、三维区域,则 S 或 A 的几何度量分别是长度、面积、体积.(1.3.2)式称为几何概型的计算公式.

例 5　在区间 $[0,a]$ $(a>0)$ 上随意投下一点,试求其落在子区间 $[b,b+l]$ $(0 \le b < b+l \le a)$ 上的概率.

解　此试验的样本空间 $S = [0,a]$,这是一个几何概型. S 的度量是长度 a,以 A 表示"落在子区间 $[b,b+l]$ 上",那么 A 的度量是长度 l,于是

$$P(A) = \frac{l}{a}.$$

例 6（会面问题） 师生两人相约在校园某地会面，约定的时间是上午 10 时至 11 时之间，先到者等候另一人半个小时，过时就离开. 求两人能够会面的概率. 假定他们在 10 时至 11 时之间任一时刻到达预定地点是等可能的.

图 1-7

解 以 10 时为时刻 0，以 x, y 分别表示师生到达的时间（单位：h），则样本空间

$$S = \left\{ (x,y) \,\middle|\, 0 \leqslant x \leqslant 1, 0 \leqslant y \leqslant 1 \right\},$$

如图 1-7 所示，这是一个几何概型.

设 A 表示"两人可以会面"，则 $A = \left\{ (x,y) \,\middle|\, |x-y| \leqslant \frac{1}{2} \right\}$，所以

$$P(A) = \frac{A \text{ 的面积}}{S \text{ 的面积}} = \frac{1^2 - \left(\frac{1}{2}\right)^2}{1^2} = \frac{3}{4}.$$

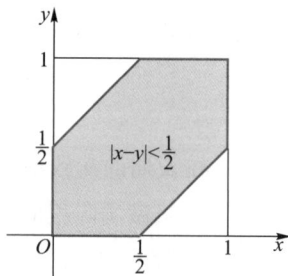

例 7（蒲丰投针问题） 1777 年，法国数学家蒲丰提出了投针试验. 在平面上画有距离为 $a(a>0)$ 的一些平行直线，现向此平面任意投掷一根长为 $b(b<a)$ 的针，试求针与平行直线中某一条直线相交的概率.

从以上例题可以看出，解决几何概型这一类问题的要点是：首先将样本空间对应于某一具体的区域；其次根据题设确定所求事件对应区域，计算样本空间以及所求事件对应区域的几何度量；最后利用几何概型的计算公式，求出事件发生的概率.

第一章第三节例 7 解答

习题 1-3

1. 袋中装有标号为 $1,2,\cdots,10$ 的 10 个相同的球，从中任取 3 个球，试求：

（1）3 个球中最小的标号为 5 的概率；

（2）3 个球中最大的标号为 5 的概率.

2. 4 张卡片上分别写上字母 d, g, o, o. 把这 4 张卡片随机排列，试求它们恰好组成"good"的概率.

3. 在 1 500 个产品中有 1 200 个一级品，300 个二级品，从中任意抽取 100 个，求其中

（1）恰有 20 个二级品的概率；

（2）至少有 2 个二级品的概率.

4. 掷两颗骰子，试求出现的点数之和大于 9 的概率.

5. 已知 N 件产品中有 M 件是不合格品，今从中随机地抽取 n 件. 试求：

（1）n 件中恰有 k 件不合格品的概率；

（2）n 件中至少有 1 件不合格品的概率.

这里假定 $k \leqslant N, k \leqslant n$ 且 $k \leqslant M$.

6. 在 5 双不同的手套中任取 4 只,试问其中至少有 2 只配成一双的概率多大?

7. 一份试卷上有 6 道题.某位学生在解答时由于粗心随机地犯了 4 处错误,假定每题可犯 4 处以上错误,试求:

（1）这 4 处错误发生在最后一道题上的概率；

（2）这 4 处错误发生在不同题上的概率；

（3）至少有 3 道题全对的概率.

第四节 条 件 概 率

在很多实际问题中,常常会遇到计算在"一个事件 A 发生"的条件下另一事件 B 发生的概率,这样的概率叫做事件 B 在 A 发生下的条件概率,记为 $P(B \mid A)$. 相对于 B 发生下的条件概率,有时也称 $P(B)$ 为无条件概率. 通过条件概率,可以研究已发生的事件是否对另一事件发生的概率有影响. 本节将讨论条件概率及其应用.

一、条件概率

为了使读者理解条件概率的定义,首先举一个例子.

例 1 从 $0,1,2,\cdots,9$ 这十个数字中任取一数,记 A 表示"取到 2 的倍数",B 表示"取到 4 的倍数",求已知 A 发生的条件下 B 发生的概率.

解 试验的样本空间 $S=\{0,1,2,\cdots,9\}$,事件 $A=\{0,2,4,6,8\},B=\{0,4,8\}$.事件 A 发生,说明取到了 $0,2,4,6,8$ 中某一个数,或样本空间已经变成 A,而只有当取到其中的 $0,4,8$ 之一时,B 才发生. 所以,已知 A 发生的条件下,B 发生的概率 $P(B \mid A)=\dfrac{3}{5}$.

注意,$P(A)=\dfrac{5}{10}$,$P(AB)=\dfrac{3}{10}$,而 $P(B \mid A)=\dfrac{P(AB)}{P(A)}$. 这个结论并不是偶然的. 在一般的古典概型中,若样本空间样本点数为 n,事件 A 所含基本事件数(样本点数)为 m,AB 所含样本点数为 k,则

$$P(B \mid A)=\frac{k}{m}=\frac{k/n}{m/n}=\frac{P(AB)}{P(A)}.$$

一般地,我们给出条件概率的如下定义:

定义 1 设 A,B 是两个事件,且 $P(A)>0$,则

$$P(B \mid A) = \frac{P(AB)}{P(A)}$$

叫做在事件 A 发生的条件下事件 B 发生的条件概率,该条件概率也记为 $P_A(B)$.

同样地,若 $P(B) > 0$,可以定义在事件 B 发生的条件下事件 A 发生的条件概率为

$$P(A \mid B) = \frac{P(AB)}{P(B)},$$

也记为 $P_B(A)$.

按条件概率的定义,容易验证条件概率有如下性质:

(1) **非负性**:对任一事件 B,有 $P_A(B) \geq 0$;

(2) **规范性**:对必然事件 S,有 $P_A(S) = 1$;

(3) **可列可加性**:若 $B_1, B_2, \cdots$ 是一列两两互不相容的事件,则有

$$P_A \left(\bigcup_{i=1}^{\infty} B_i \right) = \sum_{i=1}^{\infty} P_A(B_i).$$

由此可见,条件概率仍然是概率,所以条件概率满足概率的所有性质,例如,

$$P_A(\overline{B}) = 1 - P_A(B), \quad P_A(B \cup C) = P_A(B) + P_A(C) - P_A(BC).$$

例 2 假定男性、女性出生率相同,在三个孩子的家庭中,已知有一个男孩,求至少有一个女孩的概率.

解 方法一,试验的样本空间

$$S = \{男男男,男男女,男女男,女男男,男女女,女男女,女女男,女女女\}.$$

设事件 A 表示"三个孩子中有一个男孩",则 A 中无样本点"女女女",即

$$A = S - \{女女女\}.$$

设事件 B 表示"至少有一个女孩",则 B 中无样本点"男男男",即

$$B = S - \{男男男\}.$$

事件 A 已经发生,即现在的样本空间变成了 A,此时只有当 AB 发生时,B 才发生. 故所求概率为

$$P(B \mid A) = \frac{AB 中元素个数}{A 中元素个数} = \frac{6}{7}.$$

方法二,按定义,

$$P(B \mid A) = \frac{P(AB)}{P(A)} = \frac{6/8}{7/8} = \frac{6}{7}.$$

例 3 某高校一学院有学生 500 人,其中男女生各占一半,在学院的优秀学生评选中,男生优秀的有 20 名,女生优秀的有 30 名,从中任选一名学生.

(1) 计算该学生是优秀学生的概率;

(2) 已知选出的是男生,计算其是优秀学生的概率.

解 A 表示"选出的学生是优秀学生", B 表示"选出的学生是男生",则

（1） $P(A) = \dfrac{50}{500} = 0.1$；

（2） $P(A|B) = \dfrac{P(AB)}{P(B)} = \dfrac{20}{250} = 0.08$.

计算条件概率一般有两种方法：

（1）在缩减样本空间 A 中求事件 B 的概率,就得到 $P(B|A)$；

（2）在样本空间 S 中,先求 $P(AB)$, $P(A)$,再按照定义求 $P(B|A)$.

二、乘法公式

设 A, B 是两个事件,且 $P(A) > 0$,则由条件概率的定义,即得

$$P(AB) = P(A)P(B|A). \tag{1.4.1}$$

若 $P(B) > 0$,可以得到

$$P(AB) = P(B)P(A|B). \tag{1.4.2}$$

以上(1.4.1)式和(1.4.2)式均称为概率的乘法公式.

乘法公式可以推广到三个事件乃至 n 个事件的情况. 设 A, B, C 是三个事件,且 $P(AB) > 0$,则

$$P(ABC) = P(A)P(B|A)P(C|AB),$$

因为

$$
\begin{aligned}
P(ABC) &= P[(AB)C] = P(AB)P(C|AB) \\
&= P(A)P(B|A)P(C|AB).
\end{aligned}
$$

设 A_1, A_2, $\cdots$, A_n 为 n 个事件,其中 $n > 2$,且 $P(A_1 A_2 \cdots A_{n-1}) > 0$,则有

$$P(A_1 A_2 \cdots A_n) = P(A_1)P(A_2|A_1)P(A_3|A_1 A_2) \cdots P(A_n|A_1 A_2 \cdots A_{n-1}).$$

证 由 $P(A_1 A_2 \cdots A_{n-1}) > 0$ 可得

$$P(A_1) \geqslant P(A_1 A_2) \geqslant \cdots \geqslant P(A_1 A_2 \cdots A_{n-1}) > 0,$$

所以,

$$P(A_1) \cdot \dfrac{P(A_1 A_2)}{P(A_1)} \cdot \dfrac{P(A_1 A_2 A_3)}{P(A_1 A_2)} \cdot \cdots \cdot \dfrac{P(A_1 A_2 \cdots A_n)}{P(A_1 A_2 \cdots A_{n-1})} = P(A_1 A_2 \cdots A_n).$$

即

$$P(A_1 A_2 \cdots A_n) = P(A_1)P(A_2|A_1)P(A_3|A_1 A_2) \cdots P(A_n|A_1 A_2 \cdots A_{n-1}).$$

乘法公式的直观意义是: A_1, A_2, $\cdots$, A_n 同时发生的概率等于先出现 A_1,在 A_1 发生的条件下出现 A_2,在 A_1 和 A_2 发生的条件下出现 A_3……所有这些概率的乘积. 在求若干事件同时发生的概率时,就可以考虑使用乘法公式.

例 4 据以往资料表明,某三口之家患一种传染病的概率有以下规律：

$$P\{孩子患病\} = 0.6, \quad P\{母亲患病 | 孩子患病\} = 0.5,$$
$$P\{父亲患病 | 母亲及孩子患病\} = 0.4.$$

求母亲及孩子患病但父亲未患病的概率.

解 设 A 表示"父亲患病", B 表示"母亲患病", C 表示"孩子患病",由题意

$$P(C) = 0.6, \quad P(B | C) = 0.5, \quad P(A | BC) = 0.4,$$

所求概率为

$$P(\overline{A}BC) = P(C)P(B | C)P(\overline{A} | BC)$$
$$= 0.6 \times 0.5 \times (1 - 0.4) = 0.18.$$

例 5 设某人忘记了电话号码的最后一位数字,只能随意拨号,求他拨号不超过三次就能拨通所需电话的概率.

解 设 A 表示事件"拨号不超过三次就拨通", A_i 表示"第 i 次拨号而接通电话", $i = 1, 2, 3$,则

$$P(A) = 1 - P(\overline{A}), \quad \overline{A} = \overline{A_1}\ \overline{A_2}\ \overline{A_3},$$
$$P(\overline{A}) = P(\overline{A_1}\ \overline{A_2}\ \overline{A_3}) = P(\overline{A_1})P(\overline{A_2} | \overline{A_1})P(\overline{A_3} | \overline{A_1}\ \overline{A_2})$$
$$= \left(1 - \frac{1}{10}\right)\left(1 - \frac{1}{9}\right)\left(1 - \frac{1}{8}\right) = \frac{7}{10},$$
$$P(A) = 1 - P(\overline{A}) = \frac{3}{10}.$$

第一章第四
节例6解答

例 6 抽签问题(抽签不必争先恐后).

学校有一场精彩的演出将要举行,某班级共有 30 名同学,学校分配给该班级 1 张入场券,大家都想去,只有通过抽签的办法来解决,试问先抽的同学比后抽的同学获得入场券的概率更大一些吗?

在同学之间有两种观点:"先抽的人当然要比后抽的人抽到的机会大"和"大家不必争先恐后,一个一个按次序来,谁抽到入场券的机会都一样大".那么到底谁的观点是正确的? 用概率知识来计算每个人抽到入场券的概率有多大.

三、全概率公式和贝叶斯公式

在求事件的概率时,会遇到求复杂事件发生的概率. 此时,如果直接计算可能非常烦琐,甚至求不出来. 全概率公式和贝叶斯公式提供了求复杂事件概率的思想和方法,使一些难求的概率变得简单易算. 为引出这两个重要的公式,先介绍样本空间的划分.

定义 2 设 S 为试验 E 的样本空间, $H_1, H_2, \cdots, H_n$ 为 E 的一组事件,若

(1) $H_iH_j = \varnothing$, $i \neq j$, $i, j = 1, 2, \cdots, n$;

（2）$\bigcup\limits_{i=1}^{n} H_i = S$,

则事件组 $H_1, H_2, \cdots, H_n$ 叫做样本空间 S 的一个划分. 如图 1-8 所示.

例如, B 与 $\overline{B}$ 就是样本空间 S 的一个划分. 又例如, 设试验 E 为"掷一颗骰子观察其点数", 它的样本空间 $S = \{1, 2, 3, 4, 5, 6\}$, E 的一组事件 $H_1 = \{1, 3, 5\}$, $H_2 = \{2, 4, 6\}$ 是样本空间 S 的一个划分；另一组事件 $H_1 = \{1, 2\}$, $H_2 = \{3, 4\}$, $H_3 = \{5, 6\}$ 也是样本空间 S 的一个划分.

可见, S 的划分是将 S 分割成若干个两两互不相容的事件.

定理 1 设试验 E 的样本空间为 S, $H_1, H_2, \cdots, H_n$ 是 S 的一个划分, 且 $P(H_i) > 0$ ($i = 1, 2, \cdots, n$). 若 A 为 E 的事件, 则有

$$P(A) = P(H_1)P(A \mid H_1) + P(H_2)P(A \mid H_2) + \cdots + P(H_n)P(A \mid H_n).$$

上式叫做全概率公式. 如图 1-9 所示.

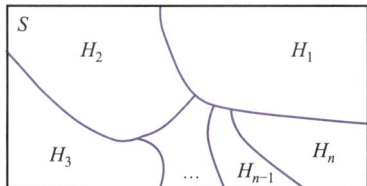

图 1-8

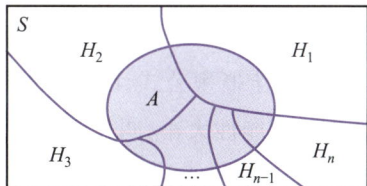

图 1-9

证　因为

$$A = AS = A(H_1 \cup H_2 \cup \cdots \cup H_n) = AH_1 \cup AH_2 \cup \cdots \cup AH_n,$$

而 $(AH_i)(AH_j) = \varnothing$, $i \neq j$, $i, j = 1, 2, \cdots, n$, 且 $P(H_i) > 0$, $i = 1, 2, \cdots, n$, 所以

$$P(A) = P(AH_1 \cup AH_2 \cup \cdots \cup AH_n)$$

$$= P(AH_1) + P(AH_2) + \cdots + P(AH_n)$$

$$= P(H_1)P(A \mid H_1) + P(H_2)P(A \mid H_2) + \cdots + P(H_n)P(A \mid H_n).$$

在很多问题中, 事件 A 的概率 $P(A)$ 不易直接求得, 但却很容易找到 S 的一个划分 $H_1, H_2, \cdots, H_n$, 且 $P(H_i)$ 和 $P(A \mid H_i)$ 为已知或者易于得到, 那么就可以根据全概率公式求出 $P(A)$. 全概率公式的基本思想是把一个复杂事件分解为若干个简单事件来求解, 故在应用全概率公式时, 关键是找到样本空间 S 的一个合适的划分. 在全概率公式里, 常将事件 A 视为"结果", $H_1, H_2, \cdots, H_n$ 视作事件 A 发生的 n 个不同的原因.

定理 2 设试验 E 的样本空间为 S, $H_1, H_2, \cdots, H_n$ 是 S 的一个划分, A 是 E 中一个事件, 且 $P(A) > 0$, $P(H_i) > 0$, $i = 1, 2, \cdots, n$, 则

$$P(H_i \mid A) = \frac{P(H_i)P(A \mid H_i)}{\sum\limits_{j=1}^{n} P(H_j)P(A \mid H_j)}, \quad i = 1, 2, \cdots, n.$$

上式叫做贝叶斯公式.

证 由条件概率的定义知

$$P(H_i \mid A) = \frac{P(H_iA)}{P(A)}, \quad i = 1, 2, \cdots, n.$$

由全概率公式可得

$$P(A) = \sum_{j=1}^{n} P(H_j) P(A \mid H_j),$$

由乘法公式可得

$$P(H_iA) = P(H_i) P(A \mid H_i),$$

所以

$$P(H_i \mid A) = \frac{P(H_i) P(A \mid H_i)}{\sum_{j=1}^{n} P(H_j) P(A \mid H_j)}, \quad i = 1, 2, \cdots, n.$$

当一个较复杂的事件是由多种"原因"（如 $H_1, H_2, \cdots, H_n$）产生的样本点构成时，往往可以考虑用全概率公式计算它的概率. 其中 $P(H_1), P(H_2), \cdots, P(H_n)$ 表示各种"原因"发生的可能性大小，叫做先验概率，一般是以往经验的总结. 当已知试验结果而要追查"原因"时，往往使用贝叶斯公式. 此时，试验结果——事件 A 已经发生，这一补充信息有助于探讨事件发生的"原因". 条件概率 $P(H_i \mid A)$ 叫做后验概率，它表示在 A 发生以后，对各种"原因"发生可能性的新认识. 计算出 $P(H_i \mid A)$ $(i = 1, 2, \cdots, n)$ 有助于我们对事件发生的"原因"做出一些判断. 以上就是全概率公式与贝叶斯公式的不同之处，归纳起来就是：全概率公式由原因导出结果，而贝叶斯公式是由结果追溯原因. 下面举例说明它们的应用，注意它们的不同之处.

例 7 某厂一、二、三车间生产同类产品，已知三个车间生产的产品分别占总量的 50%，25%，25%，且这三个车间产品的次品率分别为 1%，2%，4%. 三个车间生产的产品在仓库中均匀混合.

（1）从仓库中任取一件产品，求它是次品的概率；

（2）从仓库中任取一件产品，经检测是次品，求该产品产自三个车间的概率.

解 设 H_i 表示"取到的产品来自第 i 个车间"，$i = 1, 2, 3$，A 表示"取到的产品是次品". 易知，H_1, H_2, H_3 是样本空间 S 的一个划分，且

$$P(H_1) = 0.5, \quad P(H_2) = 0.25, \quad P(H_3) = 0.25,$$

$$P(A \mid H_1) = 0.01, \quad P(A \mid H_2) = 0.02, \quad P(A \mid H_3) = 0.04.$$

（1）由全概率公式得

$$P(A) = P(H_1) P(A \mid H_1) + P(H_2) P(A \mid H_2) + P(H_3) P(A \mid H_3)$$

$$= 0.5 \times 0.01 + 0.25 \times 0.02 + 0.25 \times 0.04 = 0.02.$$

（2）由贝叶斯公式得

$$P(H_1 \mid A) = \frac{P(H_1)P(A \mid H_1)}{P(A)} = \frac{0.5 \times 0.01}{0.02} = 0.25,$$

$$P(H_2 \mid A) = \frac{0.25 \times 0.02}{0.02} = 0.25,$$

$$P(H_3 \mid A) = \frac{0.25 \times 0.04}{0.02} = 0.5.$$

从计算的结果来看，$P(H_3 \mid A)$ 最大，这表明取出的次品产自第三个车间的可能性最大.

例 8 根据以往的临床记录，某种诊断癌症的试验具有如下的效果：确定患有癌症的人试验反应为阳性的概率为 95%，未患癌症的人试验反应为阴性的概率为 90%.已知试验地区人口中患癌症的概率为 0.04%，若某人试验反应为阳性，求他患癌症的概率.

解 设 H 表示"被检测者患有癌症"；A 表示"试验反应为阳性"，则

$$P(H) = 0.0004, \quad P(A \mid H) = 0.95, \quad P(\bar{A} \mid \bar{H}) = 0.9.$$

由贝叶斯公式，该被检测者在试验反应为阳性的条件下，患有癌症的概率为

$$\begin{aligned} P(H \mid A) &= \frac{P(H)P(A \mid H)}{P(H)P(A \mid H) + P(\bar{H})P(A \mid \bar{H})} \\ &= \frac{0.0004 \times 0.95}{0.0004 \times 0.95 + 0.9996 \times (1 - 0.9)} \\ &= 0.0038. \end{aligned}$$

这一结果表明，尽管用这种方法检测癌症相当可靠，准确率高达 95%，但由于先验概率 $P(H)$ 非常小，用此方法检测出的阳性反应者患癌症的概率也很小，仅为 0.0038.若用此方法进行普查，其正确性仅有 0.38%，即平均 1 000 个阳性反应的人中，大约有 4 个人患癌症.如果不注意到这一点，将会得出错误的诊断.

例 9 "狼来啦"（说谎小孩可信度的下降分析）.

伊索寓言"孩子与狼"讲的是一个小孩每天到山上放羊，山里有狼出没.第一天，他在山上喊"狼来啦！狼来啦！"，山下的村民纷纷赶过来打狼，结果到了山上，发现狼没有来.第二天，小孩又在山上喊"狼来啦！狼来啦！"，山下的村民又纷纷赶过来打狼，结果到了山上，发现是小孩在撒谎，狼又没有来.到了第三天，狼真的来了，无论小孩怎么喊"狼来啦！狼来啦！"，也没有人上山来打狼了，因为他前两次撒谎了，人们不再相信他了.试用贝叶斯公式来分析此寓言中村民对这个小孩的信任程度是如何下降的.

第一章第四节例9解答

习题 1-4

1. 袋中有 5 只白球、6 只黑球,从袋中一次取出 3 只球,发现是同一种颜色,求该颜色是黑色的概率.

2. 某建筑物按设计要求使用寿命超过 50 年的概率为 0.8,超过 60 年的概率为 0.6.该建筑物经历了 50 年之后,它将在 10 年内无法使用的概率有多大?

3. 袋中有 r 只红球、t 只白球,每次从袋中任取一只球,观察其颜色后放回,并再放入 a 只与所取出的那只球同色的球.若在袋中连续取球四次,试求第一、二次取到红球且第三、四次取到白球的概率.

4. 某厂生产的凸透镜,第一次落地时打碎的概率为 0.2;如果第一次落地时未碎,那么第二次落地时打碎的概率为 0.5;如果前两次落地时未碎,那么第三次落地时打碎的概率为 0.9.试求凸透镜落地 3 次而未打碎的概率.

5. 某年级有甲、乙、丙三个班级,各班人数分别占年级总人数的 $\frac{1}{4}$,$\frac{1}{3}$,$\frac{5}{12}$,已知甲、乙、丙三个班级中集邮人数分别占该班总人数的 $\frac{1}{2}$,$\frac{1}{4}$,$\frac{1}{5}$.试求:

(1) 从该年级中随机地选取一个人,此人为集邮者的概率;

(2) 从该年级中随机地选取一个人,此人为集邮者且属于乙班的概率.

6. 设甲袋中装有 n 只白球、m 只红球;乙袋中装有 N 只白球、M 只红球.今从甲袋中任取一只球放入乙袋,再从乙袋中任意取一只球.求:

(1) 取到的球是白球的概率;

(2) 若已知取到的球是白球,问从甲袋中也取得白球的概率.

7. 已知男子中有 5% 是色盲患者,女子中有 0.25% 是色盲患者.今从男女人数相等的人群中随机挑选一人,恰好是色盲患者,问此人是男性的概率是多少?

8. 一袋中有 $m(m \geqslant 3)$ 只白球和 n 只黑球,丢失一球,不知其色.现随机从袋中摸取两球,结果是白球,求丢失的是白球的概率.

第五节　随机事件的独立性

一、独立性

设 A,B 为两个事件,且 $P(B) > 0$,则 $P(A \mid B)$ 有定义.一般地,$P(A \mid B) \neq P(A)$,这说明事件 B 的发生改变了事件 A 发生的概率.若 $P(A \mid B) = P(A)$,即 B 的发生不影响 A 发生的概率.此时,有

$$P(AB) = P(B)P(A \mid B) = P(A)P(B).$$

这样,我们就得到了两个事件 A, B 相互独立的定义.

定义 1 对事件 A, B,若 $P(AB) = P(A)P(B)$,则称事件 A 与 B 相互独立,或简称 A 与 B 独立.

例如,在"抛一枚硬币两次,观察正反面出现情况"的试验中,设 A 表示"第一次出现正面",B 表示"第二次出现正面",则

$$P(A) = \frac{1}{2}, \quad P(B) = \frac{1}{2}, \quad P(AB) = \frac{1}{4} = P(A)P(B),$$

即事件 A 与 B 相互独立. 从直观上我们也可以知道,"第一次出现正面"与"第二次出现正面"这两个事件是不会相互影响的.

容易知道:若 $P(A) > 0, P(B) > 0$,则 A, B 相互独立与 A, B 互不相容不能同时成立. 由独立的定义,不难证明下面的定理.

定理 1 若 $P(B) > 0$,则事件 A 与 B 相互独立的充要条件是 $P(A \mid B) = P(A)$.

下面的定理 2 是事件独立的非常重要的性质.

定理 2 若事件 A 与 B 相互独立,则下面三对事件

$$A \text{ 与 } \overline{B}, \quad \overline{A} \text{ 与 } B, \quad \overline{A} \text{ 与 } \overline{B}$$

分别是相互独立的.

证　由于 $A\overline{B} = A - AB$,且 $AB \subseteq A$,故

$$P(A\overline{B}) = P(A - AB) = P(A) - P(AB).$$

又 A 与 B 相互独立,所以,

$$P(AB) = P(A)P(B),$$

从而

$$P(A\overline{B}) = P(A) - P(A)P(B) = P(A)[1 - P(B)] = P(A)P(\overline{B}),$$

即 A 与 $\overline{B}$ 相互独立. 由 A, B 相互独立的对称性可得 B 与 $\overline{A}$ 相互独立. 再把此结论用于事件 $\overline{B}$ 与 A,即得 $\overline{B}$ 与 $\overline{A}$ 相互独立.

下面,我们将独立性的概念推广到三个事件的情况.

定义 2 对事件 A, B, C,若

$$P(AB) = P(A)P(B),$$
$$P(AC) = P(A)P(C),$$
$$P(BC) = P(B)P(C),$$
$$P(ABC) = P(A)P(B)P(C),$$

则称事件 A, B, C 相互独立. 如果前三个式子成立,则称事件 A, B, C 两两相互独立.

由定义 2,三个事件相互独立,必定两两相互独立. 但是两两相互独立不能保证三个事件相互独立.

一般地,设 $A_1,A_2,\cdots,A_n$ 是 n 个事件($n\geqslant 2$),如果对于其中任意 2 个,3 个……n 个事件,积事件的概率都等于各事件概率之积,则称事件 $A_1,A_2,\cdots,A_n$ 相互独立. n 个事件相互独立要求成立的等式总数为

$$C_n^2+C_n^3+\cdots+C_n^n=2^n-n-1.$$

由 n 个事件相互独立的定义可知,若 $A_1,A_2,\cdots,A_n(n\geqslant 2)$ 相互独立,则其中任意 k($2\leqslant k\leqslant n$)个事件相互独立;若将 $A_1,A_2,\cdots,A_n$ 中任意多个事件换成它们的对立事件,则得到的 n 个事件依然相互独立.

在实际应用中,独立性往往是根据实际情况来判定的. 例如,甲、乙两人分别在不同的地方打靶,则可以认为甲打中与乙打中是相互独立的;若甲、乙两人活动范围相距甚远,则可以认为甲患感冒与乙患感冒是相互独立的;抛一枚硬币 n 次,若以 A_i 表示"第 i 次出现正面",$i=1,2,\cdots,n$,则 $A_1,A_2,\cdots,A_n$ 相互独立.

例 1 一个元件(或系统)能正常工作的概率叫做元件(或系统)的<u>可靠度</u>. 设有 n 个独立工作的元件,第 i 个元件的可靠度为 $p_i(i=1,2,\cdots,n)$. 在下面两种连接方式下,求连接成的系统的可靠度:

(1)串联连接(图 1-10);(2)并联连接(图 1-11).

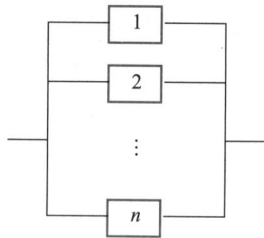

图 1-10　　　　　　　　　　图 1-11

解 设 A_i 表示"第 i 个元件正常工作",则 $P(A_i)=p_i,i=1,2,\cdots,n$.

(1)串联连接时,当且仅当 n 个元件都正常工作时,系统才正常工作. 所以,所求的可靠度为

$$P(A_1A_2\cdots A_n)=P(A_1)P(A_2)\cdots P(A_n)=p_1p_2\cdots p_n.$$

(2)并联连接时,当且仅当 n 个元件中至少有一个正常工作时,系统正常工作. 所以,所求的可靠度为

$$\begin{aligned}
P(A_1\cup A_2\cup\cdots\cup A_n)&=P(\overline{\overline{A_1}\,\overline{A_2}\cdots\overline{A_n}})\\
&=1-P(\overline{A_1}\,\overline{A_2}\cdots\overline{A_n})\\
&=1-P(\overline{A_1})P(\overline{A_2})\cdots P(\overline{A_n})\\
&=1-(1-p_1)(1-p_2)\cdots(1-p_n).
\end{aligned}$$

例 2 设每一门高射炮击中飞机的概率都是 0.6.

（1）求两门高射炮同时发射一发炮弹而击中飞机的概率；

（2）若有一架敌机入侵领空，欲以 99% 以上的概率击落敌机，问至少需要多少门高射炮？

解　设 A_k 表示"第 k 门高射炮发射一发炮弹而击中飞机"，$k=1,2,\cdots$，则 A_k 之间相互独立，$P(A_k)=0.6$.

（1）同时发射一发炮弹而击中飞机可以表示为 $A_1\cup A_2$，则

$$P(A_1\cup A_2)=1-P(\overline{A_1\cup A_2})=1-P(\overline{A_1}\cap\overline{A_2})=1-P(\overline{A_1})P(\overline{A_2})$$
$$=1-(1-0.6)(1-0.6)=0.84.$$

（2）设至少需要 n 门高射炮才能以 99% 以上的概率击落敌机，那么击落敌机的概率为

$$P(A_1\cup A_2\cup\cdots\cup A_n)=1-P(\overline{A_1\cup A_2\cdots\cup A_n})=1-P(\overline{A_1}\cap\overline{A_2}\cdots\cap\overline{A_n})$$
$$=1-P(\overline{A_1})P(\overline{A_2})\cdots P(\overline{A_n})=1-0.4^n.$$

因为 $1-0.4^n>0.99$，得到 $n>\dfrac{\ln 0.01}{\ln 0.4}\approx 5.026$，故至少需要 6 门高射炮.

二、伯努利试验

定义 3　若试验 E 只有两个可能结果 A 及 $\overline{A}$，则 E 叫做伯努利试验. 若将一个伯努利试验独立重复地进行 n 次，则这一串重复的独立试验叫做 <u>n 重伯努利试验</u>.

例如，抛一枚硬币 n 次就得到一个 n 重伯努利试验；独立地射击 n 次，设每次射击命中的概率均为 p，则这一试验也是 n 重伯努利试验. 这里，"独立"是指各次试验的结果互不影响，"重复"是指每次试验事件 A 的概率不变.

对于 n 重伯努利试验，设事件 A 的概率 $P(A)=p,0<p<1$，于是 $P(\overline{A})=1-p$. 设 B_k 表示"n 次试验中事件 A 恰好发生 k 次"，易知，$k=0,1,2,\cdots,n$. 现在我们来计算 $P(B_k)(k=0,1,2,\cdots,n)$.

由于 n 次试验的结果是互不影响的，即若设 A_i 表示"第 i 次试验中事件 A 发生"，$i=1,2,\cdots,n$，则 $A_1,A_2,\cdots,A_n$ 相互独立，且 B_k 是所有形如 $A_{i_1}A_{i_2}\cdots A_{i_k}\overline{A}_{i_{k+1}}\cdots\overline{A}_{i_n}$ 的事件的和，这样的事件共有 C_n^k 个，且它们两两互不相容（这里 $i_1,i_2,\cdots,i_n$ 是 $1,2,\cdots,n$ 的某一排列）. 而

$$P(A_{i_1}A_{i_2}\cdots A_{i_k}\overline{A}_{i_{k+1}}\cdots\overline{A}_{i_n})$$
$$=P(A_{i_1})P(A_{i_2})\cdots P(A_{i_k})P(\overline{A}_{i_{k+1}})\cdots P(\overline{A}_{i_n})$$
$$=p^k(1-p)^{n-k},$$

所以，

$$P(B_k) = C_n^k p^k (1-p)^{n-k}, \quad k = 0, 1, 2, \cdots, n.$$

通常,我们记 $P(B_k) = P_n(k)$. 这样我们得到,在 n 重伯努利试验中,事件 A 恰好发生 k 次的概率

$$P_n(k) = C_n^k p^k (1-p)^{n-k}, \quad k = 0, 1, 2, \cdots, n.$$

容易验证,

$$\sum_{k=0}^{n} P_n(k) = \sum_{k=0}^{n} C_n^k p^k (1-p)^{n-k} = [p+(1-p)]^n = 1.$$

例3 某人射击的命中率为 0.2,他独立重复地射击 5 次,求

(1)他恰好击中 3 次的概率;

(2)他至少击中 2 次的概率.

解 该射击试验是 5 重伯努利试验,其中 $n=5, p=0.2$,则他恰好击中 k 次的概率

$$P_5(k) = C_5^k \cdot 0.2^k \cdot 0.8^{5-k}, \quad k = 0, 1, 2, 3, 4, 5.$$

(1)他恰好击中 3 次的概率为

$$P_5(3) = C_5^3 \cdot 0.2^3 \cdot 0.8^2 = 0.0512.$$

(2)他至少击中 2 次的概率为

$$P_5(2) + P_5(3) + P_5(4) + P_5(5) = 1 - P_5(0) - P_5(1)$$
$$= 1 - 0.8^5 - C_5^1 \cdot 0.2 \cdot 0.8^4$$
$$= 0.26272.$$

例4 甲、乙两队进行围棋对抗赛,每局甲队胜的概率均为 $p, p \geq \dfrac{1}{2}$. 问对甲队而言,采用三局二胜制有利,还是五局三胜制有利? 设各局胜负相互独立,且各局同时进行.

解 由于每次试验的结果只有"甲胜"与"甲负"两个,故可视为伯努利试验. 若采用三局二胜制,则可以视为 3 重伯努利试验. 所以,甲队胜的概率为

$$p_1 = P_3(2) + P_3(3) = C_3^2 p^2 (1-p) + C_3^3 p^3 = -2p^3 + 3p^2.$$

若采用五局三胜制,则可以视为 5 重伯努利试验. 此时,甲队胜的概率为

$$p_2 = P_5(3) + P_5(4) + P_5(5)$$
$$= C_5^3 p^3 (1-p)^2 + C_5^4 p^4 (1-p) + C_5^5 p^5$$
$$= 6p^5 - 15p^4 + 10p^3.$$

因为

$$p_2 - p_1 = 6p^5 - 15p^4 + 12p^3 - 3p^2$$
$$= 3p^2 (p-1)^2 (2p-1),$$

且 $p \geq \dfrac{1}{2}$,所以,若 $p = \dfrac{1}{2}$,则 $p_2 = p_1$,采用三局两胜制与五局三胜制甲队取胜的概

率都一样;若 $\frac{1}{2}<p<1$,则 $p_2>p_1$,即采用五局三胜制甲队取胜的概率较大.这个例子表明,比赛中采用多盘制对强手有利.

例 5　长期购买彩票就能中奖吗?

某彩票每周开奖一次,每次有十万分之一的机会中奖,且每周开奖是相互独立的.若某人每周买一次彩票,坚持 10 年(520 周),分析他从未中奖的概率是多少?

第一章第五节例 5 解答

习题 1-5

1. 设 A,B 是两个相互独立的事件,已知 $P(A)=0.3,P(A\cup B)=0.65$.试求 $P(B)$.

2. 试证:必然事件 S 与不可能事件 $\varnothing$ 分别与任一事件 A 相互独立.

3. 袋中有 20 个球,其中 7 个是红的,5 个是黄的,4 个是黄、蓝两色的,1 个是红、黄、蓝三色的,其余 3 个是无色的. A,B,C 分别表示从袋中任意摸出 1 球有红色、有黄色、有蓝色的事件,证明 $P(ABC)=P(A)P(B)P(C)$,但 A,B,C 两两不独立.

4. 口袋里装有 $a+b$ 枚硬币,其中 b 枚硬币是废品(两面都是国徽).从口袋中随机地取出一枚硬币,并把它独立地抛 n 次,结果发现向上的一面全是国徽.求这枚硬币是废品的概率.

5. 要验收一批乐器,共 100 件,从中随机取 3 件独立地进行测试,3 件中任意一件经测试认为音色不纯,这批乐器就被拒绝接受.已知一个音色不纯的乐器经测试查出的概率为 0.95,而一件音色纯的乐器经测试被误认为音色不纯的概率为 0.01.现在知道这批乐器中有 4 件是音色不纯的,问这批乐器被拒收的概率多大?

6. 如图 1-12 所示,电路由 5 个元件组成,它们工作状况是相互独立的,元件的可靠度都是 p ,求系统的可靠度.

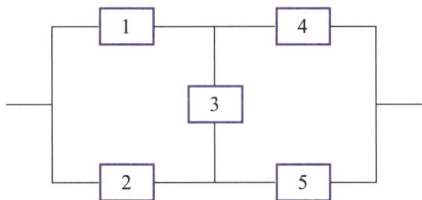

图 1-12

7. 3 个人独立地去破译一份密码,已知各人能译出的概率分别为 $\frac{1}{5}$, $\frac{1}{3}$, $\frac{1}{4}$.问 3 个人至少有 1 个人能将此密码译出的概率.

8. 5 名篮球运动员独立地投篮,每个运动员投篮的命中率都是 40%.他们各投一次.试求:

(1) 恰有两个投中的概率;

(2) 至少有两个投中的概率.

9. 甲、乙两人射击,命中率分别为 0.6,0.7. 今两人各自独立射击 3 次,求:

（1）两人命中次数相等的概率；

（2）甲比乙命中次数多的概率.

第一章知识总结

第二章
一维随机变量及其分布

第二章知识
结构导图

教学基本要求

（1）理解随机变量的概念,了解分布函数的概念和性质,会计算与随机变量相联系的事件的概率.

（2）理解离散型随机变量及其分布律的概念,掌握两点分布和二项分布,了解泊松分布和几何分布.会用以上分布计算相应事件的概率.

（3）理解连续型随机变量及其概率密度的概念,理解正态分布和标准正态分布,了解均匀分布和指数分布.会用以上分布计算相应事件的概率.

（4）会根据自变量的概率分布求较简单的随机变量函数的概率分布.

在第一章,我们主要研究了随机事件及其概率,运用了语言描述的方法来表示随机事件.这些研究方法比较烦琐,也不够准确,而且有时缺乏一般性,没有摆脱初等数学的范畴.为了更深入地研究随机事件,全面认识随机现象的规律性,并且实现使用高等数学的方法研究随机事件的目的,需要引入随机变量及其分布的概念.随机变量能将样本空间和随机事件量化表示.

本章首先将介绍随机变量的概念,然后介绍一些常见的随机变量以及随机变量的分布函数,最后讨论随机变量函数的分布.

第一节　随机变量

通过第一章的学习,我们会发现,许多随机试验结果与数值有关(本身就是一个

数),如

  (1)掷一颗骰子面上出现的点数;

  (2)每天进入一号教学楼的人数;

  (3)某种昆虫的产卵数;

  (4)十月份成都的最低气温……

  在有些试验中,试验结果看来与数值无关,但我们可以引进一个变量来表示它的各种结果,也即把试验结果数值化.例如,裁判员在运动场上不叫运动员的名字而叫号码,因为名字和号码有一种对应关系.

  为了能够更深刻地揭示随机现象的统计规律性,我们需要将随机试验的结果数量化,以方便我们用高等数学方法去研究随机现象,去描述和解决各种和随机现象有关的理论和应用问题.为此,我们在随机试验的样本空间上定义一个函数,将样本点与实数建立起对应关系.这样,样本点即对应着数,数也对应着样本点,从而将随机试验的结果数量化.

  对于样本空间 S 本身是数集的随机试验,我们直接在 S 上定义实值函数 $X(\omega)=\omega,\omega\in S$,即每个样本点与自身对应.

  例 1 随机试验"在一批灯泡中任意抽取一只,记录它的寿命"的样本空间 $S=\{t\mid t\geqslant 0\}$,取 $X=X(t)=t,t\in S$,则 X 将 S 的元素与数集 $[0,+\infty)$ 上的元素建立起对应关系.当取出一个灯泡并知道其寿命为 t_0 时,X 就获得一个取值 t_0,因而 X 表示灯泡的寿命.

  对于结果不具有数的性质的随机试验,例如,抛一枚硬币观察正、反面出现的情况,射击试验观察中靶或不中靶的情况.以射击试验为例,其样本空间 $S=\{$中靶,不中靶$\}$,规定"中靶"为"1","不中靶"为"0",这实际上在 S 上定义了一个函数

$$X=X(\omega)=\begin{cases}1, & \omega \text{ 为中靶,}\\ 0, & \omega \text{ 为不中靶.}\end{cases}$$

  例 2 在"抛一枚硬币 3 次,观察正、反面出现情况"的试验中,样本空间

$$S=\{\mathrm{HHH,HHT,HTH,THH,HTT,THT,TTH,TTT}\},$$

在 S 上定义一个函数 $X=X(\omega)$ 如下:

样本 ω	HHH	HHT	HTH	THH	HTT	THT	TTH	TTT
X 的取值	3	2	2	2	1	1	1	0

则 X 与数集 $\{3,2,1,0\}$ 建立起了对应关系.

  一般地,我们有如下定义:

  定义 1 设随机试验的样本空间 $S=\{\omega\mid \omega$ 为样本点$\}$,$X=X(\omega)$ 是定义在 S 上的实单值函数,则称 $X=X(\omega)$ 为**随机变量**.

一般我们用大写字母如 X,Y,Z,W 表示随机变量.上面我们讲到的函数都是随机变量,另外,如记掷一颗骰子出现的点数为 X,某班一天上课旷课人数为 Y,某地区人的身高为 W,则 X,Y,W 均是随机变量.

虽然随机变量也是函数,但它和以前在高等数学中学到的函数却是有区别的.

（1）定义域是一个随机试验的样本空间,定义域不一定是数集;

（2）它随试验结果的不同而取不同的值,因而在试验之前只知道它可能取值的范围,而不能预先肯定它将取哪个值;

（3）由于试验结果的出现具有一定的概率,于是这种实值函数取每个值和每个确定范围内的值也有一定的概率.

在引入随机变量以后,随机事件及其概率就可以用随机变量来表达.例如,对于例2 中的随机事件 $A=\{HTT,THT,TTH\}$,它对应着 $\{X=1\}$.因而我们用 $\{X=1\}$ 表示 A,即

$$P(A)=P\{X=1\}=\frac{3}{8}.$$

而对于随机事件 $B=\{HTT,THT,TTH,TTT\}$,则可以用 $\{X=0$ 或 $1\}$ 表示.注意到 X 只取 $0,1,2,3$,故 B 也可用 $\{X\leqslant 1\}$ 或 $\{X<2\}$ 来表示.

用随机变量描述随机事件,不仅可以研究个别事件或部分事件,还可以把各个事件联系起来,从整体上研究随机试验.

一般地,对于数集 M,X 在 M 上取值记为 $\{X\in M\}$,它表示事件 $A=\{\omega\mid X(\omega)\in M\}$,则 $P(A)=P\{X\in M\}$.图 2-1 给出了样本点与实数、事件与实数集的对应关系,其中 A 是在映射 X 下 M 的原像集.

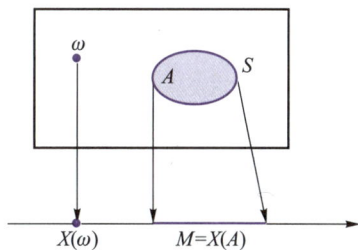

图 2-1

习题 2-1

1. 将 3 个球随机地放入 4 个杯子,设 X 为杯子中球的最大个数,求 X 的所有取值,并求 $P\{X=3\}$.

2. 某人射击的命中率为 0.6,他独立进行了 5 次射击,记 X 为命中次数,求他至少命中 1 次的概率.

3. 掷两颗分别涂有红色和蓝色的骰子,记 X 为红色骰子出现的点数,Y 为蓝色骰子出现的点数,M 为两颗骰子出现点数的较大者,N 为两颗骰子出现点数的较小者,W 为两颗骰子出现的点数和. 用 X,Y 表示 M,N,W,并求 $P\{M=2\}$.

第二节　离散型随机变量及其分布律

对于随机变量,我们不仅要知道它取哪些值,而且还要研究它取某些值的概率. 当随机变量所有可能的取值是有限个或可列无限多个时,这种随机变量称为离散型随机变量. 如掷一颗骰子出现的点数,某交通道口中午 1 h 内汽车的流量,n 重伯努利试验中事件 A 发生的次数,我国一年内发生三级以上地震的次数等,都是离散型随机变量. 若以 T 表示灯泡的寿命,则 T 的取值是一个区间,是无法按一定顺序一一列举出来的,因而它不是离散型随机变量. 一般而言,表示次数、年龄、人数等取整数值的随机变量都是离散型随机变量.

而掌握离散型随机变量的统计规律(即概率分布),除了要知道它的所有取值外,还要知道它取每个值的概率.

定义 1　设离散型随机变量 X 的所有可能取值为 $x_1,x_2,\cdots,x_k,\cdots$,则

$$P\{X=x_k\}=p_k,\quad k=1,2,3,\cdots$$

叫做 X 的分布律或概率分布,也可称为概率函数.

显然,分布律给出了随机变量取每个值的概率,由概率的定义和性质可知,分布律具有如下的性质:

(1) 非负性:$p_k\geq 0,k=1,2,3,\cdots$;

(2) 规范性:$\displaystyle\sum_{k=1}^{\infty} p_k=1$.

上述两条性质是分布律必须具备的性质,也是判别某个数列能否称为某个离散型随机变量的分布律的充要条件. 数列 $p_1,p_2,\cdots,p_k,\cdots$ 也叫做 X 的分布列.

分布律也可以用表格的形式来表示:

X	x_1	x_2	x_3	$\cdots$	x_n	$\cdots$
p_k	p_1	p_2	p_3	$\cdots$	p_n	$\cdots$

上述表格直观地表示了随机变量 X 的取值以及取每个值的概率.

如果将离散型随机变量 X 的所有取值点 $x_1,x_2,\cdots,x_n,\cdots$ 画在数轴上,每个点的大小由所取的概率决定,类似于将点 $x_1,x_2,\cdots,x_n,\cdots$ 分别赋予质量 $p_1,p_2,\cdots,p_n,\cdots$,这个描述 X 分布律的图叫做概率质量分布图(图 2-2).

图 2-2

例 1 某装配车间需要装配电子配件,12 件配件里面有 10 件正品、2 件次品. 从这 12 件配件里面任取 1 件,不放回抽样,如果抽到次品就放弃装配,直至抽到正品为止. 以 X 表示取到正品之前已取出的次品个数,求 X 的分布律.

解 X 的可能取值是 $0,1,2$. 因为

$$P\{X=0\} = \frac{10}{12} = \frac{5}{6},$$

$$P\{X=1\} = \frac{2}{12} \cdot \frac{10}{11} = \frac{5}{33},$$

$$P\{X=2\} = \frac{2}{12} \cdot \frac{1}{11} \cdot \frac{10}{10} = \frac{1}{66},$$

所以 X 的分布律为

X	0	1	2
p_k	$\dfrac{5}{6}$	$\dfrac{5}{33}$	$\dfrac{1}{66}$

知道了离散型随机变量的分布律以后,任一随机事件的概率就可以根据分布律来求. 例如,

$$P\{X \leqslant k\} = \sum_{i=1}^{k} P\{X=i\}.$$

一般地,对任意一个实数集 M,

$$P\{X \in M\} = \sum_{x_i \in M} P\{X=x_i\} = \sum_{x_i \in M} p_i.$$

下面介绍几个常用的离散型随机变量.

一、两点分布

定义 2 若随机变量 X 只取两个值 0 和 1,且 $P\{X=1\}=p$,$P\{X=0\}=1-p$,即 $P\{X=k\}=p^k(1-p)^{1-k}$,$k=0,1$,其中 $0<p<1$,则称 X 服从**两点分布**(或(0-1)分布),记为

$$X \sim b(1,p).$$

两点分布的概率函数图如图 2-3.

若一个随机试验的样本空间 S 只含两个元素,设 $S=\{e_1,e_2\}$,则在 S 上可定义一个服从两点分布的随机变量

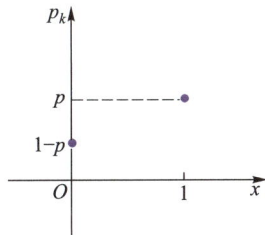

图 2-3

$X = X(\omega) = \begin{cases} 1, \omega = e_1, \\ 0, \omega = e_2 \end{cases}$ 来描述这个随机试验的结果. 例如,抛一枚硬币试验的结果"正面"和"反面",射击试验的结果"中的"与"不中的",新出生婴儿的性别"男"和"女",产品抽样的结果"合格"与"不合格"等都可以用服从两点分布的随机变量来描述. 两点分布是实际应用中较常见的一种分布.

两点分布的分布律可以写成

X	0	1
p_k	$1-p$	p

二、 二项分布

在第一章中我们已经得到 n 重伯努利试验中事件 A 恰好发生 k 次的概率为 $P_n(k) = C_n^k p^k (1-p)^{n-k}, k=0,1,2,\cdots,n$,其中,$0<p<1$. 于是我们有

定义 3　若设随机变量 X 所有可能取值为 $0,1,2,\cdots,n$,X 的分布律为
$$P\{X=k\} = C_n^k p^k (1-p)^{n-k}, \quad k=0,1,2,\cdots,n.$$
此时,我们称 X 服从参数为 n,p 的**二项分布**,记为 $X \sim b(n,p)$.

二项分布的分布律满足分布律的两条基本性质:

(1) $P\{X=k\} \geq 0, k=0,1,2,\cdots,n$;

(2) $\sum_{k=0}^{n} P\{X=k\} = \sum_{k=0}^{n} C_n^k p^k (1-p)^{n-k} = [p+(1-p)]^n = 1.$

特别地,当 $n=1$ 时,二项分布就是两点分布.

例 2　从积累的资料知道,在某条流水线生产的产品中,一级品率为 90%. 若从某天生产的 1 000 件产品中,随机地抽取 20 件做检验,试求:

(1) 恰有 18 件一级品的概率;

(2) 一级品不超过 18 件的概率.

解　设 X 表示"20 件产品中一级品的个数",由于抽查的产品数 20 远小于产品的总数 1 000,故可作为放回抽样来处理. 因而可近似地认为 $X \sim b(20, 0.9)$.

(1) 所求概率为
$$P\{X=18\} = C_{20}^{18} \times 0.9^{18} \times 0.1^2 = 0.285.$$

(2) 所求概率为
$$\begin{aligned} P\{X \leq 18\} &= 1 - P\{X > 18\} \\ &= 1 - P\{X=19\} - P\{X=20\} \\ &= 1 - C_{20}^{19} \times 0.9^{19} \times 0.1 - C_{20}^{20} \times 0.9^{20} \\ &= 1 - 0.270 - 0.122 = 0.608. \end{aligned}$$

例3 某电话总机为300个用户服务. 在1 h内每一电话用户使用电话的概率为0.01,求在1 h内有4户使用电话的概率.

解 设1 h内使用电话的用户数为X,则$X \sim b(300,0.01)$. 所以
$$P\{X=4\} = C_{300}^4 \cdot 0.01^4 \cdot (1-0.01)^{300-4} = 0.168.$$

例4 某物业管理公司负责10 000户居民的房屋维修工作. 假定每户居民是否报修是相互独立的,且报修的概率都是0.04%. 另外,一户居民住房的维修只需1名修理工人来处理. 试问:

(1) 若该物业公司现有4名修理工,那么居民报修后住房不能得到及时维修的概率有多大?

(2) 如果该物业管理公司现有的4名修理工采用承包的方式:每两个人负责5 000户居民房屋的维修,则居民报修后住房不能得到及时维修的概率有多大?

解 (1) 设某个时段报修的居民数为X,则$X \sim b(10\,000,0.000\,4)$,故所求概率为
$$
\begin{aligned}
P\{X>4\} &= 1-P\{X \leqslant 4\}\\
&= 1-(0.018\,3+0.073\,3+0.146\,5+0.195\,4+0.195\,4)\\
&= 0.371\,1.
\end{aligned}
$$

(2) 以5 000户居民为一组,共有两组,记事件A_i表示"第i组居民报修后不能得到及时维修",$i=1,2$. 易见A_1与A_2相互独立. 所求概率为
$$P(A_1 \cup A_2) = P(\overline{\overline{A_1}\,\overline{A_2}}) = 1-P(\overline{A_1}\,\overline{A_2}) = 1-P(\overline{A_1})P(\overline{A_2}).$$

设第一组在某时段报修的居民数为Y,则$Y \sim b(5\,000,0.000\,4)$,且
$$P(\overline{A_1}) = P\{Y \leqslant 2\} = 0.135\,3+0.270\,7+0.270\,7 = 0.676\,7.$$
同样,$P(\overline{A_2}) = 0.676\,7$. 因此,
$$P(A_1 \cup A_2) = 1-0.676\,7 \times 0.676\,7 = 0.542\,1.$$

把这个结果与(1)的结果作比较,我们可以得出结论:"承包并不是万全之策".

三、泊松分布

定义4 设随机变量X所有可能取值为$0,1,2,\cdots$,而取各个值的概率为
$$P\{X=k\} = \frac{e^{-\lambda}\lambda^k}{k!}, \quad k=0,1,2,\cdots,$$
其中$\lambda>0$是常数,则称X服从参数为λ的泊松分布,记为$X \sim \pi(\lambda)$.

显然,$P\{X=k\} = \frac{e^{-\lambda}\lambda^k}{k!} \geqslant 0, k=0,1,2,\cdots$,而且
$$\sum_{k=0}^{\infty} \frac{e^{-\lambda}\lambda^k}{k!} = e^{-\lambda}\sum_{k=0}^{\infty}\frac{\lambda^k}{k!} = e^{-\lambda}e^{\lambda} = 1.$$

即X的分布律满足离散型随机变量分布律的两个性质.

例 5 已知某地区一年沙尘暴出现的次数 X 服从参数 $\lambda = 3$ 的泊松分布. 试求:

(1) 一年中发生 5 次沙尘暴的概率;

(2) 一年中最多发生 5 次沙尘暴的概率.

解 (1) 由题意,

$$P\{X=k\} = \frac{\mathrm{e}^{-3} \cdot 3^k}{k!}, \quad k = 0,1,2,\cdots,$$

所求概率为 $P\{X=5\} = \dfrac{3^5 \mathrm{e}^{-3}}{5!}$,查表得 $P\{X=5\} = 0.1008$.

(2) 所求概率为

$$P\{X \leqslant 5\} = P\{X=0\} + P\{X=1\} + P\{X=2\} +$$
$$P\{X=3\} + P\{X=4\} + P\{X=5\},$$

查表得 $P\{X \leqslant 5\} = 0.9161$.

泊松分布是概率论中几个重要的分布之一,作为二项分布的近似,它常常用来研究稀有事件(即每次试验中事件出现的概率很小). 如某医院一天内的急诊人数、某地区在一个时间间隔内发生的交通事故数、从一个真空管的阴极发射出的到达阳极的电子数、电话总机在单位时间内接到的呼叫次数、公共汽车站等候上车的乘客人数等,这些随机变量都服从泊松分布.

泊松分布是由法国数学家泊松于 1838 年提出来的,是离散型随机变量的常用分布. 泊松分布在管理学、运筹学以及自然科学等问题中占有重要地位. 泊松分布中概率的计算经常通过查表进行,查表可以使数值较大的和式的计算变得简单.

泊松分布与二项分布的关系十分密切. 在二项分布 $b(n,p)$ 中,X 取 k 的概率为 $P\{X=k\} = C_n^k p^k (1-p)^{n-k}$,当 n,k 很大时,概率的计算会很烦琐,要计算出其准确值很不容易. 如果利用下面的泊松定理近似计算,可以大大减少计算量. 下面不加证明地给出该定理.

定理 1(泊松定理) 在 n 重伯努利试验中,事件 A 在一次试验中出现的概率为 p_n (试验总数为 n,$n \geqslant 1$). 如果满足 $\lim\limits_{n \to \infty} np_n = \lambda > 0$,则对任意的 $k(k \geqslant 0)$,有

$$\lim\limits_{n \to \infty} C_n^k p_n^k (1-p_n)^{n-k} = \frac{\lambda^k \mathrm{e}^{-\lambda}}{k!}, \quad k = 0,1,2,\cdots.$$

泊松定理是在 $np_n \to \lambda (n \to \infty)$ 时获得的. 在计算二项分布的概率时,如果 n 很大,np_n 不是很大,那么二项分布可以考虑用参数 $\lambda = np_n$ 的泊松分布来近似,即 $C_n^k p_n^k (1-p_n)^{n-k} \approx \dfrac{\lambda^k \mathrm{e}^{-\lambda}}{k!}$. 泊松定理表明,泊松分布为二项分布的极限分布.

例 6 某自动化生产流水线有 5 000 个器件,若每一个器件在一段时间内有故障

的概率是 0.001,试求这一段时间内器件故障个数不大于 5 的概率.

解　设在一段时间内有故障的器件个数为 X,则 $X \sim b(5\,000, 0.001)$,故所求的概率为

$$P\{X \leqslant 5\} = \sum_{k=0}^{5} C_{5\,000}^{k} \cdot 0.001^{k} \cdot (1-0.001)^{5\,000-k}.$$

取 $\lambda = np_n = 5\,000 \times 0.001 = 5$,用泊松定理近似计算并查表得到

$$P\{X \leqslant 5\} \approx \sum_{k=0}^{5} \frac{5^k}{k!} e^{-5} = 0.616.$$

四、几何分布

定义 5　若随机变量 X 的分布律为

$$P\{X=k\} = pq^{k-1}, \quad k=1,2,\cdots,q=1-p,$$

其中 $p(0<p<1)$ 为参数,则称 X 服从几何分布,记为 $X \sim G(p)$.

几何分布是因其分布律为几何级数 $\sum_{k=1}^{\infty} pq^{k-1}$ 的一般项而得名.几何分布描述的是试验首次成功的次数 X 服从的分布,即 $X=k$ 表示在 n 重伯努利试验中,试验的前 $k-1$ 次均失败,直到第 k 次才成功.

例 7　某射手每次射击命中目标的概率为 p,以 X 表示直到目标被击中为止所需要的射击次数,求 X 的概率分布.

解　X 的所有可能取值为 $1,2,3,\cdots$,$\{X=k\}$ 表示事件"前 $k-1$ 次射击未命中,第 k 次命中",故

$$P\{X=k\} = p(1-p)^{k-1}, \quad k=1,2,\cdots.$$

例 8　一汽车沿一街道行驶,需要通过 3 个均设有红绿信号灯的路口,每个信号灯为红或绿与其他信号灯为红或绿相互独立,且红绿 2 种信号灯显示的时间相等. 以 X 表示该汽车首次遇到红灯前已通过的路口的个数,求 X 的分布律.

第二章第二节例 8 解答

习题 2-2

1. 袋中有编号为 1,2,3,4,5 的 5 个球,从中任取 3 个球,以 X 表示 3 个球的最大号码,求 X 的分布律.

2. 求习题 2-1 题 3 中 M 和 N 的分布律.

3. 设在 N 件产品中有 M 件不合格品,从这批产品中随机地抽取 n 件检查,求其中不合格品的件数 X 的分布律(此时称 X 服从参数为 N,M,n 的超几何分布).

4. 进行独立重复试验,设每次试验成功的概率为 p,失败的概率为 $1-p(0<p<1)$. 将试验进行到出

现 r 次成功为止,以 Y 表示所需试验次数,求 Y 的分布律(此时称 Y 服从参数为 r,p 的帕斯卡分布).

5. 已知随机变量 X 的分布律为

X	-2	-1	0	1	2	3
p_k	0.2	0.1	0.3	0.1	0.2	0.1

试求关于 t 的一元二次方程 $3t^2+2Xt+(X+1)=0$ 有实根的概率.

6. 设随机变量 X 的分布律为 $P\{X=k\}=\dfrac{a}{N},k=1,2,\cdots,N.$ 试确定常数 a.

7. 一大楼装有 5 个同类型的供水设备. 调查表明在任一时刻 t 每个设备被使用的概率为 0.1,问在同一时刻:

(1) 恰有 2 个设备被使用的概率是多少?

(2) 至少有 3 个设备被使用的概率是多少?

(3) 至多有 3 个设备被使用的概率是多少?

(4) 至少有 1 个设备被使用的概率是多少?

8. 某地有 3 000 人参加了人寿保险,每人交纳了 10 元保险金,一年内死亡时家属可以从保险公司领取 2 000 元. 假定该地一年内人口死亡率为 0.1%,且死亡是相互独立的. 试求保险公司赢利不少于 10 000 元的概率.

9. 有甲、乙两种味道和颜色极为相似的名酒各 4 杯,如果从中挑 4 杯,能将甲种酒全部挑出来,算是试验成功一次.

(1) 某人随机地去猜,问他试验成功一次的概率是多少?

(2) 某人声称他通过品尝能区分两种酒,他连续试验 10 次,成功了 3 次,试推断他是猜对的,还是他确有区分能力(设各次试验相互独立).

10. 已知某商店每月销售的电视机数 X 服从参数为 10 的泊松分布,试问月初至少应进货多少才能保证当月不脱销的概率不小于 0.999. 假定上月无库存,且当月不再进货.

第三节　随机变量的分布函数

随机变量 X 是样本点 ω 的一个实值函数,而我们在研究一个随机变量的时候,常常关心的不是它取某一个值的概率,而是它在某一个区间内取值的概率,例如:

(1) 一个灯泡的寿命记为 X,A 为灯泡的寿命超过 10 000 h,即 $A=\{X>10\,000\}$;

(2) 一个球员投篮命中的次数记为 X,B 为"命中次数不超过 10",即 $B=\{X\leqslant 10\}$;

(3) 一次考试(百分制)学生的分数记为 X,C 为"成绩优秀",即 $C=\{85\leqslant X\leqslant 100\}$.

一般地,对于随机变量 X,我们若要知道 $P\{a<X\leqslant b\}$ 的值,其中 $a<b$,由于

$$\{X\leqslant a\}\subseteq\{X\leqslant b\},\quad 且\quad \{a<X\leqslant b\}=\{X\leqslant b\}-\{X\leqslant a\},$$

所以,

$$P\{a<X\leqslant b\}=P\{X\leqslant b\}-P\{X\leqslant a\}.$$

因此，$\forall x\in\mathbf{R}$，如果我们知道 $P\{X\leqslant x\}$ 的值，则由上式就可以求出 $P\{a<X\leqslant b\}$ 的值. 这个概率具有累积特性，常用 F 表示. 另外这个概率与 x 有关，不同的 x，此累积概率的值也不同，为此记

$$F(x)=P\{X\leqslant x\}.$$

于是 $F(x)$ 对所有的 $x\in(-\infty,+\infty)$ 均有定义，因为 $F(x)$ 是定义在 $(-\infty,+\infty)$ 上、取值于 $[0,1]$ 的一个数. 这就是我们要引入的分布函数.

定义 1　设 X 是一个随机变量，x 是任意实数，函数 $F(x)=P\{X\leqslant x\}$，$-\infty<x<+\infty$ 叫做 X 的分布函数. 且称 X 服从 $F(x)$，记为 $X\sim F(x)$.

几何意义：在数轴上，将 X 看成随机点的坐标，则分布函数 $F(x)$ 表示随机点落在 $(-\infty,x]$ 上的概率，如图 2-4 所示.

图 2-4

因此，$\forall x_1,x_2\in\mathbf{R}$，$x_1<x_2$，

$$P\{x_1<X\leqslant x_2\}=F(x_2)-F(x_1),$$

即知道了 X 的分布函数就可以求出 X 在任意区间 $(x_1,x_2]$ 内取值的概率. 从这个意义来看，分布函数完整地描述了随机变量的统计规律性.

随机变量 X 的分布函数 $F(x)$ 是一个普通函数，它的函数值 $F(x)$ 定义为 X 在区间 $(-\infty,x]$ 上取值的概率，它有如下的性质：

定理 1　设 $F(x)$ 是随机变量 X 的分布函数，则

（1）$0\leqslant F(x)\leqslant 1$；

（2）$F(x)$ 是单调不减的，即当 $x_1<x_2$ 时，有 $F(x_1)\leqslant F(x_2)$；

（3）$F(-\infty)=\lim\limits_{x\to-\infty}F(x)=0$，$F(+\infty)=\lim\limits_{x\to+\infty}F(x)=1$；

（4）$\forall x\in\mathbf{R}$，$F(x)$ 在点 x 处右连续.

证　（1）由于 $F(x)$ 是一个随机事件的概率，故 $0\leqslant F(x)\leqslant 1$.

（2）当 $x_1<x_2$ 时，$F(x_2)-F(x_1)=P\{x_1<X\leqslant x_2\}\geqslant 0$，$F(x_2)\geqslant F(x_1)$.

（3）$F(-\infty)=\lim\limits_{x\to-\infty}F(x)=\lim\limits_{x\to-\infty}P\{X<-\infty\}$ 为趋于不可能事件的概率，故为 0；

$F(+\infty)=\lim\limits_{x\to+\infty}F(x)=\lim\limits_{x\to+\infty}P\{X<+\infty\}$ 为趋于必然事件的概率，故为 1.

（4）的证明超过本书的要求，略去.

分布函数一定具备以上基本性质，反过来，任意一个满足这些性质的函数，一定可以作为某个随机变量的分布. 因此，这 4 条性质成为判别一个函数是否成为分布函数的充要条件.

有了分布函数，有关随机变量 X 的各种事件的概率都能方便地用分布函数来表示. 例如，对任意的实数 x_1,x_2 有

$$P\{x_1 < X \leqslant x_2\} = F(x_2) - F(x_1),$$
$$P\{x_2 < X\} = 1 - F(x_2),$$
$$P\{X < x_1\} = F(x_1 - 0),$$
$$P\{x_2 \leqslant X\} = 1 - F(x_2 - 0),$$
$$P\{x_1 \leqslant X \leqslant x_2\} = F(x_2) - F(x_1 - 0).$$

这些计算公式将会在今后的概率计算中经常用到.

例 1 证明: $F(x) = \dfrac{1}{\pi}\left(\arctan x + \dfrac{\pi}{2}\right)$ $(-\infty < x < +\infty)$ 是一个分布函数.

证 $F(x)$ 在整个数轴上是连续的、严格单调递增的,且 $F(-\infty) = 0, F(+\infty) = 1$,

因此 $F(x) = \dfrac{1}{\pi}\left(\arctan x + \dfrac{\pi}{2}\right)$ $(-\infty < x < +\infty)$ 是一个分布函数.

该函数称为柯西分布函数,其图形如图 2-5 所示.

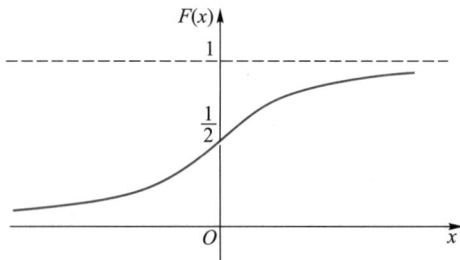

图 2-5

若 X 服从柯西分布函数,则

$$P\{-1 \leqslant X \leqslant 1\} = F(1) - F(-1) = \frac{1}{\pi}[\arctan 1 - \arctan(-1)] = \frac{1}{\pi}\left[\frac{\pi}{4} - \left(-\frac{\pi}{4}\right)\right] = \frac{1}{2}.$$

例 2 设随机变量 X 的分布律为

X	-1	2	3
p_k	$\dfrac{1}{6}$	$\dfrac{1}{2}$	$\dfrac{1}{3}$

求 X 的分布函数 $F(x)$ 及 $P\{0 \leqslant X \leqslant 2.5\}, P\{2 < X \leqslant 3\}$.

解 由题意,

$$F(x) = P\{X \leqslant x\} = \begin{cases} 0, & x < -1, \\ \dfrac{1}{6}, & -1 \leqslant x < 2, \\ \dfrac{2}{3}, & 2 \leqslant x < 3, \\ 1, & x \geqslant 3, \end{cases}$$

$$P\{0 \leqslant X \leqslant 2.5\} = P\{X = 2\} = \frac{1}{2},$$

$$P\{2 < X \leqslant 3\} = P\{X = 3\} = \frac{1}{3}.$$

或者,

$$P\{0 \leqslant X \leqslant 2.5\} = P\{0 < X \leqslant 2.5\} + P\{X = 0\}$$

$$= F(2.5) - F(0) + P\{X = 0\}$$

$$= \frac{2}{3} - \frac{1}{6} = \frac{1}{2},$$

$$P\{2 < X \leqslant 3\} = F(3) - F(2) = 1 - \frac{2}{3} = \frac{1}{3}.$$

一般地,设离散型随机变量 X 的分布律为 $P\{X = x_k\} = p_k, k = 1, 2, \cdots$,则由概率的可列可加性得 X 的分布函数为

$$F(x) = P\{X \leqslant x\} = \sum_{x_k \leqslant x} P\{X = x_k\} = \sum_{x_k \leqslant x} p_k.$$

$F(x)$ 在每一点 $x = x_k$ 处都发生跳跃,跳跃值为 $P\{X = x_k\} = p_k$. 例 2 中随机变量 X 的分布函数如图 2-6 所示.

例 3　一个靶子是半径为 2 m 的圆盘,设击中靶上任一圆盘上的点的概率与该圆盘的面积成正比,并设每次射击都能中靶,以 X 表示弹着点与圆心的距离,试求随机变量 X 的分布函数.

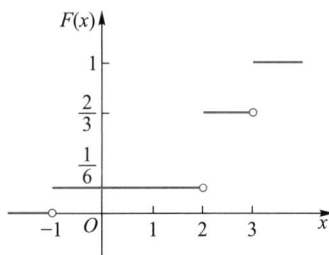

图 2-6

解　当 $x < 0$ 时,$\{X \leqslant x\}$ 是不可能事件,所以 $F(x) = P\{X \leqslant x\} = 0$.

当 $0 \leqslant x \leqslant 2$ 时,由题意,

$$P\{0 \leqslant X \leqslant x\} = kx^2, \quad k \text{ 是一常数}.$$

为了确定 k 的值,取 $x = 2$,有 $P\{0 \leqslant X \leqslant 2\} = 2^2 k$,而 $P\{0 \leqslant X \leqslant 2\} = 1$,故得 $k = \frac{1}{4}$,即有

$$F(x) = P\{X \leqslant x\} = P\{X < 0\} + P\{0 \leqslant X \leqslant x\} = \frac{1}{4}x^2.$$

当 $x > 2$ 时,$\{X \leqslant x\}$ 为必然事件,故 $F(x) = P\{X \leqslant x\} = 1$.

综合上述,X 的分布函数

$$F(x) = \begin{cases} 0, & x < 0, \\ \dfrac{1}{4}x^2, & 0 \leqslant x < 2, \\ 1, & x \geqslant 2. \end{cases}$$

1. 随机变量 X 的分布律为

X	2	3	4
p_k	0.3	0.4	0.3

求 X 的分布函数,并求 $P\{X>\sqrt{5}\}$ 和 $P\{3\leqslant X\leqslant 5\}$.

2. 已知离散型随机变量 X 的分布函数为

$$F(x)=\begin{cases}0, & x<0,\\ 0.2, & 0\leqslant x<1,\\ 1, & x\geqslant 1,\end{cases}$$

且对 X 的每个可能值 x_k,有 $P\{X=x_k\}>0$,求 X 的分布律.

3. 问 A 为何值时,$F(x)=\begin{cases}A-\mathrm{e}^{-x}, & x\geqslant 0,\\ 0, & x<0\end{cases}$ 是一随机变量 X 的分布函数.

4. 在区间 $[0,a]$ 上任意投掷一个质点,以 X 表示这个质点的坐标,设该质点落在 $[0,a]$ 中任意小区间内的概率与这个区间的长度成正比. 求 X 的分布函数.

第四节　连续型随机变量及其概率密度

除了离散型随机变量之外,还有一类重要的随机变量. 例如,描述学生的身高或体重、零件的尺寸、纤维的长度、测量的误差等的随机变量,其取值可以充满某个区间,而在这个区间内有不可列个实数. 因此这类随机变量的概率分布不能再用分布列形式来描述,而要用概率密度函数来表示. 这就是本节要研究的连续型随机变量.

定义 1　对于随机变量 X 的分布函数 $F(x)$,若存在一个定义在 $(-\infty,+\infty)$ 内的**非负函数** $f(x)$,使得

$$F(x)=\int_{-\infty}^{x}f(t)\,\mathrm{d}t \quad (-\infty<x<+\infty),$$

则称随机变量 X 为<u>连续型随机变量</u>,函数 $f(x)$ 称为随机变量 X 的<u>概率密度函数</u>,简称为<u>概率密度</u>或<u>密度函数</u>.

概率密度函数与分布函数的关系见图 2-7.

由高等数学的知识可知,连续型随机变量的分布函数是连续函数,而离散型随机变量的分布函数

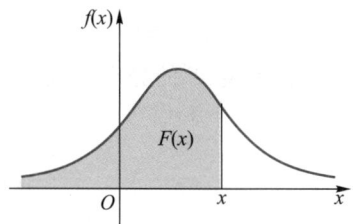

图 2-7

不是连续函数. 本书只讨论这两种随机变量.

由概率密度的定义, 概率密度 $f(x)$ 具有以下性质:

（1）$f(x) \geqslant 0$;

（2）$\int_{-\infty}^{+\infty} f(x) \, dx = 1$;

（3）对于任意实数 $x_1, x_2, x_1 \leqslant x_2$, 有

$$P\{x_1 < X \leqslant x_2\} = F(x_2) - F(x_1) = \int_{x_1}^{x_2} f(x) \, dx;$$

（4）若 $f(x)$ 在点 x 处连续, 则有 $F'(x) = f(x)$.

性质（1）与（2）刻画了概率密度的特征, 若某实值函数具有这两条性质, 它必定是某个连续型随机变量的概率密度.

性质（2）表明介于曲线 $y = f(x)$ 与 x 轴之间的图形面积等于 1（图 2-8）, 性质（3）表明 X 落在区间 $(x_1, x_2]$ 内的概率 $P\{x_1 < X \leqslant x_2\}$ 等于由 $y = f(x), x = x_1, x = x_2$ 及 x 轴所围曲边梯形的面积（图 2-9）.

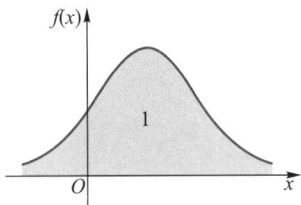
图 2-8

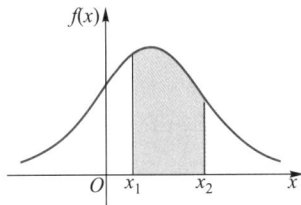
图 2-9

由性质（4）, 在 $f(x)$ 的连续点 x 处有

$$f(x) = \lim_{\Delta x \to 0^+} \frac{F(x + \Delta x) - F(x)}{\Delta x} = \lim_{\Delta x \to 0^+} \frac{P\{x < X \leqslant x + \Delta x\}}{\Delta x},$$

即概率密度 $f(x)$ 是 $(x, x + \Delta x]$ 上取值的概率与区间长度的商的极限, 这与物理学中的线密度的定义类似. 不仅如此, 概率密度函数和线密度函数（或质量密度函数）的性质也是相仿的, 这也是将 $f(x)$ 称为概率密度的原因.

若 $f(x)$ 连续, 则 X 在小区间 $(x, x + \Delta x]$ 内取值的概率

$$P\{x < X \leqslant x + \Delta x\} = F(x + \Delta x) - F(x),$$

由微分中值定理知, $F(x + \Delta x) - F(x) \approx f(x) \Delta x$, 即 X 在小区间 $(x, x + \Delta x]$ 内取值的概率（可近似地看成在点 x 处取值的概率）

$$P\{x < X \leqslant x + \Delta x\} \approx f(x) \Delta x.$$

需要指出的是, 连续型随机变量 X 取任一指定值 a 的概率均为 0, 即 $\forall a \in \mathbf{R}$, $P\{X = a\} = 0$. 实际上, 若设 X 的分布函数为 $F(x)$, 则 $F(x)$ 为连续函数. 取 $\Delta x > 0$, 则

$$\{X = a\} \subseteq \{a - \Delta x < X \leqslant a\},$$

故

$$0 \leqslant P\{X=a\} \leqslant P\{a-\Delta x < X \leqslant a\}.$$

而

$$P\{a-\Delta x < X \leqslant a\} = F(a) - F(a-\Delta x),$$

$$\lim_{\Delta x \to 0^+} [F(a) - F(a-\Delta x)] = 0,$$

即得

$$P\{X=a\} = 0.$$

因此,对于连续型随机变量 X 而言,

$$P\{a < X \leqslant b\} = P\{a \leqslant X \leqslant b\} = P\{a \leqslant X < b\}$$

$$= P\{a < X < b\} = \int_a^b f(x) \, dx.$$

更一般地,对于任意一个实数集合 D, $P\{X \in D\} = \int_D f(x) \, dx$.

例 1　已知随机变量 X 的概率密度为 $f(x) = Ae^{-|x|}$, $x \in \mathbf{R}$. 求:

(1) A 的值;

(2) $P\{0 < X < 1\}$;

(3) 分布函数 $F(x)$.

解　(1) 因为

$$\int_{-\infty}^{+\infty} Ae^{-|x|} \, dx = 2A \int_0^{+\infty} e^{-x} \, dx = 2A,$$

由 $\int_{-\infty}^{+\infty} f(x) \, dx = 1$,即 $2A = 1$,得 $A = \frac{1}{2}$.

(2) $P\{0 < X < 1\} = \int_0^1 \frac{1}{2} e^{-x} \, dx = \frac{1}{2}(1 - e^{-1})$.

(3) 当 $x < 0$ 时,

$$F(x) = \int_{-\infty}^x f(t) \, dt = \int_{-\infty}^x \frac{1}{2} e^t \, dt = \frac{1}{2} e^x.$$

当 $x \geqslant 0$ 时,

$$F(x) = \int_{-\infty}^x f(t) \, dt = \int_{-\infty}^0 f(t) \, dt + \int_0^x f(t) \, dt$$

$$= \int_{-\infty}^0 \frac{1}{2} e^t \, dt + \int_0^x \frac{1}{2} e^{-t} \, dt$$

$$= 1 - \frac{1}{2} e^{-x}.$$

所以,

$$F(x) = \begin{cases} \dfrac{1}{2}\mathrm{e}^x, & x < 0, \\ 1 - \dfrac{1}{2}\mathrm{e}^{-x}, & x \geqslant 0. \end{cases}$$

由于概率密度描述了一个连续型随机变量取值的统计规律性,因此,随机变量按其概率密度的不同可以是多种多样的. 下面,介绍几种常用的连续型随机变量.

一、均匀分布

定义 2 若连续型随机变量 X 具有概率密度

$$f(x) = \begin{cases} \dfrac{1}{b-a}, & a < x < b, \\ 0, & \text{其他,} \end{cases}$$

则称 X 在区间 (a,b) 上服从均匀分布,记为 $X \sim U(a,b)$.

由概率密度可求得 X 的分布函数

$$F(x) = \begin{cases} 0, & x < a, \\ \dfrac{x-a}{b-a}, & a \leqslant x < b, \\ 1, & x \geqslant b. \end{cases}$$

X 的概率密度与分布函数分别如图 2-10 和图 2-11 所示.

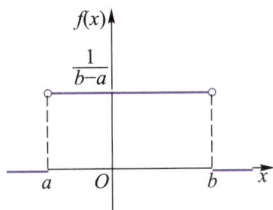

图 2-10

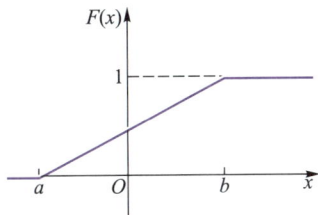

图 2-11

设 X 在区间 (a,b) 上服从均匀分布,区间 $(c,c+l) \subset (a,b)$,有

$$P\{c < X < c+l\} = \int_c^{c+l} f(x)\,\mathrm{d}x = \int_c^{c+l} \frac{1}{b-a}\mathrm{d}x = \frac{l}{b-a}.$$

这表明服从均匀分布的随机变量 X 落入区间 (a,b) 内的任意子区间的概率与子区间的长度成正比,而与子区间的位置没有关系,这正说明了"均匀性".

例 2 某公共汽车站从上午 6 时起,每 15 min 来一辆车,即在 6:00,6:15,6:30,6:45 时刻有汽车到达此站. 如某乘客到达此站的时刻是 6:00 到 6:30 之间的均匀分布随机变量,试求该乘客等待时间少于 5 min 的概率.

解 设该乘客 6 时 X 分到达车站,则 $X \sim U[0,30]$,X 的概率密度为

$$f(x) = \begin{cases} \dfrac{1}{30}, & 0 \leqslant x \leqslant 30, \\ 0, & \text{其他.} \end{cases}$$

为使等待时间少于 5 min,则他必须在 6:10 到 6:15 或 6:25 到 6:30 之间到达车站,因此所求概率为

$$P\{10<X<15\} + P\{25<X<30\} = \int_{10}^{15} \frac{1}{30}\mathrm{d}x + \int_{25}^{30} \frac{1}{30}\mathrm{d}x = \frac{1}{3}.$$

在数值计算中,由于四舍五入,小数点后第一位小数所引起的误差可看成服从区间 $[-0.5, 0.5]$ 上的均匀分布的随机变量;在区间 (a,b) 内随机掷质点,质点的坐标服从区间 (a,b) 上的均匀分布. 一般地,若随机变量在某区间 (a,b) 内取值具有一定的"均匀性",则该随机变量可看成服从均匀分布.

二、指数分布

定义 3 若连续型随机变量 X 的概率密度为

$$f(x) = \begin{cases} \lambda \mathrm{e}^{-\lambda x}, & x>0, \\ 0, & \text{其他,} \end{cases}$$

则称 X 服从参数为 λ 的**指数分布**,记为 $X \sim E(\lambda)$,其中 $\lambda > 0$.

易知,指数分布的概率密度满足

(1) $f(x) \geqslant 0$;

(2) $\int_{-\infty}^{+\infty} f(x)\mathrm{d}x = \int_{0}^{+\infty} f(x)\mathrm{d}x = \int_{0}^{+\infty} \lambda \mathrm{e}^{-\lambda x}\mathrm{d}x = -\mathrm{e}^{-\lambda x}\Big|_{0}^{+\infty} = 1.$

由概率密度可以求出 X 的分布函数

$$F(x) = \begin{cases} 0, & x \leqslant 0, \\ 1-\mathrm{e}^{-\lambda x}, & x>0. \end{cases}$$

指数分布的概率密度函数 $f(x)$ 和分布函数 $F(x)$ 的图形如图 2-12 和图 2-13 所示.

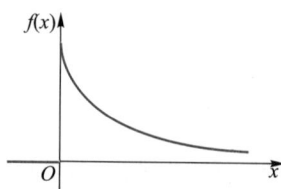

图 2-12

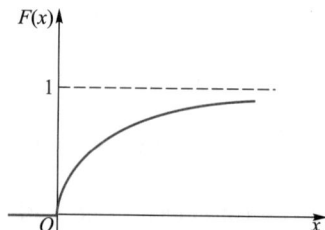

图 2-13

例 3 设随机变量 X 表示某银行从开门营业起到第一个顾客到达的等待时间(单位:min). 若 X 服从指数分布,其概率密度为

$$f(x) = \begin{cases} 0.4\mathrm{e}^{-0.4x}, & x>0, \\ 0, & \text{其他,} \end{cases}$$

求等待时间至多 5 min 的概率以及等待时间在 3 min 至 4 min 的概率.

解　由题意可知 X 的分布函数为

$$F(x)=\begin{cases}1-\mathrm{e}^{-0.4x}, & x>0,\\ 0, & 其他,\end{cases}$$

可得

$$P\{X\leqslant 5\}=F(5)=1-\mathrm{e}^{-2}\approx 0.865\,6,$$

$$P\{3\leqslant X\leqslant 4\}=F(4)-F(3)=\mathrm{e}^{-1.2}-\mathrm{e}^{-1.6}\approx 0.099.$$

指数分布具有"无记忆性",即有以下定理.

定理 1　设 X 服从参数为 λ 的指数分布, $s>0,t>0$,则 $P\{X>s+t\mid X>s\}=P\{X>t\}$.

证　由定义,

$$P\{X>s+t\mid X>s\}=\frac{P\{X>s+t\}}{P\{X>s\}}=\frac{1-F(s+t)}{1-F(s)}$$

$$=\mathrm{e}^{-\lambda t}=P\{X>t\}.$$

若 X 表示某种元件的使用寿命且服从指数分布,则该性质表明,在元件已使用 s h 的条件下,它至少再使用 t h 的条件概率与元件使用寿命大于 t h 的无条件概率一样,即似乎元件已忘记使用了 s h 这一事实.指数分布的这一性质叫做无记忆性.

指数分布在实际应用中经常碰到.在排队理论及可靠性理论中,指数分布常用来表示机器的维修时间、客服中心接到热线电话的时间间隔、元件的使用寿命及生物体的寿命等.

三、正态分布

定义 4　若连续型随机变量 X 的概率密度为

$$f(x)=\frac{1}{\sqrt{2\pi}\,\sigma}\mathrm{e}^{-\frac{(x-\mu)^2}{2\sigma^2}},\quad -\infty<x<+\infty,$$

其中 $\mu,\sigma(\sigma>0)$ 为常数,则称 X 服从参数为 μ,σ 的正态分布,记为 $X\sim N(\mu,\sigma^2)$.也称 X 是正态随机变量.

对于正态分布的概率密度函数,可以验证 $\int_{-\infty}^{+\infty}f(x)\mathrm{d}x=1$. 这是因为,令 $\frac{x-\mu}{\sigma}=t$,则

$$\int_{-\infty}^{+\infty}f(x)\mathrm{d}x=\int_{-\infty}^{+\infty}\frac{1}{\sqrt{2\pi}\,\sigma}\mathrm{e}^{-\frac{(x-\mu)^2}{2\sigma^2}}\mathrm{d}x=\frac{1}{\sqrt{2\pi}}\int_{-\infty}^{+\infty}\mathrm{e}^{-\frac{t^2}{2}}\mathrm{d}t.$$

记 $I=\int_{-\infty}^{+\infty}\mathrm{e}^{-\frac{t^2}{2}}\mathrm{d}t$,则有

$$I^2=\left(\int_{-\infty}^{+\infty}\mathrm{e}^{-\frac{t^2}{2}}\mathrm{d}t\right)\left(\int_{-\infty}^{+\infty}\mathrm{e}^{-\frac{t^2}{2}}\mathrm{d}t\right)=\int_{-\infty}^{+\infty}\mathrm{d}x\int_{-\infty}^{+\infty}\mathrm{e}^{-\frac{x^2+y^2}{2}}\mathrm{d}y.$$

利用极坐标计算二重积分,

$$I^2 = \int_0^{2\pi} \mathrm{d}\theta \int_0^{+\infty} \mathrm{e}^{-\frac{\rho^2}{2}} \rho \,\mathrm{d}\rho = 2\pi.$$

由 $I>0$ 知 $I=\sqrt{2\pi}$,即

$$I = \int_{-\infty}^{+\infty} \mathrm{e}^{-\frac{t^2}{2}} \,\mathrm{d}t = \sqrt{2\pi}\,,$$

于是

$$\int_{-\infty}^{+\infty} f(x)\,\mathrm{d}x = \int_{-\infty}^{+\infty} \frac{1}{\sqrt{2\pi}\,\sigma} \mathrm{e}^{-\frac{(x-\mu)^2}{2\sigma^2}}\,\mathrm{d}x = \frac{1}{\sqrt{2\pi}} \int_{-\infty}^{+\infty} \mathrm{e}^{-\frac{t^2}{2}}\,\mathrm{d}t = \frac{1}{\sqrt{2\pi}} \sqrt{2\pi} = 1.$$

概率密度 $f(x)$ 的图形如图 2-14 所示,由高等数学的知识不难得到 $f(x)$ 具有下列性质:

(1) $f(x)$ 的图形关于 $x=\mu$ 对称;

(2) $f(x)$ 在 $x=\mu$ 处取得最大值 $f(\mu) = \dfrac{1}{\sqrt{2\pi}\,\sigma}$.

性质(1)表明 X 在关于 $x=\mu$ 对称的两个区间内取值的概率相同,即 $P\{a<X<b\} = P\{2\mu-b<X<2\mu-a\}$,其中 $a<b$. 而且,当参数 σ 固定时,随着 μ 的变化,$f(x)$ 的图形位置就发生变化,但大小不变(图 2-14). 性质(2)表明,当参数 μ 固定时,随着 σ 减小,$f(x)$ 的图像变得陡峭;随着 σ 增大,$f(x)$ 的图像变得平坦(图 2-15).

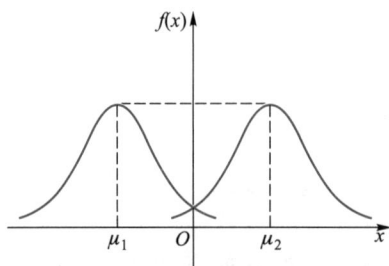

图 2-14

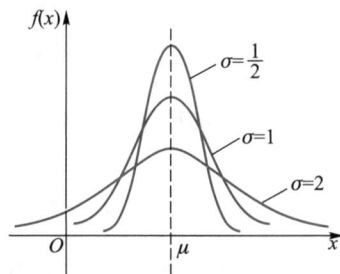

图 2-15

正态分布的分布函数 $F(x) = \dfrac{1}{\sqrt{2\pi}\,\sigma} \displaystyle\int_{-\infty}^{x} \mathrm{e}^{-\frac{(t-\mu)^2}{2\sigma^2}}\,\mathrm{d}t$ 不是初等函数,其图形如图 2-16 所示.

下面介绍一种特殊的正态分布

定义 5　设随机变量 $X \sim N(\mu, \sigma^2)$,当 $\mu=0, \sigma=1$ 时,称 X 服从标准正态分布,记为 $X \sim N(0,1)$.

由定义,标准正态分布的概率密度为

$$\varphi(x) = \frac{1}{\sqrt{2\pi}} e^{-\frac{x^2}{2}}, \quad -\infty < x < +\infty.$$

$\varphi(x)$ 的图形见图 2-17. 其分布函数记为

$$\Phi(x) = \frac{1}{\sqrt{2\pi}} \int_{-\infty}^{x} e^{-\frac{t^2}{2}} \mathrm{d}t, \quad -\infty < x < +\infty.$$

$\Phi(x)$ 的值已编制成表(见附表). 该表只列出了 $x \geq 0$ 时 $\Phi(x)$ 的值,对于 $x < 0$ 时 $\Phi(x)$ 的值,可用如下性质求出:

$$\Phi(-x) = 1 - \Phi(x), \quad x \in \mathbf{R}.$$

事实上,由 $\varphi(x)$ 的对称性(图 2-17)可知,$\Phi(-x) + \Phi(x) = 1$.

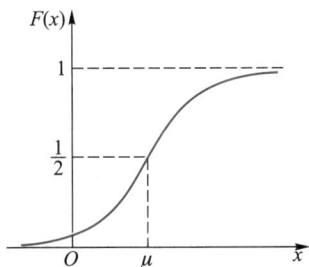

图 2-16

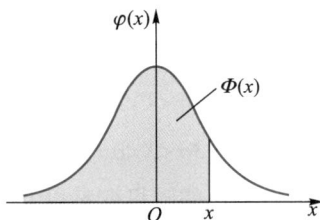

图 2-17

下面的定理给出一个化正态分布为标准正态分布的方法.

定理 2(标准化定理) 若随机变量 $X \sim N(\mu, \sigma^2)$,则 $Y = \dfrac{X-\mu}{\sigma} \sim N(0,1)$.

证 $Y = \dfrac{X-\mu}{\sigma}$ 的分布函数为

$$P\{Y \leqslant x\} = P\left\{\frac{X-\mu}{\sigma} \leqslant x\right\} = P\{X \leqslant \sigma x + \mu\}$$

$$= \int_{-\infty}^{\sigma x + \mu} \frac{1}{\sqrt{2\pi}\sigma} e^{-\frac{(t-\mu)^2}{2\sigma^2}} \mathrm{d}t.$$

令 $\dfrac{t-\mu}{\sigma} = \theta$,则

$$P\{Y \leqslant x\} = \int_{-\infty}^{x} \frac{1}{\sqrt{2\pi}} e^{-\frac{\theta^2}{2}} \mathrm{d}\theta = \Phi(x),$$

即 Y 的分布函数与标准正态分布的分布函数相同,因此 $Y = \dfrac{X-\mu}{\sigma} \sim N(0,1)$.

利用标准化定理,若 $X \sim N(\mu, \sigma^2)$,可以进行以下两个等价变化,其中 $x, a, b\,(a < b)$ 均为任意实数:

$$F(x) = P\{X \leqslant x\} = P\left\{\frac{X-\mu}{\sigma} \leqslant \frac{x-\mu}{\sigma}\right\} = P\left\{Y \leqslant \frac{x-\mu}{\sigma}\right\} = \Phi\left(\frac{x-\mu}{\sigma}\right),$$

$$P\{a < X \leqslant b\} = P\left\{\frac{a-\mu}{\sigma} \leqslant \frac{X-\mu}{\sigma} \leqslant \frac{b-\mu}{\sigma}\right\} = \Phi\left(\frac{b-\mu}{\sigma}\right) - \Phi\left(\frac{a-\mu}{\sigma}\right).$$

例如,若 $X \sim N(1, 2^2)$,则

$$P\{1.2 < X < 3\} = \Phi\left(\frac{3-1}{2}\right) - \Phi\left(\frac{1.2-1}{2}\right) = \Phi(1) - \Phi(0.1)$$

$$= 0.8413 - 0.5398 = 0.3015,$$

$$P\{X < 0\} = F(0) = \Phi\left(\frac{0-1}{2}\right) = \Phi(-0.5) = 1 - \Phi(0.5)$$

$$= 1 - 0.6915 = 0.3085.$$

"3σ 法则":设 $X \sim N(\mu, \sigma^2)$,查表可得

$$P\{\mu-\sigma < X < \mu+\sigma\} = \Phi(1) - \Phi(-1) = 2\Phi(1) - 1 \approx 0.6826,$$

$$P\{\mu-2\sigma < X < \mu+2\sigma\} = \Phi(2) - \Phi(-2) = 2\Phi(2) - 1 \approx 0.9545,$$

$$P\{\mu-3\sigma < X < \mu+3\sigma\} = \Phi(3) - \Phi(-3) = 2\Phi(3) - 1 \approx 0.9973,$$

即正态分布 $N(\mu, \sigma^2)$ 的随机变量以 0.9973 的概率落在以 $x=\mu$ 为中心、3σ 为半径的区间内,落在区间外的概率非常小,可以忽略不计,这就是"3σ 法则"."3σ 法则"是正态分布的重要性质. 假如某随机变量取值的概率近似满足上面三式,则可认为这个随机变量近似服从正态分布;假如三式中有一个偏差较大,则可认为这个随机变量不服从正态分布."3σ 法则"在 X 的观察值较多(成百上千)时,常用于判断 X 的分布是否近似服从正态分布.

例 4　某公共汽车车门的高度是按成年男子与车门顶碰头的概率不大于 1% 的要求设计的,若成年男子的身高(单位:cm)X 服从正态分布 $N(170, 6^2)$,问车门高度至少应确定为多少?

解　设车门高度为 h,由题意

$$P\{X \geqslant h\} \leqslant 0.01 \quad \text{或} \quad P\{X < h\} \geqslant 0.99.$$

而

$$P\{X < h\} = P\left\{\frac{X-170}{6} < \frac{h-170}{6}\right\}$$

$$= \Phi\left(\frac{h-170}{6}\right) \geqslant 0.99 \approx \Phi(2.33),$$

所以,

$$\frac{h-170}{6} \geqslant 2.33,$$

故

$$h \geqslant 183.98 \approx 184,$$

即车门至少应确定为 184 cm,才能保证成年男子与车门顶碰头的概率不大于 1%.

下面介绍一个今后在数理统计中将会用到的概念.

定义 6　设随机变量 $X \sim N(0,1)$,若数 z_α 满足

$$P\{X > z_\alpha\} = \alpha, \quad 0 < \alpha < 1,$$

则点 z_α 叫做标准正态分布的上 α 分位点(图 2-18).

由 $\varphi(x)$ 图形的对称性可得 $z_{1-\alpha} = -z_\alpha$,而且 $P\{X \leqslant z_\alpha\} = 1-\alpha$,由 $\Phi(x)$ 的函数值表可查出 z_α. 例如,我们可以查表求出 $z_{0.01} = 2.33, z_{0.005} = 2.58$(此处取的是近似值).

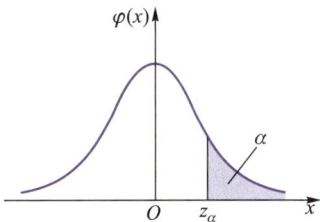

图 2-18

在自然现象和社会现象中,大量随机变量都服从或近似服从正态分布. 例如,一个地区的男性成年人的身高、测量某零件长度的误差、海洋波浪的高度、材料的断裂强度、某地区的年降雨量等都服从或近似服从正态分布. 经验表明,当一个变量受到大量微小的、独立的随机因素影响时,这个变量一般服从或近似服从正态分布. 因此,正态分布在理论和实际中都是应用极为广泛的重要分布.

习题 2-4

1. 设 X 是区间 $[-2,5]$ 上的均匀分布随机变量,求关于 u 的二次方程

$$4u^2 + 4Xu + X + 2 = 0$$

有实根的概率.

2. 连续型随机变量 X 的分布函数为

$$F(x) = \begin{cases} 0, & x \leqslant -a, \\ A + B\arcsin \dfrac{x}{a}, & -a < x < a, \\ 1, & x \geqslant a, \end{cases}$$

其中 a 为正常数,求:

(1) 常数 A 和 B;

(2) $P\left\{-\dfrac{a}{2} < x < \dfrac{a}{2}\right\}$;

(3) X 的概率密度.

3. 设随机变量 X 的概率密度为

$$f(x) = \begin{cases} cx^2, & 1 \leqslant x \leqslant 2, \\ cx, & 2 < x \leqslant 3, \\ 0, & \text{其他}, \end{cases}$$

试确定常数 c,并求 X 的分布函数及 $P\{1<X<\sqrt{5}\}$.

4. 某种元件使用寿命(单位:h)X 服从参数为 $\lambda=\dfrac{1}{300}$ 的指数分布. 现有 4 个这种元件各自独立地工作,以 Y 表示这 4 个元件中使用寿命超过 600 h 的元件个数.

(1) 写出 Y 的分布律;

(2) 求至少有 3 个元件的使用寿命超过 600 h 的概率.

5. 设随机变量 $X\sim N(0,\sigma^2)$,问 σ 取何值时,X 落在区间 $(1,3)$ 内的概率最大?

6. 设随机变量 $X\sim N(3,2^2)$,

(1) 求 $P\{2<X\leqslant5\}$,$P\{-4<X\leqslant10\}$,$P\{|X|>2\}$,$P\{X>3\}$;

(2) 确定 c 使得 $P\{X>c\}=P\{X\leqslant c\}$;

(3) 设 d 满足 $P\{X>d\}\geqslant0.9$,问 d 至多为多少?

7. 设某建筑物的使用寿命(单位:年)X 服从正态分布 $N(50,100)$,已知这幢建筑物已经被使用了 30 年,试求它还能至少被使用 30 年的概率.

8. 某人从家到工厂去上班,路上所需时间 X(单位:min)的概率密度为

$$f(x)=\begin{cases}\dfrac{1}{2\sqrt{2\pi}}e^{-\frac{(x-50)^2}{32}}, & x>50,\\ 0, & x\leqslant50.\end{cases}$$

他每天早晨 8 时上班,试问:

(1) 某天早晨他 7 时离家,求他迟到的概率是多少?

(2) 为使他每天迟到的概率不超过 0.01,他每天最迟应在什么时候离家?

第五节 随机变量函数的分布

设 X 是随机变量,$g(x)$ 是一个普通函数. 一般地,X 的函数 $Y=g(X)$ 也是一个随机变量. Y 的取值随 X 的取值变化而变化,当 X 取 x 时,Y 就取 $y=g(x)$. 本节将重点讨论 X 的函数 $g(X)$ 的分布.

一、离散型随机变量函数的分布律

在实际问题中,常常需要我们去解决一个随机变量函数的分布问题. 例如,洪水来时的房屋倒塌数为 X,则由此引出的损失 Y 是 X 的函数 $g(X)$,我们常需要求 Y 的分布律以估计损失情况. 下面举例来说明.

例 1 设随机变量 X 的分布律为

X	$-\dfrac{\pi}{2}$	0	$\dfrac{\pi}{2}$
p_k	0.2	0.3	0.5

试求下列随机变量的分布律：

（1）$Y = \sin X$；　　　　（2）$Z = \cos X$.

解　（1）由 X 的所有可能取值为 $-\dfrac{\pi}{2}, 0, \dfrac{\pi}{2}$ 可得 Y 的所有可能取值为 $-1, 0, 1$.
于是

$$P\{Y=-1\} = P\{\sin X=-1\} = P\left\{X=-\frac{\pi}{2}\right\} = 0.2,$$

$$P\{Y=0\} = P\{\sin X=0\} = P\{X=0\} = 0.3,$$

$$P\{Y=1\} = P\{\sin X=1\} = P\left\{X=\frac{\pi}{2}\right\} = 0.5.$$

所以，Y 的分布律为

Y	-1	0	1
p_k	0.2	0.3	0.5

（2）Z 的所有可能取值为 $0, 1$，且

$$P\{Z=0\} = P\{\cos X=0\} = P\left\{X=\frac{\pi}{2} 或 X=-\frac{\pi}{2}\right\}$$

$$= P\left\{X=\frac{\pi}{2}\right\} + P\left\{X=-\frac{\pi}{2}\right\}$$

$$= 0.2+0.5 = 0.7,$$

$$P\{Z=1\} = P\{\cos X=1\} = P\{X=0\} = 0.3.$$

所以，Z 的分布律为

Z	0	1
p_k	0.7	0.3

一般地，若 $P\{X=x_k\}=p_k, k=1,2,3,\cdots$，则 $Y=g(X)$ 的分布律为

Y	$g(x_1)$	$g(x_2)$	$\cdots$	$g(x_k)$	$\cdots$
p_k	p_1	p_2	$\cdots$	p_k	$\cdots$

若表中有若干个 $g(x_i)$ 相同，则将所有这些项合为一项，对应的概率则是它们原来对应的概率之和.

二、连续型随机变量函数的概率密度

上一节我们得到了标准化定理：若随机变量 $X \sim N(\mu, \sigma^2)$，则 $Y=\dfrac{X-\mu}{\sigma} \sim N(0,1)$. 这实际上是已知一个连续型随机变量 X 的分布，求其函数 Y 的分布的问题，该问题的解

决具有一般性. 下面说明其求解的两种方法.

1. 分布函数法

设连续型随机变量 X 的分布函数为 $F_X(x)$, 即

$$F_X(x) = P\{X \leqslant x\},$$

$y = g(x)$ 是实数 x 的函数, 如何求出随机变量 $Y = g(X)$ 的分布呢?

(1) 由 X 的取值范围确定 Y 的取值范围;

(2) 求出随机变量 Y 的分布函数 $F_Y(y)$,

$$F_Y(y) = P\{Y \leqslant y\} = P\{g(X) \leqslant y\} = P\{X \in I_y\} = \int_{I_y} f_X(x)\,\mathrm{d}x,$$

其中, I_y 是 $g(x) \leqslant y$ 在 X 的取值域中的解集;

(3) 由 $f_Y(y) = F_Y'(y)$ 求 Y 的概率密度.

以上求法称为**分布函数法**, 它是求解连续型随机变量函数的分布函数的一般方法.

例 2 设随机变量 $X \sim U(5,6)$, 求 $Y = 3X^2$ 的概率密度.

解 X 的取值范围为 $(5,6)$, 因此, $Y = 3X^2$ 的取值范围为 $(75,108)$.

(1) 当 $y \leqslant 75$ 时, Y 的分布函数 $F_Y(y) = P\{Y \leqslant y\} = 0$.

(2) 当 $75 < y < 108$ 时,

$$F_Y(y) = P\{Y \leqslant y\} = P\{3X^2 \leqslant y\}$$

$$= P\left\{-\sqrt{\frac{y}{3}} \leqslant X \leqslant \sqrt{\frac{y}{3}}\right\}$$

$$= \int_{-\sqrt{\frac{y}{3}}}^{\sqrt{\frac{y}{3}}} f_X(x)\,\mathrm{d}x,$$

其中, $f_X(x)$ 为 X 的概率密度. 由题知 $f_X(x) = \begin{cases} 1, & 5 < x < 6, \\ 0, & \text{其他}, \end{cases}$ 代入上式得

$$F_Y(y) = \int_5^{\sqrt{\frac{y}{3}}} 1\,\mathrm{d}x = \sqrt{\frac{y}{3}} - 5.$$

(3) 当 $y \geqslant 108$ 时, $P\{Y \leqslant y\} = 1$.

所以, Y 的分布函数

$$F_Y(y) = \begin{cases} 0, & y \leqslant 75, \\ \sqrt{\dfrac{y}{3}} - 5, & 75 < y < 108, \\ 1, & y \geqslant 108. \end{cases}$$

Y 是一个连续型随机变量, 所以 Y 的概率密度

$$f_Y(y) = F_Y'(y) = \begin{cases} \dfrac{1}{2\sqrt{3y}}, & 75 < y < 108, \\[2mm] 0, & \text{其他}. \end{cases}$$

例 3 设随机变量 X 的概率密度为 $f_X(x)$, $x \in \mathbf{R}$, 求 $Y = aX + b (a \neq 0)$ 的概率密度.

解 显然, Y 在 $\mathbf{R}$ 内取值. 设 Y 的分布函数为 $F_Y(y)$, 则

$$F_Y(y) = P\{Y \leq y\} = P\{aX + b \leq y\}.$$

当 $a > 0$ 时,

$$F_Y(y) = P\{aX + b \leq y\} = P\left\{X \leq \frac{y-b}{a}\right\} = \int_{-\infty}^{\frac{y-b}{a}} f_X(x)\, dx;$$

当 $a < 0$ 时,

$$F_Y(y) = P\{aX + b \leq y\} = P\left\{X \geq \frac{y-b}{a}\right\} = \int_{\frac{y-b}{a}}^{+\infty} f_X(x)\, dx.$$

所以, Y 的概率密度为

$$f_Y(y) = F_Y'(y) = f_X\left(\frac{y-b}{a}\right) \cdot \frac{1}{|a|}.$$

2. 公式法

当函数 $y = g(x)$ 比较特殊时, 可以利用分布函数法, 推导出以下定理.

定理 1 **设随机变量 X 有概率密度 $f_X(x)$, $x \in \mathbf{R}$, 若 $y = g(x)$ 处处可导且恒有 $g'(x) > 0$(或 $g'(x) < 0$), 则 $Y = g(X)$ 是连续型随机变量, 其概率密度为**

$$f_Y(y) = \begin{cases} f_X(h(y)) \, |h'(y)|, & \alpha < y < \beta, \\ 0, & \text{其他}, \end{cases}$$

其中, $h(y)$ 是 $g(x)$ 的反函数, (α, β) 是 Y 的取值范围. $\alpha = \min(g(-\infty), g(+\infty))$, $\beta = \max(g(-\infty), g(+\infty))$.

证 若 $g'(x) > 0$, 则 $g(x)$ 单调增加, 因而其反函数 $h(y)$ 在 (α, β) 内可导且 $h'(y) > 0$. 显然, 当 $y \leq \alpha$ 时, Y 的分布函数 $F_Y(y) = 0$; 当 $y \geq \beta$ 时, $F_Y(y) = 1$.

当 $\alpha < y < \beta$ 时,

$$\begin{aligned} F_Y(y) &= P\{Y \leq y\} = P\{g(X) \leq y\} \\ &= P\{X \leq h(y)\} = \int_{-\infty}^{h(y)} f_X(x)\, dx. \end{aligned}$$

所以,

$$f_Y(y) = F_Y'(y) = \begin{cases} f_X(h(y)) h'(y), & \alpha < y < \beta, \\ 0, & \text{其他}. \end{cases}$$

类似地, 可以证明当 $g'(x) < 0$ 时,

$$f_Y(y) = \begin{cases} f_X(h(y))[-h'(y)], & \alpha < y < \beta, \\ 0, & \text{其他}. \end{cases}$$

综上所述,

$$f_Y(y) = \begin{cases} f_X(h(y)) \mid h'(y) \mid, & \alpha < y < \beta, \\ 0, & \text{其他}. \end{cases}$$

注意,若 X 的概率密度仅在区间 (a,b) 内大于 0,且 $y=g(x)$ 在 (a,b) 内恒有 $g'(x)>0$（或 $g'(x)<0$）,则结论同样成立. 此时,$\alpha = \min(g(a),g(b))$,$\beta = \max(g(a),g(b))$.

利用以上定理求解随机变量函数的分布,称为**公式法**.

例 4 设随机变量 $X \sim N(\mu, \sigma^2)$,证明:$Y = aX + b (a \neq 0)$ 也服从正态分布.

证 X 的概率密度 $f_X(x) = \dfrac{1}{\sqrt{2\pi}\,\sigma} e^{-\frac{(x-\mu)^2}{2\sigma^2}}$,$-\infty < x < +\infty$. 现在 $y = ax + b = g(x)$,$g'(x) = a$ 恒不变号,由定理 1 得

$$f_Y(y) = f_X(h(y)) \mid h'(y) \mid = \frac{1}{\sqrt{2\pi}\,\sigma} e^{-\frac{\left(\frac{y-b}{a}-\mu\right)^2}{2\sigma^2}} \left| \frac{1}{a} \right|$$

$$= \frac{1}{\sqrt{2\pi}\,\sigma \mid a \mid} e^{-\frac{[y-(b+a\mu)]^2}{2(\sigma a)^2}}, \quad -\infty < y < +\infty.$$

所以

$$Y \sim N(a\mu + b, a^2\sigma^2).$$

此例说明,正态随机变量经线性变换后仍保持正态性.

例 5 设随机变量 $X \sim U(-1,1)$,求 $Y = e^X$ 的概率密度.

解 由题知,Y 在区间 $\left(\dfrac{1}{e}, e\right)$ 内取值,X 的概率密度

$$f_X(x) = \begin{cases} \dfrac{1}{2}, & -1 < x < 1, \\ 0, & \text{其他}. \end{cases}$$

而 $y = e^x = g(x)$ 满足 $g'(x) > 0$,且其反函数 $h(y) = \ln y$. 因此,当 $\dfrac{1}{e} < y < e$ 时,

$$f_Y(y) = f_X(h(y)) \mid h'(y) \mid = f_X(\ln y) \left| \frac{1}{y} \right| = \frac{1}{2y}.$$

所以,

$$f_Y(y) = \begin{cases} \dfrac{1}{2y}, & \dfrac{1}{e} < y < e, \\ 0, & \text{其他}. \end{cases}$$

习题 2-5

1. 设随机变量 X 的分布律为

X	-2	-1	0	1	2
p_k	$\dfrac{1}{5}$	$\dfrac{1}{6}$	$\dfrac{1}{5}$	$\dfrac{1}{15}$	$\dfrac{11}{30}$

求 $Y=X^2$ 的分布律.

2. 设随机变量 $X \sim N(0,1)$，求以下随机变量函数的概率密度：

（1）$Y=X^2$；

（2）$Y=\mathrm{e}^X$；

（3）$Y=\sqrt{|X|}$．

3. 设随机变量 X 的概率密度为

$$f(x)=\begin{cases} \dfrac{3}{8}x^2, & 0<x<2, \\ 0, & \text{其他.} \end{cases}$$

求 $Y=(X-1)^2$ 的概率密度.

4. 设随机变量 X 的概率密度为

$$f(x)=\begin{cases} \dfrac{2}{3\pi}, & -\dfrac{\pi}{2}<x<\pi, \\ 0, & \text{其他.} \end{cases}$$

求 $Y=\cos X$ 的概率密度.

5. 设随机变量 X 的概率密度为

$$f_X(x)=\frac{1}{\pi(1+x^2)}, \quad -\infty<x<+\infty .$$

求 $Y=1-\sqrt[3]{X}$ 的概率密度.

6. 设电流 I 是一个随机变量，它均匀分布在 9 A ~ 11 A. 若此电流通过 2 Ω 的电阻，在其上消耗的功率 $W=2I^2$. 求 W 的概率密度.

7. 设随机变量 X 的分布函数 $F(x)$ 是严格单调的连续函数，试证 $Y=F(X)$ 服从区间 $(0,1)$ 上的均匀分布.

第二章知识总结

第三章
多维随机变量及其分布

第三章知识
结构导图

教学基本要求

（1）了解多维随机变量的概念，了解二维随机变量的联合分布函数的概念和性质.

（2）了解二维离散型随机变量的分布律的概念与性质，理解二维连续型随机变量的联合概率密度的概念.

（3）会计算二维随机变量的边缘分布和条件分布.

（4）理解随机变量的独立性概念.

（5）会求两个独立随机变量简单函数（和、极大、极小）的分布.

我们在前一章学习了一维随机变量，它将随机试验的结果与一维实数对应起来.但是在有些随机现象中，对每一个样本点只用一个随机变量去描述是不够的，因为很多试验的结果往往受到多个因素的影响，例如：

（1）考察某地区儿童的发育情况，就要抽查该地区的儿童的身高 H 和体重 W，有必要把 H 和 W 合起来作为一个整体来考虑，进而反映出该地区儿童的发育情况；

（2）观测炮弹的落点，落点的位置需要它的横坐标 X 和纵坐标 Y 合在一起考虑；

（3）观测一架飞机的重心在空中的位置，就要考虑三个坐标；

（4）国内生产总值受到消费、投资、政府采购、净出口等诸多因素的影响.

在以上的例子中，要同时研究两个及以上的随机变量.我们把与随机试验结果相对应的多个随机变量称为多维随机变量.在多维随机变量中，以二维随机变量为代表.本章主要研究二维随机变量的统计规律，并介绍二维随机变量中两个随机变量之间的相互关系.

第一节　二维随机变量

一、二维随机变量的概念

某些随机试验的结果用一个随机变量来描述是不够的. 前面的例子中, H 和 W 是定义在同一个样本空间(该地区的儿童)上的两个随机变量,炮弹落点的横坐标 X、纵坐标 Y 也是定义在同一个样本空间(平面的某区域)上的两个随机变量.

一般地,我们有如下定义:

定义 1　设随机试验 E 的样本空间 $S=\{\omega \mid \omega$ 为样本点$\}$,且 $X=X(\omega),Y=Y(\omega)$ 是定义在 S 上的两个随机变量,则向量(或随机点)(X,Y) 叫做二维随机向量,或二维随机变量,简称随机变量.

二维随机变量建立起了样本点和平面区域的点的对应,由此,我们可以用平面上的点集 $\{(X,Y)\in G\}$ 表示事件. 样本点与几何点、事件与平面点集的对应关系见图 3-1.

二维随机变量(X,Y)的性质不仅和 X,Y 有关,而且还依赖于这两个随机变量之间的相互关系. 因此,逐个地研究 X 和 Y 的性质是不够的,还需将(X,Y)作为一个整体来研究,下面引入联合分布函数这个概念.

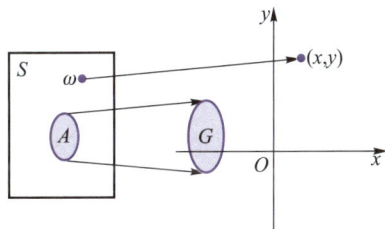

图 3-1

二、联合分布函数

定义 2　设(X,Y)是二维随机变量,对于任意实数 x,y,二元函数

$$F(x,y)=P(\{X\leqslant x\}\cap\{Y\leqslant y\})\stackrel{\text{def}}{=\!=\!=}P\{X\leqslant x,Y\leqslant y\}$$

叫做二维随机变量(X,Y)的分布函数,或叫做随机变量 X 和 Y 的联合分布函数.

(X,Y)的分布函数 $F(x,y)$ 的值为随机点(X,Y)落在以(x,y)为顶点且位于(x,y)左下方的无穷矩形内的概率(图 3-2). 因此,我们可利用分布函数 $F(x,y)$ 计算随机点(X,Y)落在矩形区域 $\{(x,y)\mid x_1<x\leqslant x_2,y_1<y\leqslant y_2\}$(图 3-3)内的概率为

$$P\{x_1<X\leqslant x_2,y_1<Y\leqslant y_2\}$$
$$=F(x_2,y_2)-F(x_2,y_1)-F(x_1,y_2)+F(x_1,y_1).$$

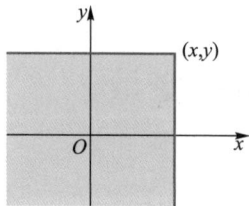

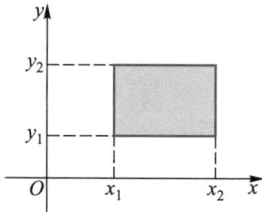

图 3-2 　　　　　　　　　　　图 3-3

分布函数 $F(x,y)$ 具有以下的基本性质:

定理1　设 $F(x,y)$ 是随机变量 (X,Y) 的分布函数,则

（1）$0 \leqslant F(x,y) \leqslant 1$;

（2）固定一个自变量的值时,$F(x,y)$ 作为一元函数关于另一个自变量是单调不减的;

（3）对任意一个 y,$\lim\limits_{x \to -\infty} F(x,y) = 0$,对任意一个 x,$\lim\limits_{y \to -\infty} F(x,y) = 0$,而且

$$\lim_{\substack{x \to -\infty \\ y \to -\infty}} F(x,y) = 0, \quad \lim_{\substack{x \to +\infty \\ y \to +\infty}} F(x,y) = 1;$$

（4）固定一个自变量的值时,$F(x,y)$ 作为一元函数关于另一个自变量右连续;

（5）对任意的 x_1, x_2, y_1, y_2,其中,$x_1 < x_2, y_1 < y_2$,有

$$F(x_2, y_2) - F(x_2, y_1) - F(x_1, y_2) + F(x_1, y_1) \geqslant 0.$$

定理中的前四条与一维分布函数的性质相似,性质（5）成立是因为不等式左端恰是概率 $P\{x_1 < X \leqslant x_2, y_1 < Y \leqslant y_2\}$.

以上性质是联合分布函数的本质特征.一方面,随机变量 X 和 Y 的联合分布函数必须满足以上性质;另一方面,同时满足以上性质的函数必是某二维随机变量的分布函数.

例1　设二维随机变量 (X,Y) 的分布函数为

$$F(x,y) = A(B + \arctan x)(C + \arctan y), \quad -\infty < x, y < +\infty.$$

求常数 A, B, C.

解　由分布函数的性质得

$$F(+\infty, +\infty) = A\left(B + \frac{\pi}{2}\right)\left(C + \frac{\pi}{2}\right) = 1,$$

$$F(-\infty, y) = A\left(B - \frac{\pi}{2}\right)(C + \arctan y) = 0,$$

$$F(x, -\infty) = A(B + \arctan x)\left(C - \frac{\pi}{2}\right) = 0,$$

可解得

$$A = \frac{1}{\pi}, \quad B = \frac{\pi}{2}, \quad C = \frac{\pi}{2}.$$

与一维随机变量一样,我们通常讨论两种类型的二维随机变量:离散型与连续型.为了研究它们的统计规律性,仍然可以借助"分布律"和"概率密度"这两个有用的工具.

三、二维离散型随机变量及其分布律

定义 3　如果二维随机变量(X,Y)全部可能取到的值是有限对或可列无穷对,则(X,Y)叫做离散型随机变量.

和一维离散型随机变量一样,我们用分布律来描述二维离散型随机变量.

定义 4　若随机变量(X,Y)的所有可能取值为(x_i,y_j),$i,j=1,2,\cdots$,则

$$P\{X=x_i,Y=y_j\}=p_{ij},\quad i,j=1,2,\cdots$$

叫做二维离散型随机变量(X,Y)的分布律,或叫做随机变量X和Y的联合分布律.

由概率的定义可知,p_{ij}具有如下性质:

(1) 非负性:$p_{ij}\geqslant 0(i,j=1,2,\cdots)$;

(2) 规范性:$\displaystyle\sum_{i=1}^{\infty}\sum_{j=1}^{\infty}p_{ij}=1$.

我们也可以用表格来表示X和Y的联合分布律,如下表所示:

		X				
		x_1	x_2	$\cdots$	x_i	$\cdots$
Y	y_1	p_{11}	p_{21}	$\cdots$	p_{i1}	$\cdots$
	y_2	p_{12}	p_{22}	$\cdots$	p_{i2}	$\cdots$
	$\vdots$	$\vdots$	$\vdots$		$\vdots$	
	y_j	p_{1j}	p_{2j}	$\cdots$	p_{ij}	$\cdots$
	$\vdots$	$\vdots$	$\vdots$		$\vdots$	

例 2　盒中有标号为$1,2,2$的三张卡片,从中不放回地任意取出两张,X表示第一次取出的卡片号码,Y表示第二次取出的卡片号码,求(X,Y)的分布律.

解　(X,Y)可能取的值为$(1,2),(2,1),(2,2)$.设A_i表示"第一次取到号码为i的卡片",B_i表示"第二次取到号码为i的卡片",$i=1,2$.于是

$$P\{X=1,Y=2\}=P(A_1B_2)=P(A_1)P(B_2\mid A_1)=\frac{1}{3},$$

$$P\{X=2,Y=1\}=P(A_2B_1)=P(A_2)P(B_1\mid A_2)=\frac{2}{3}\cdot\frac{1}{2}=\frac{1}{3},$$

$$P\{X=2,Y=2\}=P(A_2B_2)=P(A_2)P(B_2\mid A_2)=\frac{2}{3}\cdot\frac{1}{2}=\frac{1}{3}.$$

故(X,Y)的分布律为

		X	
		1	2
Y	1	0	$\dfrac{1}{3}$
	2	$\dfrac{1}{3}$	$\dfrac{1}{3}$

利用二维离散型随机变量 (X,Y) 的分布律,就很容易计算事件的概率. 一般地,若 G 是平面上的点集,则

$$P\{(X,Y)\in G\}=\sum_{(x_i,y_j)\in G}P\{X=x_i,Y=y_j\}=\sum_{(x_i,y_j)\in G}p_{ij}.$$

特别地,(X,Y) 的联合分布函数为

$$F(x,y)=P\{X\leqslant x_i,Y\leqslant y_j\}=\sum_{x_i\leqslant x}\sum_{y_j\leqslant y}p_{ij},$$

其中和式是对一切满足 $x_i\leqslant x,y_j\leqslant y$ 的 i,j 求和.

四、二维连续型随机变量及其概率密度

与一维随机变量相似,某些二维随机变量 (X,Y) 的分布函数也能表示成非负函数的积分,由此我们给出概率密度的概念.

定义 5 设二维随机变量 (X,Y) 的分布函数为 $F(x,y)$,若存在非负函数 $f(x,y)$,使得对于任意的 x,y 有 $F(x,y)=\int_{-\infty}^{y}\int_{-\infty}^{x}f(u,v)\,\mathrm{d}u\mathrm{d}v$,则 (X,Y) 叫做连续型随机变量. 函数 $f(x,y)$ 叫做二维随机变量 (X,Y) 的概率密度,也叫做随机变量 X 和 Y 的<u>联合概率密度</u>.

由定义,概率密度 $f(x,y)$ 具有以下性质:

(1) $f(x,y)\geqslant 0$;

(2) $\int_{-\infty}^{+\infty}\int_{-\infty}^{+\infty}f(x,y)\,\mathrm{d}x\mathrm{d}y=1$;

(3) 设 G 是 xOy 平面上的区域,则点 (X,Y) 落在 G 内的概率

$$P\{(X,Y)\in G\}=\iint_{G}f(x,y)\,\mathrm{d}x\mathrm{d}y;$$

(4) 若 $f(x,y)$ 在点 (x,y) 处连续,则有

$$\frac{\partial^2 F(x,y)}{\partial x\partial y}=f(x,y).$$

这四条性质与一维连续型随机变量的概率密度性质是类似的. 而一维连续型随机变量的概率密度可与物理中的线密度作类比,同样,二维连续型随机变量的概率密度可与物理中的面密度作类比,它们有着几乎相同的性质和作用.

反之,若已知联合概率密度函数 $f(x,y)$,则

$$F(x,y)=\int_{-\infty}^{x}\int_{-\infty}^{y}f(u,v)\mathrm{d}v\mathrm{d}u.$$

在几何上,根据高等数学二重积分的知识,可以把 $z=f(x,y)$ 的图形描绘成空间曲面. 性质(2)就是介于曲面 $z=f(x,y)$ 与 xOy 平面之间的立体的体积等于 1;性质(3)就是概率 $P\{(X,Y)\in G\}$ 的值即为以 G 围成平面区域为底、曲面 $z=f(x,y)$ 为顶的曲顶柱体的体积,见图 3-4.

例 3　设二维随机变量 (X,Y) 具有概率密度

$$f(x,y)=\begin{cases}2\mathrm{e}^{-(2x+y)}, & x>0,y>0,\\ 0, & \text{其他}.\end{cases}$$

(1) 求分布函数 $F(x,y)$;

(2) 求概率 $P\{Y\leqslant X\}$.

解　(1)　由已知,

$$F(x,y)=\int_{-\infty}^{y}\int_{-\infty}^{x}f(u,v)\mathrm{d}u\mathrm{d}v$$

$$=\begin{cases}\displaystyle\int\!\!\int_{0}^{y}\int_{0}^{x}2\mathrm{e}^{-(2u+v)}\mathrm{d}u\mathrm{d}v, & x>0,y>0,\\ 0, & \text{其他}\end{cases}$$

$$=\begin{cases}(1-\mathrm{e}^{-2x})(1-\mathrm{e}^{-y}), & x>0,y>0,\\ 0, & \text{其他}.\end{cases}$$

(2)　设 $G=\{(x,y)\mid y\leqslant x\}$(图 3-5),则

$$P\{Y\leqslant X\}=P\{(X,Y)\in G\}=\iint_{G}f(x,y)\mathrm{d}x\mathrm{d}y$$

$$=\int_{0}^{+\infty}\mathrm{d}x\int_{0}^{x}2\mathrm{e}^{-(2x+y)}\mathrm{d}y=\frac{1}{3}.$$

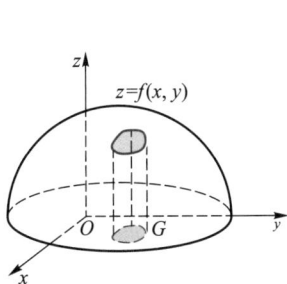

图 3-4

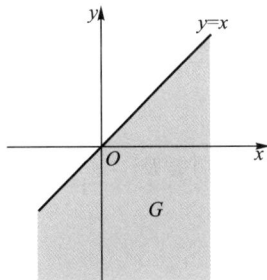

图 3-5

以上关于二维随机变量的讨论,不难推广到 $n(n>2)$ 维随机变量的情况. 一般地,设随机试验 E 的样本空间 $S=\{\omega\mid\omega$ 为样本点$\}$,在 S 上定义了 n 个随机变量 $X_1=X_1(\omega),X_2=X_2(\omega),\cdots,X_n=X_n(\omega)$,则由它们构成的 n 维向量 $(X_1,X_2,\cdots,X_n)$ 叫做 n 维

随机向量或 n 维随机变量.

同样可定义 n 维随机变量 $(X_1, X_2, \cdots, X_n)$ 的分布函数为

$$F(x_1, x_2, \cdots, x_n) = P\{X_1 \leqslant x_1, X_2 \leqslant x_2, \cdots, X_n \leqslant x_n\},$$

其中 $x_1, x_2, \cdots, x_n$ 为任意实数. 我们还可以定义 n 维离散型随机变量及其分布律, n 维连续型随机变量及其概率密度, 它们的定义与二维的情形类似, 且性质也与二维的情形类似, 这里我们不再详细讨论.

五、两个重要分布

1. 二维均匀分布

设 G 是平面上一个有界区域, 其面积为 S, 若二维随机变量 (X, Y) 的概率密度为

$$f(x, y) = \begin{cases} \dfrac{1}{S}, & (x, y) \in G, \\ 0, & \text{其他}, \end{cases}$$

则称随机变量 (X, Y) 在 G 上服从二维均匀分布, 简称均匀分布.

均匀分布相当于向平面区域 G 内随机投点, 若任意区域 $D \subset G$, 则

$$P\{(X, Y) \in D\} = \iint_D f(x, y)\,\mathrm{d}x\mathrm{d}y = \iint_D \frac{1}{S}\mathrm{d}x\mathrm{d}y$$

$$= \frac{1}{S}\iint_D \mathrm{d}x\mathrm{d}y = \frac{S_D}{S} = \frac{D \text{ 的面积}}{G \text{ 的面积}}.$$

这表明当 (X, Y) 在 G 上服从二维均匀分布时, 它落在 G 内任一子区域中的概率只与该区域的面积有关, 而与其位置、形状无关, 这正是均匀分布的"均匀"含义.

例 4 设二维随机变量 (X, Y) 服从区域 G 上的均匀分布, 其中 G 由 $x = y$, $x + y = 2$, $y = 0$ 所围成, D 是 G 的一部分, 见图 3-6, 求随机变量 (X, Y) 落入区域 D 的概率.

解 因 G 的面积 $S = 1$, D 的面积 $S_D = \dfrac{1}{2}$, 所以

$$P\{(X, Y) \in D\} = \frac{\dfrac{1}{2}}{1} = \frac{1}{2}.$$

2. 二维正态分布

若二维随机变量 (X, Y) 的概率密度为

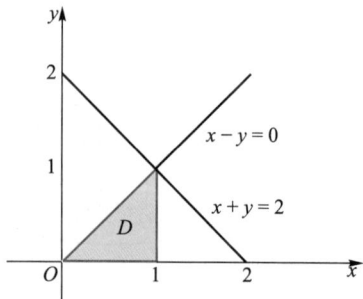

图 3-6

$$f(x, y) = \frac{1}{2\pi\sigma_1\sigma_2\sqrt{1-\rho^2}}\exp\left\{\frac{-1}{2(1-\rho^2)}\left[\frac{(x-\mu_1)^2}{\sigma_1^2} - 2\rho\frac{(x-\mu_1)(y-\mu_2)}{\sigma_1\sigma_2} + \frac{(y-\mu_2)^2}{\sigma_2^2}\right]\right\}$$

$$(-\infty < x < +\infty, -\infty < y < +\infty),$$

其中 $\mu_1,\mu_2,\sigma_1,\sigma_2,\rho$ 均为常数,且 $\sigma_1>0,\sigma_2>0,|\rho|<1$,则称 (X,Y) 服从参数为 μ_1,μ_2, σ_1,σ_2,ρ 的**二维正态分布**,同时称 (X,Y) 是**二维正态随机变量**,记作

$$(X,Y)\sim N(\mu_1,\mu_2,\sigma_1^2,\sigma_2^2,\rho).$$

对于二维正态随机变量,其概率密度函数 $f(x,y)$ 在三维空间中的图形见图 3-7,

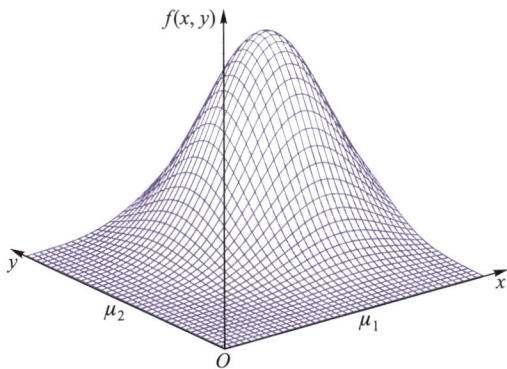

图 3-7

例 5 二维正态随机变量概率密度 $f(x,y)$ 满足

$$\int_{-\infty}^{+\infty}\int_{-\infty}^{+\infty}f(x,y)\mathrm{d}x\mathrm{d}y=1.$$

第三章第一节例 5 解答

习题 3-1

1. 盒子里装有 3 只黑球、2 只红球、2 只白球,在其中任取 4 只球. 以 X 表示取到黑球的只数,以 Y 表示取到红球的只数,求 X 和 Y 的联合分布律.

2. 把一颗骰子独立地抛两次,设 X 表示第一次出现的点数,Y 表示两次出现点数的最小值. 试求:

(1) X 与 Y 的联合分布律;

(2) $P\{X=Y\}$;

(3) $P\{X^2+Y^2<9\}$.

3. 已知随机变量 X 和 Y 的联合分布律为

		X		
		1	2	3
Y	1	$\dfrac{1}{8}$	a	$\dfrac{1}{24}$
	2	b	$\dfrac{1}{4}$	$\dfrac{1}{8}$

(1) 求 a,b 应满足的条件;

（2）若 $P\{X\leqslant 2.5,Y\leqslant 1.5\}=\dfrac{3}{8}$，求 a,b.

4. 设二维随机变量 (X,Y) 的概率密度为

$$f(x,y)=\begin{cases}kx^2y, & 0\leqslant y\leqslant x\leqslant 1,\\ 0, & \text{其他}.\end{cases}$$

（1）求系数 k；

（2）求 $P\{X+Y\geqslant 1\}$.

5. 已知二维随机变量 (X,Y) 的概率密度为

$$f(x,y)=\begin{cases}4xy\mathrm{e}^{-(x^2+y^2)}, & x>0,y>0,\\ 0, & \text{其他}.\end{cases}$$

（1）求 (X,Y) 的分布函数 $F(x,y)$；

（2）求 $P\{X\leqslant 2,Y<+\infty\}$.

6. 设二维随机变量 (X,Y) 的分布函数为

$$F(x,y)=A\left(B+\arctan\frac{x}{2}\right)\left(C+\arctan\frac{y}{3}\right).$$

（1）求常数 A,B,C；

（2）求概率密度 $f(x,y)$.

第二节 边缘分布

联合分布描述的是二维随机变量 (X,Y) 的整体特性,除此之外,还需要考虑随机变量 X,Y 作为一维随机变量各自的分布,即边缘分布.有了边缘分布,我们就可以讨论随机变量 X 和 Y 之间的关系.

一、边缘分布函数

定义1 设二维随机变量 (X,Y),则 X 和 Y 的分布函数 $F_X(x)$ 和 $F_Y(y)$ 分别叫做二维随机变量 (X,Y) 关于 X 和 Y 的<u>边缘分布函数</u>.

边缘分布函数可由联合分布函数来求.设 (X,Y) 的分布函数为 $F(x,y)$,则边缘分布函数

$$F_X(x)=P\{X\leqslant x\}=P\{X\leqslant x,Y\leqslant+\infty\}=F(x,+\infty),$$

$$F_Y(y)=P\{Y\leqslant y\}=P\{X\leqslant+\infty,Y\leqslant y\}=F(+\infty,y),$$

上式中, $F(x,+\infty)=\lim\limits_{y\to+\infty}F(x,y),F(+\infty,y)=\lim\limits_{x\to+\infty}F(x,y)$.

由定义,随机变量 X 和 Y 的边缘分布函数本质上就是一维随机变量 X 和 Y 的分布函数,现称其为边缘分布函数,是相对于它们的联合分布而言的.

边缘分布函数 $F_X(x)$ 和 $F_Y(y)$ 完全由联合分布函数 $F(x,y)$ 确定,其在几何上为图 3-8、图 3-9 所示阴影部分对应的概率.

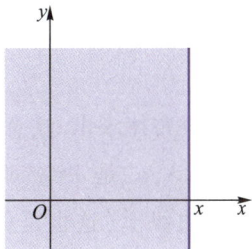

图 3-8

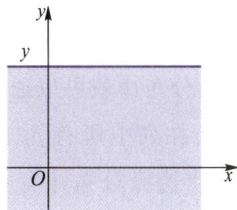

图 3-9

例 1 设二维随机变量 (X,Y) 的分布函数为

$$F(x,y) = \frac{1}{\pi^2}\left(\frac{\pi}{2} + \arctan x\right)\left(\frac{\pi}{2} + \arctan y\right), \quad -\infty < x < +\infty, -\infty < y < +\infty,$$

求 X 和 Y 的边缘分布函数.

解 由定义,

$$F_X(x) = F(x,+\infty) = \lim_{y \to +\infty} F(x,y)$$

$$= \lim_{y \to +\infty} \frac{1}{\pi^2}\left(\frac{\pi}{2} + \arctan x\right)\left(\frac{\pi}{2} + \arctan y\right)$$

$$= \frac{1}{2} + \frac{\arctan x}{\pi},$$

$$F_Y(y) = F(+\infty,y) = \lim_{x \to +\infty} F(x,y)$$

$$= \lim_{x \to +\infty} \frac{1}{\pi^2}\left(\frac{\pi}{2} + \arctan x\right)\left(\frac{\pi}{2} + \arctan y\right)$$

$$= \frac{1}{2} + \frac{\arctan y}{\pi}.$$

二、边缘分布律

定义 2 设二维随机变量 (X,Y) 为离散型随机变量,则 X 和 Y 的分布律分别叫做 (X,Y) 关于 X 和 Y 的边缘分布律.

若 (X,Y) 的联合分布律 $P\{X=x_i, Y=y_j\}, i,j=1,2,3,\cdots$,随机变量 X 的所有可能取值为 $x_i, i=1,2,\cdots$,随机变量 Y 的所有可能取值为 $y_j, j=1,2,\cdots$. 于是 (X,Y) 关于 X 的边缘分布律为

$$P\{X=x_i\} = \sum_{j=1}^{\infty} P\{X=x_i, Y=y_j\} = \sum_{j=1}^{\infty} p_{ij},$$

记 $\displaystyle\sum_{j=1}^{\infty}p_{ij}=p_{i\cdot}$，$i=1,2,3,\cdots$，即 X 的边缘分布律为 $p_{i\cdot}$. (X,Y) 关于 Y 的边缘分布律为

$$P\{Y=y_j\} = \sum_{i=1}^{\infty} P\{X=x_i,Y=y_j\} = \sum_{i=1}^{\infty} p_{ij},$$

记 $\displaystyle\sum_{i=1}^{\infty}p_{ij}=p_{\cdot j}$，$j=1,2,\cdots$，即 Y 的边缘分布律为 $p_{\cdot j}$.

这样，X 和 Y 的分布律就可以通过 (X,Y) 的联合分布律求出. 注意 $p_{i\cdot}$ 正是联合分布律表格中 $X=x_i$ 所在列中所有 p_{ij} 的和（如下表所示），$p_{\cdot j}$ 是 $Y=y_j$ 所在行中所有 p_{ij} 的和，因此，我们常将边缘分布律写在联合分布律的边缘上（这也是称其为边缘分布的原因）.

				X			$P\{Y=y_j\}$
		x_1	x_2	$\cdots$	x_i	$\cdots$	
Y	y_1	p_{11}	p_{21}	$\cdots$	p_{i1}	$\cdots$	$\displaystyle\sum_{i=1}^{\infty} p_{i1}$
	y_2	p_{12}	p_{22}	$\cdots$	p_{i2}	$\cdots$	$\displaystyle\sum_{i=1}^{\infty} p_{i2}$
	$\vdots$	$\vdots$	$\vdots$		$\vdots$		$\vdots$
	y_j	p_{1j}	p_{2j}	$\cdots$	p_{ij}	$\cdots$	$\displaystyle\sum_{i=1}^{\infty} p_{ij}$
	$\vdots$	$\vdots$	$\vdots$		$\vdots$		$\vdots$
$P\{X=x_i\}$		$\displaystyle\sum_{j=1}^{\infty} p_{1j}$	$\displaystyle\sum_{j=1}^{\infty} p_{2j}$	$\cdots$	$\displaystyle\sum_{j=1}^{\infty} p_{ij}$	$\cdots$	

例 2 在 $1,2,3,\cdots,10$ 这 10 个数中任取一个数. 设 X 表示取到的数的正因数个数，Y 表示取到的数的素因数个数. 试写出 X 和 Y 的联合分布律，并求边缘分布律.

解 本试验的样本点及 X 和 Y 的相应取值如下：

样本点	1	2	3	4	5	6	7	8	9	10
X	1	2	2	3	2	4	2	4	3	4
Y	0	1	1	1	1	2	1	1	1	2

由上表可知 X 的所有取值为 $1,2,3,4$；Y 的所有取值为 $0,1,2$. 容易求出 (X,Y) 取 (i,j) 的概率，$i=1,2,3,4$；$j=0,1,2$. 例如，

$$P\{X=1,Y=0\}=\frac{1}{10}, \quad P\{X=2,Y=1\}=\frac{4}{10}.$$

(X,Y) 的分布律及边缘分布律如下表所示：

		X				$P\{Y=j\}$
		1	2	3	4	
Y	0	$\dfrac{1}{10}$	0	0	0	$\dfrac{1}{10}$
	1	0	$\dfrac{4}{10}$	$\dfrac{2}{10}$	$\dfrac{1}{10}$	$\dfrac{7}{10}$
	2	0	0	0	$\dfrac{2}{10}$	$\dfrac{2}{10}$
$P\{X=i\}$		$\dfrac{1}{10}$	$\dfrac{4}{10}$	$\dfrac{2}{10}$	$\dfrac{3}{10}$	1

三、边缘概率密度

若连续型随机变量 (X,Y) 的概率密度为 $f(x,y)$，由于 X 的分布函数

$$F_X(x)=P\{X\leqslant x,Y\leqslant +\infty\}=\int_{-\infty}^{x}\left[\int_{-\infty}^{+\infty}f(x,y)\,\mathrm{d}y\right]\mathrm{d}x,$$

所以，X 是连续型随机变量，其概率密度为

$$f_X(x)=\int_{-\infty}^{+\infty}f(x,y)\,\mathrm{d}y.$$

同理，Y 也是连续型随机变量，其概率密度为

$$f_Y(y)=\int_{-\infty}^{+\infty}f(x,y)\,\mathrm{d}x.$$

定义 3　上述 X 和 Y 的概率密度 $f_X(x),f_Y(y)$ 分别叫做二维连续型随机变量 (X,Y) 关于 X 和 Y 的**边缘概率密度**.

例 3　设二维随机变量 (X,Y) 的概率密度函数为

$$f(x,y)=\begin{cases}cxy, & 0<x<1,0<y<2(1-x),\\ 0, & \text{其他},\end{cases}$$

求

（1）常数 c 的值；

（2）边缘概率密度 $f_X(x)$ 和 $f_Y(y)$（图 3-10）.

解　（1）由概率密度的性质有

$$\int_{-\infty}^{+\infty}\int_{-\infty}^{+\infty}f(x,y)\,\mathrm{d}x\mathrm{d}y=1,$$

即

$$\int_0^1\mathrm{d}x\int_0^{2(1-x)}cxy\,\mathrm{d}y=c\int_0^1 2x(1-x)^2\mathrm{d}x=\frac{c}{6}=1,$$

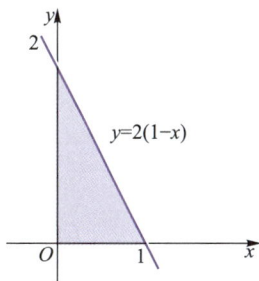

图 3-10

故 $c=6$.

（2）因为(X,Y)的取值范围可以表示为$\begin{cases}0<y<2(1-x),\\0<x<1,\end{cases}$所以 X 的边缘概率密度

$$f_X(x)=\int_{-\infty}^{+\infty}f(x,y)\,\mathrm{d}y=\begin{cases}\int_0^{2(1-x)}6xy\,\mathrm{d}y,&0<x<1,\\0,&其他\end{cases}$$

$$=\begin{cases}12x(1-x)^2,&0<x<1,\\0,&其他.\end{cases}$$

又因为(X,Y)的取值范围可以表示为$\begin{cases}0<x<1-\dfrac{y}{2},\\0<y<2,\end{cases}$所以 Y 的边缘概率密度

$$f_Y(y)=\int_{-\infty}^{+\infty}f(x,y)\,\mathrm{d}x=\begin{cases}\int_0^{1-\frac{y}{2}}6xy\,\mathrm{d}x,&0<y<2\\0,&其他\end{cases}$$

$$=\begin{cases}3y\left(1-\dfrac{y}{2}\right)^2,&0<y<2,\\0,&其他.\end{cases}$$

例 4　设二维随机变量(X,Y)在圆域 $x^2+y^2\leqslant1$ 上服从二维均匀分布,试求边缘概率密度$f_X(x)$和$f_Y(y)$.

解　因为(X,Y)在圆域 $x^2+y^2\leqslant1$ 上服从二维均匀分布,所以其概率密度为

$$f(x,y)=\begin{cases}\dfrac{1}{\pi},&x^2+y^2\leqslant1,\\0,&其他,\end{cases}$$

X 的边缘概率密度

$$f_X(x)=\int_{-\infty}^{+\infty}f(x,y)\,\mathrm{d}y=\begin{cases}\int_{-\sqrt{1-x^2}}^{\sqrt{1-x^2}}\dfrac{1}{\pi}\mathrm{d}y,&-1\leqslant x\leqslant1,\\0,&其他\end{cases}$$

$$=\begin{cases}\dfrac{2}{\pi}\sqrt{1-x^2},&-1\leqslant x\leqslant1,\\0,&其他,\end{cases}$$

Y 的边缘概率密度

$$f_Y(y)=\int_{-\infty}^{+\infty}f(x,y)\,\mathrm{d}x=\begin{cases}\int_{-\sqrt{1-y^2}}^{\sqrt{1-y^2}}\dfrac{1}{\pi}\mathrm{d}x,&-1\leqslant y\leqslant1,\\0,&其他\end{cases}$$

$$=\begin{cases}\dfrac{2}{\pi}\sqrt{1-y^2},&-1\leqslant y\leqslant1,\\0,&其他.\end{cases}$$

例 5 二维随机变量 (X,Y) 服从正态分布, $(X,Y) \sim N(\mu_1, \mu_2, \sigma_1^2, \sigma_2^2, \rho)$,试求边缘概率密度 $f_X(x)$ 和 $f_Y(y)$.

解 (X,Y) 的概率密度为

$$f(x,y) = \frac{1}{2\pi\sigma_1\sigma_2\sqrt{1-\rho^2}} \exp\left\{ \frac{-1}{2(1-\rho^2)} \left[\frac{(x-\mu_1)^2}{\sigma_1^2} - 2\rho\frac{(x-\mu_1)(y-\mu_2)}{\sigma_1\sigma_2} + \frac{(y-\mu_2)^2}{\sigma_2^2} \right] \right\},$$

$$f_X(x) = \int_{-\infty}^{+\infty} f(x,y)\,\mathrm{d}y,$$

由于

$$\frac{(y-\mu_2)^2}{\sigma_2^2} - 2\rho\frac{(x-\mu_1)(y-\mu_2)}{\sigma_1\sigma_2} = \left(\frac{y-\mu_2}{\sigma_2} - \rho\frac{x-\mu_1}{\sigma_1} \right)^2 - \rho^2\frac{(x-\mu_1)^2}{\sigma_1^2},$$

于是,

$$f_X(x) = \frac{1}{2\pi\sigma_1\sigma_2\sqrt{1-\rho^2}} \mathrm{e}^{-\frac{(x-\mu_1)^2}{2\sigma_1^2}} \int_{-\infty}^{+\infty} \exp\left[\frac{-1}{2(1-\rho^2)} \left(\frac{y-\mu_2}{\sigma_2} - \rho\frac{x-\mu_1}{\sigma_1} \right)^2 \right] \mathrm{d}y.$$

令 $t = \frac{1}{\sqrt{1-\rho^2}}\left(\frac{y-\mu_2}{\sigma_2} - \rho\frac{x-\mu_1}{\sigma_1} \right)$,则有

$$f_X(x) = \frac{1}{2\pi\sigma_1} \mathrm{e}^{-\frac{(x-\mu_1)^2}{2\sigma_1^2}} \int_{-\infty}^{+\infty} \mathrm{e}^{-\frac{t^2}{2}}\mathrm{d}t.$$

而 $\int_{-\infty}^{+\infty} \mathrm{e}^{-\frac{t^2}{2}}\mathrm{d}t = \sqrt{2\pi}$,所以,

$$f_X(x) = \frac{1}{\sqrt{2\pi}\,\sigma_1} \mathrm{e}^{-\frac{(x-\mu_1)^2}{2\sigma_1^2}}, \quad -\infty < x < +\infty,$$

即 $X \sim N(\mu_1, \sigma_1^2)$.

同理, $f_Y(y) = \frac{1}{\sqrt{2\pi}\,\sigma_2} \mathrm{e}^{-\frac{(x-\mu_2)^2}{2\sigma_2^2}}, -\infty < y < +\infty$,即 $Y \sim N(\mu_2, \sigma_2^2)$.

从例 5 我们可以看到,二维正态分布的两个边缘分布都是正态分布,并且都不依赖于 ρ. 因此,对于给定的 $\mu_1, \mu_2, \sigma_1^2, \sigma_2^2$,不同的 ρ 对应不同的二维正态分布,但它们的边缘分布都是相同的. 因此,单由 X 和 Y 的边缘分布,一般不能确定 X 和 Y 的联合分布.

习题 3-2

1. 5 件同类产品装在甲、乙两个盒子中,甲盒装 2 件,乙盒装 3 件,每件产品是合格品的概率都是

0.4. 现随机地取出一盒,以 X 表示取得的产品数,Y 表示取得的合格品数,写出 (X,Y) 的联合分布律,并写出边缘分布律.

2. 设二维随机变量 (X,Y) 的分布函数为

$$F(x,y)=\begin{cases}1-\dfrac{x+2}{2}e^{-x}-\dfrac{xe^{-y}}{2}, & y\geqslant x>0,\\[2mm] 1-\dfrac{y+2}{2}e^{-y}-\dfrac{ye^{-x}}{2}, & x>y>0,\\[2mm] 0, & \text{其他}.\end{cases}$$

(1) 求边缘分布函数 $F_X(x)$,$F_Y(y)$;

(2) 求 (X,Y) 的概率密度.

3. 以 X 计某医院一天出生的婴儿数,以 Y 记其中男婴数. 设 (X,Y) 的联合分布律为

$$P\{X=n,Y=m\}=\frac{e^{-14}\cdot 7.14^{m}\cdot 6.86^{n-m}}{m!\ (n-m)!},$$

$$n=0,1,2,\cdots,m=0,1,\cdots,n.$$

求边缘分布律 $P\{X=n\}$,$n=0,1,\cdots$ 和 $P\{Y=m\}$,$m=0,1,\cdots,n$.

4. 设二维随机变量 (X,Y) 的联合概率密度为

$$f(x,y)=\begin{cases}k(1-x)y, & 0<x<1,0<y<x,\\ 0, & \text{其他}.\end{cases}$$

(1) 求常数 k;

(2) 求 X,Y 的边缘概率密度.

5. 设二维随机变量 (X,Y) 服从区域 G 上的均匀分布,其中 G 由直线 $y=-x,y=x,x=2$ 所围成,求 X,Y 的边缘概率密度.

6. 设二维随机变量 (X,Y) 的概率密度为 $f(x,y)=\begin{cases}e^{-y}, & 0<x<y,\\ 0, & \text{其他}.\end{cases}$ 求 X,Y 的边缘概率密度.

第三节　条件分布

　　第一章我们介绍了条件概率的概念,这是针对随机事件而言的. 设 B 是一给定的事件,$P(\ \cdot\ |B)$ 是一个条件概率. 若 X 是一个随机变量,我们可以定义其在 B 发生时的分布函数 $F(x|B)=P\{X\leqslant x|B\}$. 特别地,对另一随机变量 Y,若取 $B=\{Y=y\}$,则称 $F(x|y)=F\{x|Y=y\}$ 为在 $Y=y$ 时 X 的条件分布函数.

　　例如,考察城市居民的收入和支出情况,分别设为随机变量 X 和 Y(单位:元),则 X 和 Y 各自的分布就是边缘分布,(X,Y) 的分布为联合分布. 对边缘分布和联合分布的研究有助于我们了解这个城市居民收入和支出情况. 除此之外,我们还希望了解在收入固定时支出的分布规律. 例如,$X=10\ 000$ 时 Y 的分布,这就是条件分布了. 很明

显,有无"$X=10\,000$"这个条件,支出 Y 的分布是不一样的,因此,对条件分布的研究是十分必要的.

一、离散型随机变量的条件分布律

设离散型随机变量 (X,Y) 的联合分布律为
$$P\{X=x_i,Y=y_j\}=p_{ij},\quad i,j=1,2,\cdots,$$
记边缘分布律为
$$P\{X=x_i\}=\sum_{j=1}^{\infty}p_{ij}=p_{i\cdot},\quad P\{Y=y_j\}=\sum_{i=1}^{\infty}p_{ij}=p_{\cdot j},\quad i,j=1,2,\cdots,$$
则在事件 $\{Y=y_j\}$ 发生的条件下,事件 $\{X=x_i\}$ 发生的条件概率为
$$P\{X=x_i\mid Y=y_j\}=\frac{P\{X=x_i,Y=y_j\}}{P\{Y=y_j\}}=\frac{p_{ij}}{p_{\cdot j}},\quad i=1,2,\cdots.$$
同样地,在事件 $\{X=x_i\}$ 发生的条件下,事件 $\{Y=y_j\}$ 发生的条件概率为
$$P\{Y=y_j\mid X=x_i\}=\frac{P\{X=x_i,Y=y_j\}}{P\{X=x_i\}}=\frac{p_{ij}}{p_{i\cdot}},\quad j=1,2,\cdots.$$

容易验证,上述 $\dfrac{p_{ij}}{p_{\cdot j}}$ 与 $\dfrac{p_{ij}}{p_{i\cdot}}$ 满足分布律的两个性质,即$\left(\text{这里我们以}\dfrac{p_{ij}}{p_{\cdot j}}\text{来说明}\right)$

(1) $\dfrac{p_{ij}}{p_{\cdot j}}\geqslant 0,i=1,2,\cdots;$

(2) $\sum_{i=1}^{\infty}\dfrac{p_{ij}}{p_{\cdot j}}=1.$

因此,我们给出如下定义:

定义 1　设随机变量 (X,Y) 的分布律为 $P\{X=x_i,Y=y_j\}=p_{ij},i,j=1,2,\cdots.$ 对任意固定的 $j,j=1,2,\cdots,P\{X=x_i\mid Y=y_j\}=\dfrac{p_{ij}}{p_{\cdot j}},i=1,2,\cdots$ 叫做在事件 $\{Y=y_j\}$ 发生的条件下,随机变量 X 的**条件分布律**. 对任意固定的 $i,i=1,2,\cdots,P\{Y=y_j\mid X=x_i\}=\dfrac{p_{ij}}{p_{i\cdot}},j=1,2,\cdots$ 叫做在事件 $\{X=x_i\}$ 发生的条件下,随机变量 Y 的**条件分布律**.

容易知道,随着下标 j 的不同,X 的条件分布律 $\dfrac{p_{ij}}{p_{\cdot j}}$ 一般也不一样. 但是,若 X 与 Y 相互独立,由第四节内容可知 X 的条件分布律 $\dfrac{p_{ij}}{p_{\cdot j}}=p_{i\cdot}(i=1,2,\cdots)$,即 X 的所有条件分布律都等于边缘分布律.

由定义 1,若已知联合分布律与边缘分布律,便可以求出条件分布律.

例 1　设随机变量 (X,Y) 的分布律为

		X		
		0	1	2
Y	-1	$\dfrac{1}{5}$	$\dfrac{1}{5}$	$\dfrac{2}{15}$
	1	$\dfrac{1}{15}$	$\dfrac{1}{15}$	$\dfrac{1}{3}$

试求（1）当 $X=1$ 时，Y 的条件分布律；（2）$P\{X+Y\leqslant 0\,|\,Y<1\}$.

解　（1）$P\{X=1\}=\dfrac{1}{5}+\dfrac{1}{15}=\dfrac{4}{15}$，根据条件分布律的定义可知

$$P\{Y=-1\,|\,X=1\}=\frac{P\{X=1,Y=-1\}}{P\{X=1\}}=\frac{\dfrac{1}{5}}{\dfrac{4}{15}}=\frac{3}{4},$$

$$P\{Y=1\,|\,X=1\}=\frac{P\{X=1,Y=1\}}{P\{X=1\}}=\frac{\dfrac{1}{15}}{\dfrac{4}{15}}=\frac{1}{4},$$

所以当 $X=1$ 时，Y 的条件分布律为

Y	-1	1
$P\{Y\,|\,X=1\}$	$\dfrac{3}{4}$	$\dfrac{1}{4}$

（2）$P\{Y<1\}=P\{Y=-1\}=\dfrac{1}{5}+\dfrac{1}{5}+\dfrac{2}{15}=\dfrac{8}{15}$，

$$P\{X+Y\leqslant 0\,|\,Y<1\}=\frac{P\{X+Y\leqslant 0,Y<1\}}{P\{Y<1\}}=\frac{P\{X=0,Y=-1\}+P\{X=1,Y=-1\}}{P\{Y<1\}}$$

$$=\frac{\dfrac{1}{5}+\dfrac{1}{5}}{\dfrac{8}{15}}=\frac{3}{4}.$$

第三章第三
节例 2 解答

例 2　某人练习射击，设每次射击击中目标的概率为 $p(0<p<1)$，一直射击下去直到击中目标两次为止. 设 X 表示"首次击中目标所进行的射击次数"，Y 表示"击中两次总共进行的射击次数"，求 (X,Y) 的分布律以及 X,Y 的条件分布律.

二、连续型随机变量的条件概率密度

设 (X,Y) 是二维连续型随机变量，由于对任意的 x,y，$P\{X=x\}=0$，$P\{Y=y\}=0$，

因此不能像离散型随机变量那样直接用条件概率公式引入条件分布. 这时要使用极限的方法来处理, 用 $P\{y<Y\leqslant y+\varepsilon\}\,(\varepsilon>0)$ 来近似 $P\{Y=y\}$.

定义 2　任意给定 y, 设对任意正数 ε, 有 $P\{y<Y\leqslant y+\varepsilon\}>0$, 且对任意实数 x, 极限 $\lim\limits_{\varepsilon\to0^+} P\{X\leqslant x\mid y<Y\leqslant y+\varepsilon\}$ 存在, 则此极限叫做在条件 $Y=y$ 下 X 的<u>条件分布函数</u>, 记为 $F_{X\mid Y}(x\mid y)$.

设 (X,Y) 的分布函数为 $F(x,y)$, 概率密度为 $f(x,y)$, 且 $f(x,y)$ 在点 (x,y) 处连续, 边缘概率密度 $f_Y(y)$ 连续, 且 $f_Y(y)>0$, 则

$$
\begin{aligned}
F_{X\mid Y}(x\mid y) &= \lim_{\varepsilon\to0^+} P\{X\leqslant x\mid y<Y\leqslant y+\varepsilon\} \\
&= \lim_{\varepsilon\to0^+} \frac{P\{X\leqslant x,y<Y\leqslant y+\varepsilon\}}{P\{y<Y\leqslant y+\varepsilon\}} \\
&= \lim_{\varepsilon\to0^+} \frac{F(x,y+\varepsilon)-F(x,y)}{F_Y(y+\varepsilon)-F_Y(y)} \\
&= \frac{\lim\limits_{\varepsilon\to0^+}\left[F(x,y+\varepsilon)-F(x,y)\right]/\varepsilon}{\lim\limits_{\varepsilon\to0^+}\left[F_Y(y+\varepsilon)-F_Y(y)\right]/\varepsilon} \\
&= \frac{\partial F(x,y)}{\partial y}\Big/\frac{\mathrm{d}F_Y(y)}{\mathrm{d}y},
\end{aligned}
$$

即

$$
F_{X\mid Y}(x\mid y) = \int_{-\infty}^{x} f(x,y)\,\mathrm{d}x \cdot \frac{1}{f_Y(y)} = \int_{-\infty}^{x} \frac{f(x,y)}{f_Y(y)}\mathrm{d}x.
$$

同样, 在条件 $X=x$ 下, 可得 Y 的条件分布函数

$$
F_{Y\mid X}(y\mid x) = \int_{-\infty}^{y} \frac{f(x,y)}{f_X(x)}\mathrm{d}y.
$$

定义 3　设二维连续型随机变量 (X,Y) 的概率密度为 $f(x,y)$, 对任意固定 y, 若 $f_Y(y)>0$, 则 $\dfrac{f(x,y)}{f_Y(y)}$ 叫做在 $\{Y=y\}$ 发生的条件下 X 的<u>条件概率密度</u>, 记为 $f_{X\mid Y}(x\mid y)$, 即 $f_{X\mid Y}(x\mid y)=\dfrac{f(x,y)}{f_Y(y)}$. 类似地, 定义 $f_{Y\mid X}(y\mid x)=\dfrac{f(x,y)}{f_X(x)}$ 为在 $\{X=x\}$ 发生的条件下 Y 的<u>条件概率密度</u>, 其中 $f_X(x)>0$.

容易验证: X(或 Y)的条件概率密度满足概率密度的两个性质, 即有

(1) $f_{X\mid Y}(x\mid y)\geqslant0$;

(2) $\displaystyle\int_{-\infty}^{+\infty} f_{X\mid Y}(x\mid y)\,\mathrm{d}x = \int_{-\infty}^{+\infty}\frac{f(x,y)}{f_Y(y)}\mathrm{d}x = \frac{\displaystyle\int_{-\infty}^{+\infty} f(x,y)\,\mathrm{d}x}{f_Y(y)} = 1.$

同样地, 随着 y 的取值不同, X 的条件概率密度 $\dfrac{f(x,y)}{f_Y(y)}$ 一般会不同. 但是, 如果 X

与 Y 相互独立,由第四节内容可知 X 的条件概率密度 $\dfrac{f(x,y)}{f_Y(y)}=\dfrac{f_X(x)f_Y(y)}{f_Y(y)}=f_X(x)$,即 X 的所有条件概率密度等于边缘概率密度.

例 3 设二维随机变量 (X,Y) 服从区域 $G=\{(x,y)\mid x^2+y^2\leqslant 1\}$ 上的均匀分布,求 $f_{X\mid Y}(x\mid y)$.

解 由已知可得 (X,Y) 的概率密度为

$$f(x,y)=\begin{cases} \dfrac{1}{\pi}, & x^2+y^2\leqslant 1, \\ 0, & \text{其他}, \end{cases}$$

且

$$f_Y(y)=\int_{-\infty}^{+\infty}f(x,y)\,\mathrm{d}x=\begin{cases} \dfrac{1}{\pi}\displaystyle\int_{-\sqrt{1-y^2}}^{\sqrt{1-y^2}}\mathrm{d}x=\dfrac{2}{\pi}\sqrt{1-y^2}, & -1\leqslant y\leqslant 1, \\ 0, & \text{其他}. \end{cases}$$

于是,当 $-1<y<1$ 时,有

$$f_{X\mid Y}(x\mid y)=\frac{f(x,y)}{f_Y(y)}=\begin{cases} \dfrac{1}{2\sqrt{1-y^2}}, & -\sqrt{1-y^2}\leqslant x\leqslant\sqrt{1-y^2}, \\ 0, & \text{其他}. \end{cases}$$

例 4 设随机变量 $X\sim U(0,1)$,且 X 取到 $x(0<x<1)$ 时,$Y\sim U(x,1)$,求 Y 的概率密度 $f_Y(y)$.

解 由已知,$X\sim U(0,1)$,则

$$f_X(x)=\begin{cases} 1, & 0<x<1, \\ 0, & \text{其他}. \end{cases}$$

当 $X=x$ 时,$Y\sim U(x,1)$,即

$$f_{Y\mid X}(y\mid x)=\begin{cases} \dfrac{1}{1-x}, & x<y<1, \\ 0, & \text{其他}. \end{cases}$$

因此,(X,Y) 的联合概率密度为

$$f(x,y)=f_{Y\mid X}(y\mid x)f_X(x)=\begin{cases} \dfrac{1}{1-x}, & 0<x<y<1, \\ 0, & \text{其他}. \end{cases}$$

于是可得 Y 的概率密度

$$f_Y(y)=\int_{-\infty}^{+\infty}f(x,y)\,\mathrm{d}x=\begin{cases} \displaystyle\int_0^y\dfrac{1}{1-x}\mathrm{d}x=-\ln(1-y), & 0<y<1, \\ 0, & \text{其他}. \end{cases}$$

例5 设二维随机变量(X,Y)的概率密度为

$$f(x,y) = \begin{cases} e^{-y}, & 0<x<y, \\ 0, & 其他, \end{cases}$$

试求:(1) $P\{Y<2 \mid X=1\}$;(2) $P\{X>1 \mid Y=4\}$.

解 (1) X的边缘概率密度为

$$f_X(x) = \int_{-\infty}^{+\infty} f(x,y)\,dy = \begin{cases} \int_x^{+\infty} e^{-y}\,dy = e^{-x}, & x>0, \\ 0, & x\leqslant 0, \end{cases}$$

当$X=1$时,

$$f_{Y\mid X}(y\mid 1) = \frac{f(1,y)}{f_X(1)} = \begin{cases} \dfrac{e^{-y}}{e^{-1}} = e^{1-y}, & y>1, \\ 0, & y\leqslant 1, \end{cases}$$

故

$$P\{Y<2 \mid X=1\} = \int_{\{y<2 \mid x=1\}} f_{Y\mid X}(y\mid 1)\,dy = \int_1^2 e^{1-y}\,dy = 1-e^{-1}.$$

(2) Y的边缘概率密度为

$$f_Y(y) = \int_{-\infty}^{+\infty} f(x,y)\,dx = \begin{cases} \int_0^y e^{-y}\,dx = ye^{-y}, & y>0, \\ 0, & y\leqslant 0, \end{cases}$$

当$Y=4$时,

$$f_{X\mid Y}(x\mid 4) = \frac{f(x,4)}{f_Y(4)} = \begin{cases} \dfrac{e^{-4}}{4e^{-4}} = \dfrac{1}{4}, & 0<x<4, \\ 0, & 其他, \end{cases}$$

故

$$P\{X>1 \mid Y=4\} = \int_{\{x>1 \mid y=4\}} f_{X\mid Y}(x\mid 4)\,dx = \int_1^4 \frac{1}{4}\,dx = \frac{3}{4}.$$

习题 3-3

1. 设二维连续型随机变量(X,Y)的概率密度为

$$f(x,y) = \begin{cases} 3x, & 0<x<1, 0<y<x, \\ 0, & 其他. \end{cases}$$

试求条件概率密度$f_{Y\mid X}(y\mid x)$.

2. 设二维连续型随机变量(X,Y)的概率密度为

$$f(x,y)=\begin{cases}\dfrac{21}{4}x^2y, & x^2\leqslant y\leqslant 1,\\ 0, & 其他.\end{cases}$$

求条件概率 $P\{Y\geqslant 0.75\mid X=0.5\}$.

第四节 相互独立的随机变量

在多维随机变量中,各个分量的取值有时会相互影响,有时不会相互影响.例如,在研究学生身高 X、体重 Y 的试验中,一个人的身高 X 往往会影响其体重 Y;两个人各掷一颗骰子,出现的点数 X_1 与 Y_1 相互之间没有任何影响.后者就是相互独立的随机变量.随机变量的独立性与事件的独立性相似,也是概率论中的一个重要的概念.本节,我们利用随机事件的独立性导出随机变量的相互独立.

一、两个随机变量相互独立

定义 1 设 $F(x,y)$ 是二维随机变量 (X,Y) 的分布函数,$F_X(x),F_Y(y)$ 是 (X,Y) 关于 X,Y 的边缘分布函数,若对于所有的 $x,y\in\mathbf{R}$,有

$$F(x,y)=F_X(x)F_Y(y),\tag{3.4.1}$$

则称随机变量 X 与 Y 是相互独立的.

由定义,若 X 与 Y 相互独立,则事件 $\{X\leqslant x\}$ 与 $\{Y\leqslant y\}$ 对于任意实数 x,y 均独立,不仅如此,事件 $\{x_1<X\leqslant x_2\}$ 与 $\{y_1<Y\leqslant y_2\}$ 也是相互独立的.

若 (X,Y) 是离散型随机变量,其分布律为

$$P\{X=x_i,Y=y_j\}=p_{ij},\quad i,j=1,2,3,\cdots,$$

则定义式 $F(x,y)=F_X(x)F_Y(y)$ 等价于

$$P\{X=x_i,Y=y_j\}=P\{X=x_i\}P\{Y=y_j\},$$

即

$$p_{ij}=p_{i\cdot}p_{\cdot j},\quad i,j=1,2,3,\cdots.\tag{3.4.2}$$

若 (X,Y) 为二维连续型随机变量,其概率密度为 $f(x,y)$,(X,Y) 关于 X,Y 的边缘概率密度分别为 $f_X(x),f_Y(y)$,则定义式 $F(x,y)=F_X(x)F_Y(y)$ 等价于

$$f(x,y)=f_X(x)f_Y(y)\tag{3.4.3}$$

在平面上几乎处处成立."几乎处处成立"的含义是:在平面上除去面积为 0 的区域外,处处成立.

在实际应用时,使用(3.4.2)式或(3.4.3)式比使用(3.4.1)式更加方便一些.

从条件分布出发,若 X 与 Y 是相互独立,则有

$$f_{X|Y}(x|y)=f_X(x).$$

一般地,条件概率密度 $f_{X|Y}(x|y)$ 是随 y 的取值变化而变化的,反映了随机变量 X 与 Y 在概率上有相互关系,即随机变量 X 的分布取决于随机变量 Y 的值. 如果 $f_{X|Y}(x|y)=f_X(x)$ 不依赖于 y,而只是 x 的函数,则表示随机变量 X 的分布与 Y 取什么值完全无关,即表明 X 与 Y 相互独立,这与事件的相互独立的概念相似.

例 1 已知二维随机变量 (X,Y) 的分布律为

		X		
		1	2	3
Y	1	$\frac{1}{8}$	a	$\frac{1}{24}$
	2	b	$\frac{1}{4}$	$\frac{1}{8}$

若 X 与 Y 相互独立,求 a,b 的值.

解 因为 $\sum_{i=1}^{\infty}\sum_{j=1}^{\infty}p_{ij}=1$,所以

$$\frac{1}{8}+a+\frac{1}{24}+b+\frac{1}{4}+\frac{1}{8}=1, \quad 即 \quad a+b=\frac{11}{24}.$$

又因为 X 与 Y 独立,所以

$$P\{X=3,Y=1\}=P\{X=3\}P\{Y=1\},$$

即

$$\frac{1}{24}=\left(\frac{1}{24}+\frac{1}{8}\right)\left(\frac{1}{8}+a+\frac{1}{24}\right),$$

所以 $a=\frac{1}{12}$,由 $a+b=\frac{11}{24}$,得 $b=\frac{3}{8}$.

例 2 设二维随机变量 $(X,Y)\sim N(\mu_1,\mu_2,\sigma_1^2,\sigma_2^2,\rho)$,证明 X 与 Y 相互独立的充要条件是 $\rho=0$.

证 "充分性" 若 $\rho=0$,由第二节的结论可知

$$f(x,y)=f_X(x)f_Y(y)$$

对一切 $x,y\in\mathbf{R}$ 均成立,即 X 与 Y 相互独立.

"必要性" 若 X 与 Y 独立,则 $f(x,y)=f_X(x)f_Y(y)$ 对一切 $f(x,y),f_X(x),f_Y(y)$ 的连续点均成立. 而 $f(x,y),f_X(x),f_Y(y)$ 在一切点处都连续,取 $x=\mu_1,y=\mu_2$,得

$$\frac{1}{2\pi\sigma_1\sigma_2\sqrt{1-\rho^2}}=\frac{1}{\sqrt{2\pi}\sigma_1}\cdot\frac{1}{\sqrt{2\pi}\sigma_2}, \quad 即得 \quad \rho=0.$$

例 3 甲、乙两人约定在上午 7 时至 9 时之间到某公园见面,并且约定若先到一方等候后到一方超过半小时就离开. 设两者到达公园的时间均匀分布在 7 时—9 时,

且到达时间相互独立. 求两人能够见面的概率.

解　设 X 和 Y 分别是甲和乙到达公园的时间, 则 X,Y 都服从 $(7,9)$ 内的均匀分布, 即 X 和 Y 的概率密度分别为

$$f_X(x) = \begin{cases} \dfrac{1}{2}, & 7<x<9, \\ 0, & \text{其他}, \end{cases} \qquad f_Y(y) = \begin{cases} \dfrac{1}{2}, & 7<y<9, \\ 0, & \text{其他}. \end{cases}$$

因为 X,Y 相互独立, 所以 (X,Y) 的概率密度为

$$f(x,y) = f_X(x)f_Y(y) = \begin{cases} \dfrac{1}{4}, & 7<x<9,7<y<9, \\ 0, & \text{其他}. \end{cases}$$

所求的概率为

$$P\left\{ |X-Y| \leqslant \frac{1}{2} \right\} = \iint\limits_{G} f(x,y)\,\mathrm{d}x\mathrm{d}y,$$

其中 $G = \left\{ (x,y) \,\middle|\, |x-y| \leqslant \dfrac{1}{2} \right\}$. G 以及方形区域

$\{(x,y) \mid 7<x<9,7<y<9\}$ 如图 3-11 所示. 所以,

$$P\left\{ |X-Y| \leqslant \frac{1}{2} \right\} = \frac{1}{4} \times \text{阴影部分的面积}$$

$$= \frac{1}{4}(4-1.5^2) = \frac{7}{16}.$$

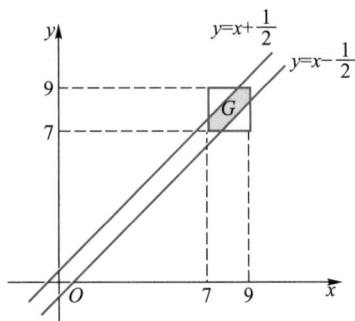

图 3-11

二、多个随机变量相互独立

对于 n 维随机变量 $(X_1,X_2,\cdots,X_n)$, 设其分布函数为 $F(x_1,x_2,\cdots,x_n)$, 我们同样可以求出它关于随机变量 $X_1,X_2,\cdots,X_n$ 的边缘分布函数

$$F_{X_i}(x_i) = F(+\infty,\cdots,+\infty,x_i,+\infty,\cdots,+\infty), \quad i=1,2,\cdots,n,$$

甚至还可以求出它关于随机向量 (X_1,X_2,X_3) 或 (X_2,X_4,X_5) 的边缘分布函数

$$F_{(X_1,X_2,X_3)}(x_1,x_2,x_3) = F(x_1,x_2,x_3,+\infty,+\infty,\cdots,+\infty),$$

$$F_{(X_2,X_4,X_5)}(x_2,x_4,x_5) = F(+\infty,x_2,+\infty,x_4,x_5,+\infty,\cdots,+\infty).$$

与两个随机变量相互独立类似, 我们给出多个随机变量相互独立的概念.

定义 2　若 n 维随机变量 $(X_1,X_2,\cdots,X_n)$ 的分布函数为 $F(x_1,x_2,\cdots,x_n)$, 它关于 $X_1,X_2,\cdots,X_n$ 的边缘分布函数分别为 $F_{X_1}(x_1),F_{X_2}(x_2),\cdots,F_{X_n}(x_n)$. 若对所有的 x_1, $x_2,\cdots,x_n$ 有

$$F(x_1,x_2,\cdots,x_n) = F_{X_1}(x_1)F_{X_2}(x_2)\cdots F_{X_n}(x_n),$$

则称随机变量 $X_1,X_2,\cdots,X_n$ 相互独立.

更为一般地, 我们有如下定义:

定义 3 设随机变量$(X_1,X_2,\cdots,X_m)$，$(Y_1,Y_2,\cdots,Y_n)$，以及$(X_1,X_2,\cdots,X_m,Y_1,Y_2,\cdots,Y_n)$的分布函数分别为$F_1(x_1,x_2,\cdots,x_m)$，$F_2(y_1,y_2,\cdots,y_n)$，$F(x_1,x_2,\cdots,x_m,y_1,y_2,\cdots,y_n)$. 若对所有的$x_1,x_2,\cdots,x_m,y_1,y_2,\cdots,y_n$，均有

$$F(x_1,x_2,\cdots,x_m,y_1,y_2,\cdots,y_n)=F_1(x_1,x_2,\cdots,x_m)F_2(y_1,y_2,\cdots,y_n),$$

则称随机变量$(X_1,X_2,\cdots,X_m)$与$(Y_1,Y_2,\cdots,Y_n)$相互独立.

同样，多维随机变量的独立也可以用分布律（离散型）或者概率密度（连续型）来描述，其结论和二维的情形一样，读者不妨自己给出.

关于随机变量的相互独立，下面的结论是非常有用的.

定理 1 设$(X_1,X_2,\cdots,X_m)$和$(Y_1,Y_2,\cdots,Y_n)$相互独立，则$X_i(i=1,2,\cdots,m)$和$Y_j(j=1,2,\cdots,n)$相互独立. 又若h,g是连续函数，则$h(X_1,X_2,\cdots,X_m)$和$g(Y_1,Y_2,\cdots,Y_n)$相互独立.

定理 1 的严格证明超出本书的范围，故略去.

习题 3-4

1. 已知二维随机变量(X,Y)的概率密度为

$$f(x,y)=\begin{cases}ke^{-(x+y)}, & 0<x<+\infty,0<y<+\infty,\\ 0, & \text{其他}.\end{cases}$$

（1）确定k；

（2）求X,Y的边缘概率密度；

（3）X和Y是否相互独立？

2. 已知随机变量X与Y的分布律分别为

X	-1	0	1
p_k	$\frac{1}{4}$	$\frac{1}{2}$	$\frac{1}{4}$

Y	0	1
p_k	$\frac{1}{2}$	$\frac{1}{2}$

而且$P\{XY=0\}=1$.

（1）求(X,Y)的联合分布律；

（2）问X和Y是否相互独立？

3. 设X,Y分别表示甲、乙两个元件的使用寿命（单位：kh），其概率密度分别为

$$f_X(x)=\begin{cases}e^{-x}, & x>0,\\ 0, & x\leq 0,\end{cases}\quad f_Y(y)=\begin{cases}2e^{-2y}, & y>0,\\ 0, & y\leq 0,\end{cases}$$

若X与Y相互独立，两个元件同时开始使用，求甲比乙先坏的概率.

4. 已知随机变量X与Y相互独立，X在区间$(0,0.2)$上服从均匀分布，Y服从参数为$\lambda=5$的指数分布.

（1）求(X,Y)的联合概率密度；

第三章　多维随机变量及其分布

（2）求 $P\{Y\leqslant X\}$.

5. 一个电子仪器由两个部件组成，以 X 和 Y 分别表示两个部件的使用寿命（单位：kh），已知 (X,Y) 的分布函数为

$$F(x,y)=\begin{cases}1-\mathrm{e}^{0.5x}-\mathrm{e}^{-0.5y}+\mathrm{e}^{-0.5(x+y)}, & x\geqslant0,y\geqslant0,\\ 0, & \text{其他}.\end{cases}$$

问 X 和 Y 是否相互独立？

6. 设随机变量 X 和 Y 独立同分布，它们都服从两点分布 $b(1,p)$. 记随机变量

$$Z=\begin{cases}1, & X+Y \text{ 为偶数},\\ 0, & X+Y \text{ 为奇数}.\end{cases}$$

（1）求 Z 的分布律；

（2）求 Z 和 X 的联合分布律；

（3）当 p 取何值时，Z 和 X 相互独立？

第五节　多维随机变量函数的分布

通过一个多维随机变量的分布去求其函数的分布，这也是在实际应用中较为常见的问题. 本节就几个具体的函数来讨论这个问题.

一、$Z=X+Y$ 的分布

1. 离散型随机变量和的分布

设 (X,Y) 是离散型随机变量，则 $Z=X+Y$ 也是离散型随机变量. 若 (X,Y) 的分布律为

$$P\{X=x_i,Y=y_j\}=p_{ij},\quad i,j=1,2,\cdots,$$

则 $Z=X+Y$ 的取值集合 $G=\{z\mid z=x_i+y_j,i,j=1,2,\cdots\}$，$Z$ 的分布律

$$P\{Z=a\}=\sum_{x_i+y_j=a}p_{ij},\quad a\in G.$$

例1 设 (X,Y) 的分布律为

		X		
		0	1	2
Y	0	0.10	0.25	0.15
	1	0.15	0.20	0.15

求 $Z=X+Y$ 的分布律.

解 X 的取值为 $0,1,2$；Y 的取值为 $0,1$. 所以，$Z=X+Y$ 的取值为 $0,1,2,3$，且

84

$$P\{Z=0\}=P\{X+Y=0\}=P\{X=0,Y=0\}=0.10,$$

$$P\{Z=1\}=P\{X+Y=1\}=P\{(X,Y)=(0,1)\text{或}(1,0)\}$$
$$=0.15+0.25=0.40,$$

$$P\{Z=2\}=P\{X+Y=2\}=P\{(X,Y)=(1,1)\text{或}(2,0)\}$$
$$=0.20+0.15=0.35,$$

$$P\{Z=3\}=P\{X+Y=3\}=P\{X=2,Y=1\}=0.15,$$

即 Z 的分布律为

Z	0	1	2	3
p_k	0.10	0.40	0.35	0.15

例 2　设 X,Y 是相互独立的随机变量,它们分别服从参数为 λ_1,λ_2 的泊松分布. 证明 $Z=X+Y$ 服从参数为 $\lambda_1+\lambda_2$ 的泊松分布.

证　Z 的取值为 $0,1,2,\cdots$,且

$$P\{Z=k\}=P\{X+Y=k\}=\sum_{i=0}^{k}P\{X=i,Y=k-i\}=\sum_{i=0}^{k}P\{X=i\}P\{Y=k-i\}$$

$$=\sum_{i=0}^{k}\frac{\mathrm{e}^{-\lambda_1}\lambda_1^i\mathrm{e}^{-\lambda_2}\lambda_2^{k-i}}{i!\ (k-i)!}=\sum_{i=0}^{k}\frac{\mathrm{e}^{-(\lambda_1+\lambda_2)}}{i!\ (k-i)!}\lambda_1^i\lambda_2^{k-i}$$

$$=\frac{\mathrm{e}^{-(\lambda_1+\lambda_2)}}{k!}\sum_{i=0}^{k}\frac{k!}{i!\ (k-i)!}\lambda_1^i\lambda_2^{k-i}=\frac{\mathrm{e}^{-(\lambda_1+\lambda_2)}}{k!}\sum_{i=0}^{k}C_k^i\lambda_1^i\lambda_2^{k-i}$$

$$=\frac{\mathrm{e}^{-(\lambda_1+\lambda_2)}(\lambda_1+\lambda_2)^k}{k!},\quad k=0,1,2,\cdots.$$

因此,Z 服从参数为 $\lambda_1+\lambda_2$ 的泊松分布.

例 3　设随机变量 X 与 Y 相互独立,且 $X\sim b(n_1,p),Y\sim b(n_2,p)$,证明 $Z=X+Y$ 仍是二项分布.

类似于例 2、例 3,两个相互独立且服从同一分布的随机变量的和,若服从相同的分布,则称这种分布具有可加性,下面是常见的离散型随机变量的可加性.

第三章第五节例 3 解答

(1) (0-1)分布:若随机变量 $X_i(i=1,2,3,\cdots,n)$ 相互独立,且 $X_i\sim b(1,p)$,则 $X_1+X_2+\cdots+X_n\sim b(n,p)$;

(2) 二项分布:若随机变量 $X_1\sim b(n_1,p),X_2\sim b(n_2,p)$,且 X_1,X_2 相互独立,则 $X_1+X_2\sim b(n_1+n_2,p)$;

(3) 泊松分布:若随机变量 $X_1\sim\pi(\lambda_1),X_2\sim\pi(\lambda_2)$,且 X_1,X_2 相互独立,则 $X_1+X_2\sim\pi(\lambda_1+\lambda_2)$.

2. 连续型随机变量和的分布

设连续型随机变量 (X,Y) 的概率密度为 $f(x,y)$,则 $Z=X+Y$ 的分布函数

$$F_Z(z) = P\{Z \le z\} = P\{X+Y \le z\} = \iint\limits_{x+y \le z} f(x,y)\,dx\,dy.$$

区域 $G = \{(x,y) \mid x+y \le z\}$ 是直线 $x+y=z$ 左下方的半平面,如图 3-12 所示. 对上述二重积分化累次积分得

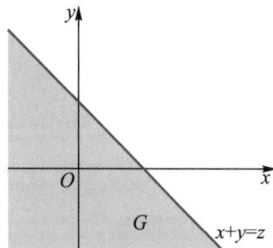

$$F_Z(z) = \int_{-\infty}^{+\infty} dx \int_{-\infty}^{z-x} f(x,y)\,dy,$$

令 $y=u-x$,则

$$F_Z(z) = \int_{-\infty}^{+\infty} dx \int_{-\infty}^{z} f(x,u-x)\,du$$

$$= \int_{-\infty}^{z} \left[\int_{-\infty}^{+\infty} f(x,u-x)\,dx \right] du.$$

图 3-12

由此知,Z 也是连续型随机变量,其概率密度为

$$f_Z(z) = \int_{-\infty}^{+\infty} f(x,z-x)\,dx.$$

用同样的方法,我们还可以得到 Z 的概率密度的另一形式

$$f_Z(z) = \int_{-\infty}^{+\infty} f(z-y,y)\,dy.$$

特别地,当 X 与 Y 相互独立时,由 $f(x,y)=f_X(x)f_Y(y)$,则上述两个公式分别化为

$$f_Z(z) = \int_{-\infty}^{+\infty} f_X(x)f_Y(z-x)\,dx,$$

$$f_Z(z) = \int_{-\infty}^{+\infty} f_X(z-y)f_Y(y)\,dy.$$

上面的两个公式叫做卷积公式,记为 $f_X * f_Y$,即

$$f_Z(z) = f_X * f_Y = \int_{-\infty}^{+\infty} f_X(x)f_Y(z-x)\,dx = \int_{-\infty}^{+\infty} f_X(z-y)f_Y(y)\,dy.$$

例 4 设随机变量 X,Y 相互独立,其概率密度分别为

$$f_X(x) = \begin{cases} 1, & 0 \le x \le 1, \\ 0, & \text{其他}, \end{cases} \qquad f_Y(y) = \begin{cases} e^{-y}, & y>0, \\ 0, & \text{其他}. \end{cases}$$

求 $Z=X+Y$ 的概率密度.

解 由卷积公式,Z 的概率密度

$$f_Z(z) = \int_{-\infty}^{+\infty} f_X(z-y)f_Y(y)\,dy.$$

当 $\begin{cases} 0 \le z-y \le 1, \\ y>0 \end{cases}$ 即 $\begin{cases} z-1 \le y \le z, \\ y>0 \end{cases}$ 时,上述积分的被积函数不为 0,所以

$$f_Z(z) = \begin{cases} 0, & z<0, \\[2mm] \displaystyle\int_0^z e^{-y}\,dy, & 0 \le z < 1, \\[2mm] \displaystyle\int_{z-1}^z e^{-y}\,dy, & z \ge 1 \end{cases}$$

$$= \begin{cases} 1-\mathrm{e}^{-z}, & 0 \leqslant z < 1, \\ (\mathrm{e}-1)\,\mathrm{e}^{-z}, & z \geqslant 1, \\ 0, & 其他. \end{cases}$$

例 5 设随机变量 $X \sim N(0,1)$，$Y \sim N(0,1)$，且 X 与 Y 相互独立，求 $Z = X+Y$ 的概率密度.

解 由已知 $f_X(x) = \dfrac{1}{\sqrt{2\pi}}\mathrm{e}^{-\frac{x^2}{2}}$，$f_Y(y) = \dfrac{1}{\sqrt{2\pi}}\mathrm{e}^{-\frac{y^2}{2}}$，$x, y \in \mathbf{R}$. 故

$$f_Z(z) = \int_{-\infty}^{+\infty} f_X(x) f_Y(z-x)\,\mathrm{d}x$$

$$= \int_{-\infty}^{+\infty} \frac{1}{\sqrt{2\pi}}\mathrm{e}^{-\frac{x^2}{2}} \frac{1}{\sqrt{2\pi}}\mathrm{e}^{-\frac{(z-x)^2}{2}}\,\mathrm{d}x$$

$$= \frac{\mathrm{e}^{-\frac{z^2}{4}}}{2\pi} \int_{-\infty}^{+\infty} \mathrm{e}^{-\left(x-\frac{z}{2}\right)^2}\,\mathrm{d}x.$$

令 $x - \dfrac{z}{2} = \dfrac{t}{\sqrt{2}}$，则

$$f_Z(z) = \frac{\mathrm{e}^{-\frac{z^2}{4}}}{2\pi} \cdot \frac{1}{\sqrt{2}} \int_{-\infty}^{+\infty} \mathrm{e}^{-\frac{t^2}{2}}\,\mathrm{d}t$$

$$= \frac{\mathrm{e}^{-\frac{z^2}{4}}}{2\pi\sqrt{2}} \cdot \sqrt{2\pi} = \frac{1}{\sqrt{2\pi} \cdot \sqrt{2}}\mathrm{e}^{-\frac{z^2}{4}}, \quad -\infty < z < +\infty,$$

即 $Z \sim N(0,2)$.

一般地，设 X 与 Y 相互独立，且 $X \sim N(\mu_1, \sigma_1^2)$，$Y \sim N(\mu_2, \sigma_2^2)$，可以计算出

$$X+Y \sim N(\mu_1+\mu_2, \sigma_1^2+\sigma_2^2);$$

对于不全为零的实数 k_1, k_2，则有

$$k_1 X_1 + k_2 X_2 \sim N(k_1\mu_1+k_2\mu_2, k_1^2\sigma_1^2+k_2^2\sigma_2^2).$$

这个结论还可以推广到 n 个随机变量的情形：若随机变量 $X_i \sim N(\mu_i, \sigma_i)$（$i = 1, 2, \cdots, n$），且 X_i 相互独立，对于不全为零的实数 $k_1, k_2, \cdots, k_n$，则

$$k_1 X_1 + k_2 X_2 + \cdots + k_n X_n \sim N\left(\sum_{i=1}^{n} k_i\mu_i, \sum_{i=1}^{n} k_i^2\sigma_i^2\right).$$

二、$M = \max(X, Y)$ 及 $N = \min(X, Y)$ 的分布

对离散型随机变量的情形，我们用下面的例子来说明.

例 6 设 (X, Y) 的分布律如下：

		X		
		0	1	2
Y	0	0.10	0.25	0.15
	1	0.15	0.20	0.15

求 $M=\max(X,Y)$ 及 $N=\min(X,Y)$ 的分布律.

解　M 的取值为 $0,1,2$.

$$P\{M=0\}=P\{\max(X,Y)=0\}=P\{X=0,Y=0\}=0.10,$$
$$P\{M=1\}=P\{\max(X,Y)=1\}$$
$$=P\{(X,Y)\in\{(0,1),(1,0),(1,1)\}\}=0.60,$$
$$P\{M=2\}=P\{\max(X,Y)=2\}$$
$$=P\{(X,Y)\in\{(2,0),(2,1)\}\}=0.30,$$

即 M 的分布律为

M	0	1	2
p_k	0.10	0.60	0.30

N 的取值为 $0,1$.

$$P\{N=0\}=P\{\min(X,Y)=0\}$$
$$=P\{(X,Y)\in\{(0,0),(0,1),(1,0),(2,0)\}\}=0.65,$$
$$P\{N=1\}=P\{\min(X,Y)=1\}$$
$$=P\{(X,Y)\in\{(1,1),(2,1)\}\}=0.35,$$

即 N 的分布律为

N	0	1
p_k	0.65	0.35

若随机变量 X 与 Y 相互独立，X 与 Y 的分布函数分别为 $F_X(x)$ 和 $F_Y(y)$，则 $M=\max(X,Y)$ 的分布函数

$$F_{\max}(z)=P\{M\leqslant z\}=P\{X\leqslant z,Y\leqslant z\}$$
$$=P\{X\leqslant z\}P\{Y\leqslant z\}=F_X(z)F_Y(z).$$

类似地，$N=\min(X,Y)$ 的分布函数

$$F_{\min}(z)=P\{N\leqslant z\}=1-P\{N>z\}=1-P\{\min(X,Y)>z\}$$
$$=1-P\{X>z,Y>z\}=1-P\{X>z\}P\{Y>z\}$$
$$=1-[1-F_X(z)][1-F_Y(z)].$$

以上结果容易推广到 n 个相互独立的随机变量的情况. 设 $X_1,X_2,\cdots,X_n$ 是相互独

立的随机变量，它们的分布函数为 $F_{X_1}(x_1), F_{X_2}(x_2), \cdots, F_{X_n}(x_n)$，则 $M = \max(X_1, X_2, \cdots, X_n)$ 的分布函数为

$$F_{\max}(z) = F_{X_1}(z) F_{X_2}(z) \cdots F_{X_n}(z),$$

$N = \min(X_1, X_2, \cdots, X_n)$ 的分布函数为

$$F_{\min}(z) = 1 - [1 - F_{X_1}(z)][1 - F_{X_2}(z)] \cdots [1 - F_{X_n}(z)].$$

特别地，若 $X_1, X_2, \cdots, X_n$ 独立同分布，设分布函数为 $F(x)$，则

$$F_{\max}(z) = [F(z)]^n, \quad F_{\min}(z) = 1 - [1 - F(z)]^n.$$

例 7　设系统 L 由两个相互独立的子系统 L_1, L_2 连接而成，连接方式分别为 (1) 串联；(2) 并联；(3) 备用（即系统 L_1 损坏时，系统 L_2 开始工作），如图 3-13 所示. 设 L_1, L_2 的使用寿命为 X, Y，且 X, Y 分别服从参数为 α 与 β 的指数分布（$\alpha \neq \beta$）. 试就以上三种连接方式写出 L 的使用寿命 Z 的概率密度.

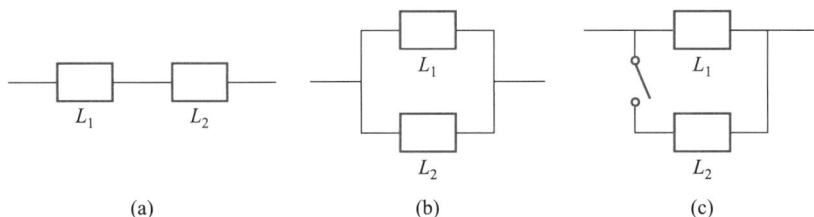

图 3-13

解　X, Y 分别服从参数为 α, β 的指数分布，则 X 的概率密度为

$$f_X(x) = \begin{cases} \alpha e^{-\alpha x}, & x > 0, \\ 0, & \text{其他}, \end{cases}$$

X 的分布函数为

$$F_X(x) = \begin{cases} 1 - e^{-\alpha x}, & x > 0, \\ 0, & \text{其他}; \end{cases}$$

Y 的概率密度为

$$f_Y(y) = \begin{cases} \beta e^{-\beta y}, & y > 0, \\ 0, & \text{其他}, \end{cases}$$

Y 的分布函数为

$$F_Y(y) = \begin{cases} 1 - e^{-\beta y}, & y > 0, \\ 0, & \text{其他}. \end{cases}$$

(1) 串联的情况. 此时，当 L_1, L_2 有一个损坏时，系统 L 就停止工作. 所以，L 的使用寿命

$$Z = \min(X, Y).$$

Z 的分布函数

$$F_{\min}(z) = 1 - \left[1 - F_X(z)\right]\left[1 - F_Y(z)\right] = \begin{cases} 1 - e^{-(\alpha+\beta)z}, & z > 0, \\ 0, & \text{其他}. \end{cases}$$

因此, Z 的概率密度为

$$f_{\min}(z) = \begin{cases} (\alpha+\beta)\,e^{-(\alpha+\beta)z}, & z > 0, \\ 0, & \text{其他}. \end{cases}$$

（2）并联的情况. 此时, 当且仅当 L_1 与 L_2 都损坏时, 系统 L 才停止工作. 所以, L 的使用寿命

$$Z = \max(X, Y).$$

Z 的分布函数为

$$F_{\max}(z) = F_X(z)F_Y(z) = \begin{cases} (1 - e^{-\alpha z})(1 - e^{-\beta z}), & z > 0, \\ 0, & \text{其他}. \end{cases}$$

于是, Z 的概率密度为

$$f_{\max}(z) = \begin{cases} \alpha e^{-\alpha z} + \beta e^{-\beta z} - (\alpha+\beta)\,e^{-(\alpha+\beta)z}, & z > 0, \\ 0, & \text{其他}. \end{cases}$$

（3）备用的情况. 由于当系统 L_1 损坏时, 系统 L_2 才开始工作, 因此, 整个系统 L 的使用寿命 Z 是 L_1 与 L_2 两者使用寿命的和, 即 $Z = X + Y$. 由卷积公式可得 Z 的概率密度为

$$f_Z(z) = \int_{-\infty}^{+\infty} f_X(x) f_Y(z-x)\,\mathrm{d}x.$$

当 $\begin{cases} x > 0, \\ z - x > 0 \end{cases}$ 即 $\begin{cases} x > 0, \\ x < z \end{cases}$ 时被积函数不为 0. 所以,

$$f_Z(z) = \begin{cases} \displaystyle\int_0^z \alpha e^{-\alpha x} \beta e^{-\beta(z-x)}\,\mathrm{d}x, & z > 0, \\ 0, & z \leqslant 0 \end{cases}$$

$$= \begin{cases} \dfrac{\alpha\beta}{\beta-\alpha}(e^{-\alpha z} - e^{-\beta z}), & z > 0, \\ 0, & z \leqslant 0. \end{cases}$$

以上我们讨论了随机变量的几个简单函数的分布, 实际上, 对于一些稍微复杂的函数 $g(X, Y)$（例如 $X^2 + Y^2$, X/Y, $\sqrt{X^2 + Y^2}$ 等）, 用本节所讲的一般方法也能求出其分布. 此时, 若 (X, Y) 为离散型随机变量, 则 $Z = g(X, Y)$ 也为离散型随机变量: 若

$$P\{X = x_i, Y = y_j\} = p_{ij},\ i, j = 1, 2, \cdots,$$

则

$$P\{Z = a\} = P\{g(X, Y) = a\} = \sum_{g(x_i, y_j) = a} p_{ij}.$$

若(X,Y)为连续型随机变量,设其概率密度为$f(x,y)$,则$Z=g(X,Y)$的分布函数为

$$F_Z(z)=P\{Z\leqslant z\}=P\{g(X,Y)\leqslant z\}=\iint\limits_{g(x,y)\leqslant z}f(x,y)\mathrm{d}x\mathrm{d}y.$$

习题 3-5

1. 设随机变量 X 的分布律为

X	0	1	2
p_k	$\dfrac{1}{6}$	$\dfrac{2}{6}$	$\dfrac{3}{6}$

随机变量 Y 与 X 的分布律相同且与 X 相互独立. 求:

(1) $Z=X+Y$ 的分布律;

(2) $M=\max(X,Y)$ 的分布律;

(3) $N=\min(X,Y)$ 的分布律.

2. 设随机变量 X,Y 相互独立,且都服从相同的几何分布,

$$P\{X=k\}=pq^k,\quad k=0,1,\cdots,p>0,p+q=1.$$

(1) 试求 $Z=X+Y$ 的分布律;

(2) 求 $M=\max(X,Y)$ 和 $N=\min(X,Y)$ 的分布律.

3. 设随机变量 X,Y 相互独立,且 X,Y 的概率密度分别如下:

(1) $f_X(x)=\begin{cases}\mathrm{e}^{-x},&x>0,\\0,&x\leqslant 0,\end{cases}$ $f_Y(y)=\begin{cases}2y,&0<y\leqslant 1,\\0,&\text{其他};\end{cases}$

(2) $f_X(x)=\begin{cases}\dfrac{10-x}{50},&0<x<10,\\0,&\text{其他},\end{cases}$ Y 与 X 同分布.

试求 $Z=X+Y$ 的概率密度.

4. 设随机变量 X 和 Y 相互独立,且 X 服从参数为 1 的指数分布,Y 服从区间$[0,1]$上的均匀分布,记 $U=\max(X,Y)$,$V=\min(X,Y)$. 求 U 和 V 的概率密度.

5. 系统由 5 个元件串联而成,5 个元件的使用寿命分别为 X_1,X_2,X_3,X_4,X_5,它们相互独立,且都服从参数 $\lambda=\dfrac{1}{2\,000}$的指数分布,求系统使用寿命大于 1 000 的概率.

6. 系统由独立的 3 个元件组成,起初有一个元件工作,其余 2 个做冷贮备,在贮备期元件不失效,即当工作元件失效时,贮备的元件逐个地自动替换. 若 3 个元件的使用寿命 X_1,X_2,X_3 均服从参数为 λ 的指数分布,求系统使用寿命的概率密度.

7. 设随机变量 $X\sim b(m,p)$,$Y\sim b(n,p)$,X 与 Y 相互独立,证明 $X+Y\sim b(m+n,p)$.

8. 已知随机变量 X_1,X_2,X_3,X_4 相互独立且同分布,每个 X_i 均服从 $b\left(1,\dfrac{1}{2}\right)$ $(i=1,2,3,4)$,求 $Y=$

$\begin{vmatrix} X_1 & X_3 \\ X_4 & X_2 \end{vmatrix}$ 的分布律.

9. 设 X 与 Y 是独立同分布的随机变量,它们都服从正态分布 $N(0,1)$,试求 $Z = \sqrt{X^2 + Y^2}$ 的分布函数与概率密度.

第三章知识总结

第四章
随机变量的数字特征

第四章知识结构导图

教学基本要求

（1）理解随机变量数学期望与方差的概念，掌握数学期望与方差的性质与计算方法.

（2）了解两点分布、二项分布、泊松分布、正态分布、均匀分布和指数分布的数学期望与方差.

（3）了解矩、协方差和相关系数的概念及其性质，并会计算矩、协方差和相关系数.

（4）了解矩与协方差矩阵的概念.

随机变量的分布函数（或分布律，或概率密度）固然描述了这个随机变量的统计规律性，但在实际中，我们常常关心的只是随机变量取值在某些方面的特征，而不是它的全貌. 例如，分析一批显示器的质量时，常常只需了解显示器的平均使用寿命，即显示器使用寿命这个随机变量 X 的平均值，它反映了 X 取值的集中位置. 同时，我们还需要了解显示器的使用寿命 X 取值的集中程度，X 取值是集中于平均值附近，还是高度分散. 我们用数学期望和方差来衡量随机变量取值的平均值以及取值的集中程度，它们是随机变量的重要数字特征，在理论和实践上都具有重要作用. 另外，本章还将分析两个随机变量的相互关系，定义它们的协方差与相关系数等数字特征.

第一节　数　学　期　望

一、数学期望的定义

如何定义随机变量的平均值呢? 先分析一个具体的实例.

例1　甲、乙两人打靶,各击发 10 发子弹,甲、乙所得环数记录如下:

甲命中环数	7	8	9	10	乙命中环数	7	8	9	10
甲击发数	3	5	1	1	乙击发数	2	4	4	0

试问如何评价甲、乙射击技术谁更优秀?

解　从以上的统计表很难立即看出结果,但是可以从两人的命中平均环数来评定其射击技术的优劣.

甲的射击平均命中环数为

$$\frac{7\times3+8\times5+9\times1+10\times1}{10}=8.0,$$

乙的射击平均命中环数为

$$\frac{7\times2+8\times4+9\times4+10\times0}{10}=8.2,$$

故从两人的命中平均环数来看,乙比甲优秀.

如果把甲命中的环数记为随机变量 X,则 X 的分布律为

$$P\{X=7\}=\frac{3}{10}=0.3,\quad P\{X=8\}=\frac{5}{10}=0.5,$$

$$P\{X=9\}=\frac{1}{10}=0.1,\quad P\{X=10\}=\frac{1}{10}=0.1,$$

那甲的射击平均命中环数又可为

$$7\times\frac{3}{10}+8\times\frac{5}{10}+9\times\frac{1}{10}+10\times\frac{1}{10}$$

$$=7\cdot P\{X=7\}+8\cdot P\{X=8\}+9\cdot P\{X=9\}+10\cdot P\{X=10\}=8.0.$$

以上对甲的分析中,$\frac{3}{10},\frac{5}{10},\frac{1}{10},\frac{1}{10}$ 是事件 $\{X=k\}$($k=7,8,9,10$)在 10 次试验中发生的频率. 当试验次数相当大时,频率就接近事件 $\{X=k\}$ 在一次试验中发生的概率

p_k,那上述平均数可以表示为 $\sum k p_k$,由此,可以引进随机变量平均值的概念——数学期望.

定义 1　设离散型随机变量 X 的分布律为

$$P\{X=x_k\}=p_k, \quad k=1,2,\cdots,$$

若级数 $\sum\limits_{k=1}^{\infty} x_k p_k$ 绝对收敛,则级数 $\sum\limits_{k=1}^{\infty} x_k p_k$ 的和称为随机变量 X 的**数学期望**,记为 $E(X)$,即

$$E(X)=\sum_{k=1}^{\infty} x_k p_k.$$

设连续型随机变量 X 的概率密度为 $f(x)$,若积分 $\int_{-\infty}^{+\infty} xf(x)\,\mathrm{d}x$ 绝对收敛,则积分 $\int_{-\infty}^{+\infty} xf(x)\,\mathrm{d}x$ 的值称为随机变量 X 的数学期望,记为 $E(X)$,即

$$E(X)=\int_{-\infty}^{+\infty} xf(x)\,\mathrm{d}x.$$

数学期望简称为**期望**,又称为均值,它完全由随机变量 X 的概率分布所决定. 它有如下的物理意义:

若离散质点系由分布于数轴的 n 个质点构成,每个质点的坐标为 $x_i(i=1,2,\cdots,n)$,在点 x_i 处的质点质量为 p_i,则该质点系的质心坐标为

$$\overline{x}=\frac{\sum\limits_{k=1}^{n} x_k p_k}{\sum\limits_{k=1}^{n} p_k}.$$

若 $\sum\limits_{k=1}^{n} p_k=1$,即质点系总质量为 1,则质点系的质心坐标为

$$\overline{x}=\sum_{k=1}^{n} x_k p_k,$$

即离散型随机变量的数学期望的物理意义是分布于 x 轴上且总质量为 1 的离散质点系的质心坐标. 同样地,连续型随机变量的数学期望的物理意义是分布于 x 轴上且总质量为 1、线密度为 $f(x)$ 的无限长不均匀细铁丝的质心坐标.

例 2　从甲地到乙地乘汽车要通过 3 个交通岗,设在每个交通岗遇到红灯的事件相互独立,并且概率都是 $\dfrac{2}{5}$. 以 X 记途中遇到的红灯数,求 $E(X)$.

解　X 可能取值为 $0,1,2,3$,其分布律为

X	0	1	2	3
p_k	$\left(\dfrac{3}{5}\right)^3$	$C_3^1\dfrac{2}{5}\left(\dfrac{3}{5}\right)^2$	$C_3^2\left(\dfrac{2}{5}\right)^2\dfrac{3}{5}$	$\left(\dfrac{2}{5}\right)^3$

所以, X 的期望为

$$E(X)=0\cdot\left(\frac{3}{5}\right)^3+1\cdot C_3^1\frac{2}{5}\left(\frac{3}{5}\right)^2+2\cdot C_3^2\left(\frac{2}{5}\right)^2\frac{3}{5}+3\cdot\left(\frac{2}{5}\right)^3=\frac{6}{5}.$$

例 3　若随机变量 $X\sim b(n,p)$, 求 $E(X)$.

解　X 的分布律为

$$P\{X=k\}=C_n^kp^k(1-p)^{n-k},\quad k=0,1,2,\cdots,n.$$

所以

$$\begin{aligned}E(X)&=\sum_{k=1}^{n}k\cdot C_n^kp^k(1-p)^{n-k}\\&=np\sum_{k=1}^{n}\frac{(n-1)!}{(k-1)!\,(n-k)!}p^{k-1}(1-p)^{n-k}\\&=np\sum_{k=1}^{n}C_{n-1}^{k-1}p^{k-1}(1-p)^{(n-1)-(k-1)}\\&=np(p+1-p)^{n-1}=np.\end{aligned}$$

例 4　若随机变量 $X\sim\pi(\lambda)$, 求 $E(X)$.

解　X 的分布律为

$$P\{X=k\}=\frac{e^{-\lambda}\lambda^k}{k!},\quad k=0,1,2,\cdots.$$

所以

$$E(X)=\sum_{k=1}^{\infty}k\frac{e^{-\lambda}\lambda^k}{k!}=\lambda e^{-\lambda}\sum_{k=1}^{\infty}\frac{\lambda^{k-1}}{(k-1)!}=\lambda e^{-\lambda}\cdot e^{\lambda}=\lambda.$$

例 5　若随机变量 $X\sim U(a,b)$, 求 $E(X)$.

解　X 的概率密度为

$$f(x)=\begin{cases}\dfrac{1}{b-a},&a<x<b,\\0,&\text{其他}.\end{cases}$$

所以

$$E(X)=\int_{-\infty}^{+\infty}xf(x)\,dx=\int_a^b x\frac{1}{b-a}dx=\frac{a+b}{2}.$$

例 6　随机变量 $X\sim N(\mu,\sigma^2)$, 求 $E(X)$.

解　X 的概率密度为

$$f(x) = \frac{1}{\sqrt{2\pi}\,\sigma} \mathrm{e}^{-\frac{(x-\mu)^2}{2\sigma^2}}, \quad -\infty < x < +\infty,$$

则

$$E(x) = \int_{-\infty}^{+\infty} x \cdot \frac{1}{\sqrt{2\pi}\,\sigma} \mathrm{e}^{-\frac{(x-\mu)^2}{2\sigma^2}} \,\mathrm{d}x$$

$$= \frac{1}{\sqrt{2\pi}\,\sigma} \int_{-\infty}^{+\infty} (x-\mu) \cdot \mathrm{e}^{-\frac{(x-\mu)^2}{2\sigma^2}} \,\mathrm{d}x + \frac{1}{\sqrt{2\pi}\,\sigma} \int_{-\infty}^{+\infty} \mu \cdot \mathrm{e}^{-\frac{(x-\mu)^2}{2\sigma^2}} \,\mathrm{d}x$$

$$= \frac{1}{\sqrt{2\pi}\,\sigma} \int_{-\infty}^{+\infty} t \cdot \mathrm{e}^{-\frac{t^2}{2\sigma^2}} \,\mathrm{d}x + \mu \int_{-\infty}^{+\infty} \frac{1}{\sqrt{2\pi}\,\sigma} \mathrm{e}^{-\frac{(x-\mu)^2}{2\sigma^2}} \,\mathrm{d}x = \mu.$$

例 7　随机变量 $X \sim E(\lambda)$，求 $E(X)$.

解　X 的概率密度为

$$f(x) = \begin{cases} \lambda \mathrm{e}^{-\lambda x}, & x > 0, \\ 0, & x \leqslant 0, \end{cases}$$

则

$$E(x) = \int_{-\infty}^{+\infty} x \cdot f(x) \,\mathrm{d}x = \int_{0}^{+\infty} x \cdot \lambda \mathrm{e}^{-\lambda x} \,\mathrm{d}x$$

$$= -x\mathrm{e}^{-\lambda x} \Big|_{0}^{+\infty} + \int_{0}^{+\infty} \mathrm{e}^{-\lambda x} \,\mathrm{d}x = -\frac{1}{\lambda} \mathrm{e}^{-\lambda x} \Big|_{0}^{+\infty} = \frac{1}{\lambda}.$$

例 8　设随机变量 X 的概率密度为

$$f(x) = \begin{cases} x, & 0 < x < 1, \\ 2-x, & 1 \leqslant x < 2, \\ 0, & \text{其他}. \end{cases}$$

求 $E(X)$.

解　$E(X) = \int_{-\infty}^{+\infty} xf(x) \,\mathrm{d}x = \int_{0}^{1} x^2 \,\mathrm{d}x + \int_{1}^{2} x(2-x) \,\mathrm{d}x = \frac{1}{3} + \frac{2}{3} = 1.$

二、随机变量函数的数学期望

在实际问题中,我们常常要研究一个随机变量函数的数学期望. 例如,飞机的机翼受到的正压力 $F = kV^2$（V 为风速,k 是常数,$k>0$）,如何利用 V 的分布求出 F 的数学期望? 一种方法是先求出 F 的分布,再根据数学期望的定义计算 F 的数学期望,但是 F 的分布不易得到或者比较复杂.那么,是否可以不求 F 的分布,而是直接由 V 的分布求出 F 的数学期望? 下面的定理给出一个简捷的方法.

定理 1　设 Y 是随机变量 X 的函数 $Y=g(X)$（g 是连续函数）.

（1）若 X 是离散型随机变量,其分布律为 $P\{X=x_k\}=p_k$, $k=1,2,\cdots$,且 $\sum\limits_{k=1}^{\infty} g(x_k)p_k$ 绝对收敛,则有

$$E(Y)=E[g(X)]=\sum_{k=1}^{\infty} g(x_k)p_k.$$

（2）若 X 是连续型随机变量,其概率密度为 $f(x)$,且 $\int_{-\infty}^{+\infty} g(x)f(x)\,\mathrm{d}x$ 绝对收敛,则有

$$E(Y)=E[g(X)]=\int_{-\infty}^{+\infty} g(x)f(x)\,\mathrm{d}x.$$

结论(2)的严格证明超出了本书的范围,现就结论(1)加以证明.

证　由第二章第五节结论知,Y 的分布律为

Y	$g(x_1)$	$g(x_2)$	$\cdots$	$g(x_k)$	$\cdots$
p_k	p_1	p_2	$\cdots$	p_k	$\cdots$

表中如果有若干个 $g(x_i)$ 相同,则将所有这些项合为一项,对应的概率则是它们原来对应的概率之和. 所以,$E(Y)=\sum\limits_{k=1}^{\infty} g(x_k)p_k.$ 即证.

上述结论还可推广到多维随机变量的情形. 设函数 $g(x,y)$ 为连续函数.

若二维随机变量 (X,Y) 的分布律为

$$P\{X=x_i,Y=y_j\}=p_{ij},\quad i,j=1,2,\cdots,$$

则 $Z=g(X,Y)$ 的数学期望为

$$E(Z)=E[g(X,Y)]=\sum_{j=1}^{\infty}\sum_{i=1}^{\infty} g(x_i,y_j)p_{ij},$$

其中,上式右边的级数绝对收敛.

若随机变量 (X,Y) 的概率密度为 $f(x,y)$,则 $Z=(X,Y)$ 的数学期望为

$$E(Z)=E[g(X,Y)]=\int_{-\infty}^{+\infty}\int_{-\infty}^{+\infty} g(x,y)f(x,y)\,\mathrm{d}x\mathrm{d}y,$$

其中,上式右边的积分绝对收敛.

通过上面的结论,我们可以不用求随机变量的函数的分布,而直接求出其函数的期望,因而它们在计算期望时非常有用.

例 9　设随机变量 X 的分布律为

X	-1	0	1	2
p_k	$\dfrac{1}{8}$	$\dfrac{1}{2}$	$\dfrac{1}{8}$	$\dfrac{1}{4}$

试求（1）$E(X)$；（2）$E(X^2)$；（3）$E(3X+1)$.

解　（1）$E(X)=(-1)\times\dfrac{1}{8}+0\times\dfrac{1}{2}+1\times\dfrac{1}{8}+2\times\dfrac{1}{4}=\dfrac{1}{2}$；

（2）$E(X^2)=(-1)^2\times\dfrac{1}{8}+0^2\times\dfrac{1}{2}+1^2\times\dfrac{1}{8}+2^2\times\dfrac{1}{4}=\dfrac{5}{4}$；

（3）$E(3X+1)=(3(-1)+1)\times\dfrac{1}{8}+(3\times0+1)\times\dfrac{1}{2}+(3\times1+1)\times\dfrac{1}{8}+(3\times2+1)\times\dfrac{1}{4}$

$\qquad\qquad =\dfrac{5}{2}.$

例 10　设风速 V 在区间 $(0,a)$ 上服从均匀分布，飞机的机翼受到的正压力 $F=kV^2$（k 是常数，$k>0$），试求 $E(F)$.

解　风速 V 的概率密度为 $f(v)=\begin{cases}\dfrac{1}{a}, & 0<v<a,\\ 0, & 其他,\end{cases}$

$$E(F)=E(kv^2)=\int_{-\infty}^{+\infty}kv^2f(v)\,\mathrm{d}v=\int_0^a kv^2\dfrac{1}{a}\mathrm{d}v=\dfrac{1}{3}ka^2.$$

例 11　已知圆的半径 R 服从区间 $[1,2]$ 上的均匀分布，求圆面积的数学期望.

解　$R\sim U(1,2)$，则 R 的概率密度为

$$f(x)=\begin{cases}1, & 1\leqslant x\leqslant 2,\\ 0, & 其他.\end{cases}$$

圆面积 $S=\pi R^2$ 是 R 的函数，所以 S 的期望

$$E(S)=E(\pi R^2)=\int_{-\infty}^{+\infty}\pi x^2f(x)\,\mathrm{d}x$$

$$=\int_1^2\pi x^2\mathrm{d}x=\dfrac{7}{3}\pi.$$

例 12　国际市场每年对我国某种商品的需求量（单位：t）是随机变量 X，它服从区间 $[2\,000,4\,000]$ 上的均匀分布. 已知每售出 1 t 可挣得外汇 3 万元，但如果售不出去而积压，则每吨需花费库存费用及其他损失共 1 万元. 问需组织多少货源才能使国家收益期望最大？

解　设组织货源为 a t，则 $a\in[2\,000,4\,000]$，按题意，设国家收益为随机变量 Y，

则它是需求量 X 的函数.

$$Y=g(X)=\begin{cases}3X-(a-X), & X<a,\\ 3a, & X\geqslant a.\end{cases}$$

因为 $X\sim U[2\,000,4\,000]$,故其概率密度为

$$f(x)=\begin{cases}\dfrac{1}{2\,000}, & 2\,000\leqslant x\leqslant 4\,000,\\ 0, & \text{其他}.\end{cases}$$

国家收益的期望

$$E(Y)=E[g(X)]=\int_{-\infty}^{+\infty}g(x)f(x)\,\mathrm{d}x$$

$$=\int_{2\,000}^{a}[3x-(a-x)]\frac{1}{2\,000}\mathrm{d}x+\int_{a}^{4\,000}3a\,\frac{1}{2\,000}\mathrm{d}x$$

$$=\frac{1}{2\,000}(-2a^2+14\,000a-8\,000\,000).$$

当 $a=3\,500$ 时,$E(Y)$ 达到最大值,也就是说组织货源 3 500 t 时,国家的收益期望最大.

三、数学期望的性质

现在我们给出期望的一些重要性质,它们在计算期望时都是很有用的结论.

以下设所出现的随机变量的数学期望都是存在的. 另外,在概率论中,通常把常数(记作 C)视为一个随机变量 X,即 $P\{X=C\}=1$.

定理 2 (1) 设 C 是常数,则 $E(C)=C$;

(2) 设 X 是随机变量,C 是常数,则 $E(CX)=CE(X)$;

(3) 设 X,Y 是两个随机变量,则 $E(X+Y)=E(X)+E(Y)$;

(4) 当 X 与 Y 相互独立时,$E(XY)=E(X)E(Y)$;

(5) (X,Y) 是任一二维随机变量,则 $[E(XY)]^2\leqslant E(X^2)E(Y^2)$.

性质(5)称为柯西-施瓦茨不等式.

证 性质(1)(2)容易证明,现在我们来证(3)—(5).

设 (X,Y) 为连续型随机变量,概率密度为 $f(x,y)$,其边缘概率密度为 $f_X(x)$ 和 $f_Y(y)$,则

$$E(X+Y)=\int_{-\infty}^{+\infty}\int_{-\infty}^{+\infty}(x+y)f(x,y)\,\mathrm{d}x\mathrm{d}y$$

$$=\int_{-\infty}^{+\infty}x\mathrm{d}x\int_{-\infty}^{+\infty}f(x,y)\,\mathrm{d}y+\int_{-\infty}^{+\infty}y\mathrm{d}y\int_{-\infty}^{+\infty}f(x,y)\,\mathrm{d}x$$

$$=\int_{-\infty}^{+\infty}xf_X(x)\,\mathrm{d}x+\int_{-\infty}^{+\infty}yf_Y(y)\,\mathrm{d}y$$

$$=E(X)+E(Y).$$

若 X 和 Y 相互独立,则 $f(x,y)=f_X(x)f_Y(y)$,

$$
\begin{aligned}
E(XY) &= \int_{-\infty}^{+\infty} \int_{-\infty}^{+\infty} xyf(x,y)\,\mathrm{d}x\mathrm{d}y \\
&= \int_{-\infty}^{+\infty} xf_X(x)\,\mathrm{d}x \cdot \int_{-\infty}^{+\infty} yf_Y(y)\,\mathrm{d}y \\
&= E(X)E(Y).
\end{aligned}
$$

若 (X,Y) 为离散型随机变量,则将上面的"积分"改为"和式",就得到性质(3)(4)关于离散型随机变量情况的证明. 容易知道,性质(3)和(4)还可以推广到多个随机变量的情形.

对于性质(5),任取实数 t,二次函数

$$
\begin{aligned}
h(t) &= E\big[(tX-Y)^2\big] \\
&= E(t^2X^2-2tXY+Y^2) \\
&= t^2E(X^2)-2tE(XY)+E(Y^2),
\end{aligned}
$$

而随机变量 $(tX-Y)^2$ 取非负值,所以恒有 $h(t) \geqslant 0$,判别式

$$
\Delta = \big[2E(XY)\big]^2-4E(X^2)E(Y^2) \leqslant 0,
$$

即

$$
\big[E(XY)\big]^2 \leqslant E(X^2)E(Y^2).
$$

上式等号成立的充要条件是方程 $h(t)=0$ 有两个相等实根.

期望的性质在理论证明和计算上都有很重要的作用,下面举一个例子来说明.

例 13(鞋子配对问题) n 双不同的鞋子共 $2n$ 只,充分混合以后再分成 n 堆,每堆 2 只. 以 X 记"恰好配成一双"的堆数,求 $E(X)$.

第四章第一节例 13 解答

习题 4-1

1. 设随机变量 X 的分布律为

X	-2	0	1
p_k	0.3	0.2	0.5

求:

(1) $E(X)$;

(2) $E(X^2)$;

(3) $E(3X^2+5)$.

2. 甲、乙两人打靶,所得环数分别记为 X_1,X_2,它们的分布律分别为

X_1	8	9	10
p_k	0	0.2	0.8

X_2	8	9	10
p_k	0.6	0.3	0.1

试评定他们成绩的好坏.

3. 工程队完成某项工程的时间(单位:天)$X \sim N(100,16)$,甲方规定若工程在 100 天内完成,发奖金 10 000 元;若在 112 天内完成,只发奖金 1 000 元;若完工时间超过 112 天,则罚款 5 000 元. 求该工程队完成此工程时获奖的数学期望.

4. 设连续型随机变量 X 的概率密度为

$$f(x) = \begin{cases} a + bx^2, & 0 < x < 1, \\ 0, & \text{其他.} \end{cases}$$

且 $E(X) = \dfrac{3}{5}$,求:

(1) 常数 a, b 的值;

(2) $E\{[X - E(X)]^2\}$.

5. 设随机变量 (X, Y) 的分布律为

			X	
		1	2	3
	-1	0.2	0.1	0.0
Y	0	0.1	0.0	0.3
	1	0.1	0.1	0.1

求:

(1) $E(X), E(Y)$;

(2) $E(XY)$;

(3) $E[(X-Y)^2]$.

6. 设随机变量 (X, Y) 的概率密度为

$$f(x, y) = \begin{cases} 12y^2, & 0 \leq y \leq x \leq 1, \\ 0, & \text{其他.} \end{cases}$$

求:

(1) $E(X), E(Y)$;

(2) $E(XY)$;

(3) $E(X^2 + Y^2)$.

7. 某种商品每周内的需求量 X 服从区间 $[10,30]$ 上的均匀分布,商店进货数量为 $[10,30]$ 中的某一整数. 已知商店每销售 1 件可获利 500 元,若供大于求则折价处理,每处理 1 件亏损 100 元;若供不应求则缺货部分从别处调剂供应,此时售出 1 件只获利 300 元. 为使商店平均利润不少于 9 280 元,试确定最少进货量.

8. 将 n 只球(编号为 1—n)随机地放入 n 个盒子(编号为 1—n),每个盒子只能放一只球. 若第 i

号球放入第 i 号盒子称为一个配对,记 X 为配对的个数,求 $E(X)$.

9. 设随机变量 $X_i \sim N(\mu_i, \sigma_i^2)$, $i = 1, 2, 3, 4$,且 X_1, X_2, X_3, X_4 相互独立. 记 $Y = \begin{vmatrix} X_1 & X_2 \\ X_3 & X_4 \end{vmatrix}$,求 $E(Y)$.

第二节　方差与标准差

随机变量的期望从整体上反映了随机变量的平均取值,但在实际分析问题中有很大的局限性. 例如,两批灯泡的平均使用寿命(使用寿命的平均值)均是 1 000 h,仅从这个数量指标我们还不能认定两批灯泡的质量一样,因为有可能其中一批中绝大部分灯泡的使用寿命都在 950 h 到 1 050 h 之间,而另一批中一半质量很好,使用寿命为 1 300 h,另一半质量却很差,使用寿命只有 700 h.

从上面的例子可以看出,评价灯泡的质量的好坏,仅仅考察随机变量的数学期望是不够的,还应该考察随机变量的取值与其数学期望的偏离程度. 若偏离程度较小,则灯泡的质量比较稳定,因此研究随机变量与其数学期望的偏离程度十分重要. 那么用什么量去表示这种偏离程度呢? 一般地,可以用随机变量 $|X - E(X)|$ 的平均值 $E\{|X - E(X)|\}$ 来表示,但是为了运算方便,通常用 $E\{[X - E(X)]^2\}$ 来表示 X 与 $E(X)$ 的偏离程度,这就是下面引入的方差的概念.

定义 1　设 X 是一个随机变量,若 $E\{[X - E(X)]^2\}$ 存在,则 $E\{[X - E(X)]^2\}$ 称为 X 的方差,记为 $D(X)$,即

$$D(X) = E\{[X - E(X)]^2\}.$$

此时,$\sqrt{D(X)}$ 称为 X 的标准差(或均方差),记为 $\sigma(X)$,或 σ_X.

按定义,随机变量 X 的方差表示 X 的取值与其数学期望的偏离程度. 若 X 取值比较集中,则 $D(X)$ 较小;反之,若 X 的取值比较分散,则 $D(X)$ 较大. 因此,$D(X)$ 刻画了 X 取值的集中程度. 标准差 $\sigma(X)$ 与 X 有相同的量纲,它同样是衡量 X 取值集中程度的一个尺度.

由定义,X 的方差本质上是 X 的函数 $g(X) = [X - E(X)]^2$ 的数学期望,按函数的期望计算公式,若 X 为离散型随机变量,其分布律为 $P\{X = x_k\} = p_k$, $k = 1, 2, \cdots$,则

$$D(X) = \sum_{k=1}^{\infty} [x_k - E(X)]^2 p_k.$$

若 X 为连续型随机变量,且概率密度为 $f(x)$,则

$$D(X) = \int_{-\infty}^{+\infty} [x - E(X)]^2 f(x) \, dx.$$

在实际计算时用得更多的是下面的公式:

$$D(X) = E(X^2) - [E(X)]^2.$$

这个公式可由期望的性质推得

$$
\begin{aligned}
D(X) &= E\{[X - E(X)]^2\} \\
&= E\{X^2 - 2E(X)X + [E(X)]^2\} \\
&= E(X^2) - 2E(X)E(X) + [E(X)]^2 \\
&= E(X^2) - [E(X)]^2.
\end{aligned}
$$

例1　设随机变量 $X \sim b(1, p)$,求 $D(X)$.

解　X 的分布律为 $P\{X = 1\} = p, P\{X = 0\} = 1 - p$. 所以,

$$E(X) = 1 \cdot p + 0 \cdot (1 - p) = p,$$

$$E(X^2) = 1^2 \cdot p + 0^2 \cdot (1 - p) = p.$$

因此,

$$D(X) = E(X^2) - [E(X)]^2 = p - p^2 = p(1 - p).$$

例2　设随机变量 $X \sim \pi(\lambda)$,求 $D(X)$.

解　X 的分布律为 $P\{X = k\} = \dfrac{\lambda^k e^{-\lambda}}{k!}, k = 0, 1, 2, \cdots, \lambda > 0.$ 由上一节例4知,$E(X) = \lambda$,而

$$
\begin{aligned}
E(X^2) &= E[X(X-1) + X] = E[X(X-1)] + E(X) \\
&= \sum_{k=0}^{\infty} k(k-1)\frac{\lambda^k e^{-\lambda}}{k!} + \lambda = \lambda^2 e^{-\lambda} \sum_{k=2}^{\infty} \frac{\lambda^{k-2}}{(k-2)!} + \lambda \\
&= \lambda^2 e^{-\lambda} e^{\lambda} + \lambda = \lambda^2 + \lambda.
\end{aligned}
$$

所以,

$$D(X) = E(X^2) - [E(X)]^2 = \lambda.$$

例3　设随机变量 $X \sim U(a, b)$,求 $D(X)$.

解　X 的概率密度为

$$
f(x) = \begin{cases} \dfrac{1}{b-a}, & a < x < b, \\ 0, & \text{其他}, \end{cases}
$$

则

$$E(X) = \frac{a+b}{2}, \quad E(X^2) = \int_a^b x^2 \cdot \frac{1}{b-a} \mathrm{d}x = \frac{a^2 + ab + b^2}{3},$$

故

$$D(X) = E(X^2) - [E(X)]^2 = \frac{b^3 - a^3}{3(b-a)} - \left(\frac{a+b}{2}\right)^2 = \frac{(b-a)^2}{12}.$$

例 4　已知随机变量 X 的概率密度为

$$f(x)=\begin{cases} x, & 0<x<1,\\ 2-x, & 1\leqslant x<2,\\ 0, & 其他. \end{cases}$$

求 $D(X)$.

解　由上一节例 8 知，$E(X)=1$. 而

$$E(X^2)=\int_{-\infty}^{+\infty}x^2 f(x)\,dx=\int_0^1 x^3\,dx+\int_1^2 x^2(2-x)\,dx$$
$$=\frac{1}{4}+\left(\frac{14}{3}-\frac{15}{4}\right)=\frac{7}{6}.$$

所以，

$$D(X)=E(X^2)-[E(X)]^2=\frac{7}{6}-1=\frac{1}{6}.$$

下面，我们给出方差的几个性质，假设以下出现的方差均存在.

定理 1　设 C 是常数.

(1) $D(C)=0$；反之，若某个随机变量 X 的方差为 0，则有 $P\{X=C\}=1$，其中，$C=E(X)$；

(2) $D(CX)=C^2 D(X)$，$D(X+C)=D(X)$；

(3) 设 X 与 Y 是两个随机变量，则有

$$D(X+Y)=D(X)+D(Y)+2E\{[X-E(X)][Y-E(Y)]\};$$

特别地，若 X 与 Y 相互独立，则 $D(X+Y)=D(X)+D(Y)$.

证　(1) 因为 $E(C)=C$，$E(C^2)=C^2$，所以，

$$D(C)=E(C^2)-[E(C)]^2=0.$$

反之，若 $D(X)=0$，现就离散型的情形来证明 $P\{X=C\}=1$，其中，$C=E(X)$.

设 X 的分布律为 $P\{X=x_k\}=p_k,k=1,2,\cdots$，设 $E(X)=C$，若 $P\{X=C\}\neq 1$，则必存在 $a\neq C$，使 $P\{X=a\}=p>0$. 而

$$D(X)=\sum_{k=1}^{\infty}(x_k-C)^2 p_k\geqslant(a-C)^2 p>0,$$

这与 $D(X)=0$ 矛盾. 所以，$P\{X=C\}=1$.

(2)　$$D(CX)=E\{[CX-E(CX)]^2\}=E\{C^2[X-E(X)]^2\}$$
$$=C^2 E\{[X-E(X)]^2\}=C^2 D(X).$$
$$D(X+C)=E\{[X+C-E(X+C)]^2\}$$
$$=E\{[X-E(X)]^2\}=D(X).$$

由此我们得到更为一般的结果：

$$D(CX+d)=C^2 D(X),\quad C,d\ 为常数.$$

（3）$D(X+Y)=E\{[(X+Y)-E(X+Y)]^2\}$

$\qquad\qquad =E\{[(X-E(X))+(Y-E(Y))]^2\}$

$\qquad\qquad =E\{[X-E(X)]^2+[Y-E(Y)]^2+2[X-E(X)][Y-E(Y)]\}$

$\qquad\qquad =D(X)+D(Y)+2E\{[X-E(X)][Y-E(Y)]\}.$

特别地，若 X 与 Y 相互独立，则 $X-E(X)$ 与 $Y-E(Y)$ 相互独立，所以

$$E\{[X-E(X)][Y-E(Y)]\}=E[X-E(X)]E[Y-E(Y)]=0.$$

即

$$D(X+Y)=D(X)+D(Y).$$

性质（3）可以推广到有限多个随机变量的情形. 由性质（2）与（3）知，若 X 与 Y 相互独立，则

$$D(aX\pm bY)=a^2D(X)+b^2D(Y).$$

例5 设随机变量 $X\sim b(n,p)$，求 $D(X)$.

解 由二项分布的定义，X 是 n 重伯努利试验中事件 A 发生的次数，其中，$P(A)=p$. 若设

$$X_i=\begin{cases}1, & \text{第 } i \text{ 次试验中 } A \text{ 发生,} \\ 0, & \text{第 } i \text{ 次试验中 } A \text{ 不发生,}\end{cases} \quad i=1,2,\cdots,n,$$

则 $X_1,X_2,\cdots,X_n$ 相互独立，且 $X_i\sim b(1,p)$，$i=1,2,\cdots,n$. 因此，

$$D(X_i)=p(1-p), \quad i=1,2,\cdots,n.$$

而 $X=X_1+X_2+\cdots+X_n$，所以

$$D(X)=\sum_{i=1}^{n}D(X_i)=np(1-p).$$

例6 设随机变量 $X\sim N(\mu,\sigma^2)$，求 $D(X)$.

解 因为 $X\sim N(\mu,\sigma^2)$，而 $Z=\dfrac{X-\mu}{\sigma}\sim N(0,1)$，$E(Z)=0$，且

$$D(Z)=E(Z^2)-[E(Z)]^2=\int_{-\infty}^{+\infty}x^2\frac{1}{\sqrt{2\pi}}\mathrm{e}^{-\frac{x^2}{2}}\mathrm{d}x-0$$

$$=-\frac{x}{\sqrt{2\pi}}\mathrm{e}^{-\frac{x^2}{2}}\Big|_{-\infty}^{+\infty}+\int_{-\infty}^{+\infty}\frac{1}{\sqrt{2\pi}}\mathrm{e}^{-\frac{x^2}{2}}\mathrm{d}x=1,$$

所以

$$D(X)=D(\sigma Z+\mu)=\sigma^2D(Z)=\sigma^2.$$

例7 设随机变量 $X\sim E(\lambda)$，求 $D(X)$.

解 X 的概率密度为

$$f(x)=\begin{cases}\lambda\mathrm{e}^{-\lambda x}, & x>0, \\ 0, & x\leqslant 0,\end{cases}$$

因为

$$E(x) = \frac{1}{\lambda}, \quad E(X^2) = \int_0^{+\infty} x^2 \cdot \lambda \, e^{-\lambda x} dx = \frac{2}{\lambda^2},$$

所以

$$D(X) = E(X^2) - [E(X)]^2 = \frac{2}{\lambda^2} - \left(\frac{1}{\lambda}\right)^2 = \frac{1}{\lambda^2}.$$

由例 6 知，正态分布的两个参数 μ 和 σ^2 分别就是其数学期望和方差，因而正态分布完全由其期望和方差决定. 在前面我们曾经讲到：若 $X_i \sim N(\mu_i, \sigma_i^2)$，$i = 1, 2, \cdots, n$，且 $X_1, X_2, \cdots, X_n$ 相互独立，则

$$C_1 X_1 + C_2 X_2 + \cdots + C_n X_n$$

服从正态分布（其中，$C_1, C_2, \cdots, C_n$ 是不全为 0 的常数）. 由于

$$E\left(\sum_{i=1}^n C_i X_i\right) = \sum_{i=1}^n E(C_i X_i) = \sum_{i=1}^n C_i \mu_i,$$

$$D\left(\sum_{i=1}^n C_i X_i\right) = \sum_{i=1}^n D(C_i X_i) = \sum_{i=1}^n C_i^2 \sigma_i^2,$$

因此，

$$C_1 X_1 + C_2 X_2 + \cdots + C_n X_n \sim N\left(\sum_{i=1}^n C_i \mu_i, \sum_{i=1}^n C_i^2 \sigma_i^2\right).$$

例如，若 $X \sim N(1, 2)$，$Y \sim N(2, 3)$，且 X 与 Y 相互独立，则 $2X - 4Y$ 也服从正态分布. 由于

$$E(2X - 4Y) = 2 \times 1 - 4 \times 2 = -6, \quad D(2X - 4Y) = 4 \times 2 + 16 \times 3 = 56,$$

因此，$2X - 4Y \sim N(-6, 56)$.

对于一些重要的分布，其数字特征（数学期望、方差）往往与分布中的参数有关，在实际问题中经常用到. 下表列出了常见分布的数字特征：

分布	分布律或者概率密度	数学期望	方差
(0-1) 分布	$P\{X=1\} = p, P\{X=0\} = 1-p$	p	$p(1-p)$
二项分布	$P\{X=k\} = C_n^k p^k (1-p)^{n-k}, k = 0, 1, \cdots, n$	np	$np(1-p)$
几何分布	$P\{X=k\} = p(1-p)^{k-1}, k = 1, 2, \cdots$	$\dfrac{1}{p}$	$\dfrac{1-p}{p^2}$
泊松分布	$P\{X=k\} = \dfrac{\lambda^k}{k!} e^{-\lambda}, k = 0, 1, 2, \cdots$	λ	λ
均匀分布	$f(x) = \begin{cases} \dfrac{1}{b-a}, & a < x < b, \\ 0, & \text{其他} \end{cases}$	$\dfrac{a+b}{2}$	$\dfrac{(b-a)^2}{12}$

续表

分布	分布律或者概率密度	数学期望	方差
指数分布	$f(x)=\begin{cases}\lambda e^{-\lambda x}, & x>0,\\ 0, & x\leqslant 0\end{cases}$	$\dfrac{1}{\lambda}$	$\dfrac{1}{\lambda^2}$
标准正态分布	$f(x)=\dfrac{1}{\sqrt{2\pi}}e^{-\frac{x^2}{2}},\ -\infty<x<+\infty$	0	1
正态分布	$f(x)=\dfrac{1}{\sqrt{2\pi}\sigma}e^{-\frac{(x-\mu)^2}{2\sigma^2}},\ -\infty<x<+\infty$	μ	σ^2

习题 4-2

1. 设随机变量 X 的分布律为

X	-2	0	2
p_k	0.4	0.3	0.3

求 $D(X),D(X^2)$.

2. 设随机变量 X 服从几何分布,分布律为 $P\{X=k\}=p(1-p)^{k-1},k=1,2,\cdots$,其中,$0<p<1$ 是常数,求 $E(X),D(X)$.

3. 设矩形的长 $X\sim U(0,2)$,且矩形周长为 20,求该矩形面积的期望和方差.

4. 设随机变量 X 与 Y 相互独立,且 $E(X)=E(Y)=2,D(X)=D(Y)=1$,求 $E[(X+Y)^2]$.

5. 设随机变量 X 的概率密度为

$$f(x)=\begin{cases}x, & 0\leqslant x<1,\\ 2-x, & 1\leqslant x<2,\\ 0, & \text{其他}.\end{cases}$$

求 $E(X^4),D(X^2)$.

6. 实验室中共有 n 台仪器,第 i 台仪器发生故障的概率为 $p_i,i=1,2,\cdots,n$. 设各台仪器发生故障是相互独立的. 记 X 为实验室中发生故障的仪器台数,求 $E(X),D(X)$.

7. 设随机变量 X 与 Y 相互独立,且 $E(X)=E(Y)=1,D(X)=2,D(Y)=3$. 求 $D(XY)$.

8. 设 X 为随机变量,$Y=\dfrac{X-E(X)}{\sqrt{D(X)}}$叫做 X 的标准化随机变量,求 $E(Y),D(Y)$.

9. 设 X 为随机变量,C 是常数,且 $C\neq E(X)$,证明:$D(X)<E[(X-C)^2]$.

10. 设活塞直径(单位:cm)$X\sim N(22.40,0.03^2)$,气缸直径(单位:cm)$Y\sim N(22.50,0.04^2)$,且 X 与 Y 相互独立.任取一只活塞和一个气缸,求活塞能装入气缸的概率.

11. 求习题 4-1 第 8 题中随机变量 X 的方差 $D(X)$.

第三节 协方差与相关系数

对于二维随机变量 (X,Y), X 和 Y 的期望和方差反映了 X 和 Y 取值的特点, 但并没有体现出 X 和 Y 之间的相互关系, 本节就来讨论有关这方面的数字特征. 假设本节出现的期望均存在.

一、协方差

前一节我们已经证明过, 若随机变量 X 与 Y 相互独立, 则

$$E\{[X-E(X)][Y-E(Y)]\} = 0.$$

反之, 若 $E\{[X-E(X)][Y-E(Y)]\} \neq 0$, 则 X 与 Y 存在一定的关系. 下面我们就来讨论这种关系, 首先给出如下定义.

定义 1 设二维随机变量 (X,Y), 称 $E\{[X-E(X)][Y-E(Y)]\}$ 为随机变量 X 与 Y 的协方差, 记为 $\mathrm{cov}(X,Y)$, 即

$$\mathrm{cov}(X,Y) = E\{[X-E(X)][Y-E(Y)]\}.$$

由定义可知, $\mathrm{cov}(X,X) = D(X)$, 由方差的性质知

$$D(X+Y) = D(X) + D(Y) + 2\mathrm{cov}(X,Y).$$

计算随机变量 X 与 Y 的协方差, 实际上就是计算 $E\{[X-E(X)][Y-E(Y)]\}$. 因此, 若随机变量 (X,Y) 为离散型随机变量, 且分布律为

$$P\{X=x_i, Y=y_j\} = p_{ij}, \quad i,j = 1,2,\cdots,$$

则

$$\mathrm{cov}(X,Y) = \sum_{i=1}^{\infty} \sum_{j=1}^{\infty} [x_i - E(X)][y_i - E(Y)]p_{ij};$$

若随机变量 (X,Y) 为连续型随机变量, 且概率密度为 $f(x,y)$, 则

$$\mathrm{cov}(X,Y) = \int_{-\infty}^{+\infty} \int_{-\infty}^{+\infty} [x-E(X)][y-E(Y)]f(x,y)\,\mathrm{d}x\mathrm{d}y.$$

计算随机变量 X 与 Y 的协方差, 我们常常用下面的公式:

$$\mathrm{cov}(X,Y) = E(XY) - E(X)E(Y).$$

它的证明如下:

$$\begin{aligned}
\mathrm{cov}(X,Y) &= E\{[X-E(X)][Y-E(Y)]\} \\
&= E[XY - XE(Y) - YE(X) + E(X)E(Y)] \\
&= E(XY) - E(X)E(Y) - E(Y)E(X) + E(X)E(Y)
\end{aligned}$$

$$= E(XY) - E(X)E(Y).$$

关于协方差的性质,有如下定理:

定理 1 设 k, l, C 是常数.

(1) $\text{cov}(X, Y) = \text{cov}(Y, X)$;

(2) $\text{cov}(kX, lY) = kl\text{cov}(X, Y)$;

(3) $\text{cov}(X, C) = 0$;

(4) $\text{cov}(X_1 + X_2, Y) = \text{cov}(X_1, Y) + \text{cov}(X_2, Y)$.

利用期望的性质,本定理不难证明,读者不妨自己验证. 另外,性质(4)还可以推广到多个随机变量的情形,即

$$\text{cov}\left(\sum_{i=1}^{n} X_i, Y\right) = \sum_{i=1}^{n} \text{cov}(X_i, Y).$$

例 1 试证明: $\text{cov}(X+Y, X-Y) = D(X) - D(Y)$.

证 由协方差的性质,

$$\text{cov}(X+Y, X-Y) = \text{cov}(X+Y, X) - \text{cov}(X+Y, Y)$$
$$= \text{cov}(X, X) + \text{cov}(Y, X) - \text{cov}(X, Y) - \text{cov}(Y, Y)$$
$$= D(X) - D(Y).$$

例 2 设随机变量 X 的分布律为

X	$-\dfrac{\pi}{2}$	0	$\dfrac{\pi}{2}$
p_k	0.3	0.4	0.3

令 $X_1 = \cos X, X_2 = \sin X$,求 $\text{cov}(X_1, X_2)$.

解 因为

$$E(X_1) = \cos\left(-\frac{\pi}{2}\right) \times 0.3 + \cos 0 \times 0.4 + \cos\frac{\pi}{2} \times 0.3 = 0.4,$$

$$E(X_2) = \sin\left(-\frac{\pi}{2}\right) \times 0.3 + \sin 0 \times 0.4 + \sin\frac{\pi}{2} \times 0.3 = 0,$$

$$E(X_1 X_2) = E(\sin X \cos X) = E\left(\frac{1}{2}\sin 2X\right)$$

$$= \frac{1}{2}\sin(-\pi) \times 0.3 + \frac{1}{2}\sin 0 \times 0.4 + \frac{1}{2}\sin \pi \times 0.3 = 0,$$

所以,

$$\text{cov}(X_1, X_2) = E(X_1 X_2) - E(X_1)E(X_2) = 0.$$

二、相关系数

定义 2　设 (X,Y) 是一个二维随机变量，当 $D(X)>0$，$D(Y)>0$ 时，$\dfrac{\mathrm{cov}(X,Y)}{\sqrt{D(X)}\sqrt{D(Y)}}$ 称为 X 与 Y 的相关系数，记为 $\rho(X,Y)$，即

$$\rho(X,Y)=\frac{\mathrm{cov}(X,Y)}{\sqrt{D(X)}\sqrt{D(Y)}}.$$

由定义，显然有 $\rho(X,Y)=\rho(Y,X)$. 而且，$\rho(X,Y)$ 是一个无量纲的量，它的取值反映了 X 与 Y 的相互关联程度. 下面来讨论这个问题.

定理 2　相关系数的性质有

（1）$|\rho(X,Y)|\leqslant 1$；

（2）$|\rho(X,Y)|=1$ 的充要条件是存在常数 a,b，使得 $P\{Y=a+bX\}=1$.

证　（1）取 $X_1=X-E(X)$，$Y_1=Y-E(Y)$，代入柯西-施瓦茨不等式得

$$[E(X_1Y_1)]^2\leqslant E(X_1^2)E(Y_1^2),$$

即

$$[\mathrm{cov}(X,Y)]^2\leqslant D(X)D(Y).$$

即得

$$|\rho(X,Y)|=\left|\frac{\mathrm{cov}(X,Y)}{\sqrt{D(X)}\sqrt{D(Y)}}\right|\leqslant 1.$$

（2）$|\rho(X,Y)|=1$ 等价于 $[\mathrm{cov}(X,Y)]^2=D(X)D(Y)$，即

$$[E(X_1Y_1)]^2=E(X_1^2)E(Y_1^2),$$

这说明柯西-施瓦茨不等式证明中的二次方程 $h(t)=0$ 有重根 t_0，即

$$h(t_0)=E[(t_0X_1-Y_1)^2]=0.$$

又 $E(X_1)=0$，$E(Y_1)=0$，从而 $E(t_0X_1-Y_1)=0$. 所以，

$$D(t_0X_1-Y_1)=E[(t_0X_1-Y_1)^2]-[E(t_0X_1-Y_1)]^2=0.$$

由方差的性质（1）知，$D(t_0X_1-Y_1)=0$ 的充要条件是

$$P\{t_0X_1-Y_1=0\}=1,$$

即

$$P\{t_0[X-E(X)]-[Y-E(Y)]=0\}=1.$$

从而，$P\{Y=a+bX\}=1$，其中，$a=E(Y)-t_0E(X)$，$b=t_0$.

因为 t_0 是方程 $h(t)=E[(tX_1-Y_1)^2]=0$ 的重根，即是

$$t^2E(X_1^2)-2E(X_1Y_1)t+E(Y_1^2)=0$$

的重根，所以，

$$t_0=\frac{2E(X_1Y_1)}{2E(X_1^2)}=\frac{\mathrm{cov}(X,Y)}{D(X)}=\rho(X,Y)\frac{\sqrt{D(X)}\sqrt{D(Y)}}{D(X)},$$

故 $b=t_0$ 说明 b 与 $\rho(X,Y)$ 同号. 当 $\rho(X,Y)=1$ 时,X 与 Y 叫做 正线性相关;当 $\rho(X,Y)=-1$ 时,X 与 Y 叫做 负线性相关. X 与 Y 之间线性联系的程度随着 $|\rho(X,Y)|$ 的减小而减弱. 特别地,当 $|\rho(X,Y)|$ 最小时,我们给出下面的定义.

定义 3 若 $\rho(X,Y)=0$,则 X 和 Y 叫做 不相关.

若 X 和 Y 相互独立,则有 $E(XY)=E(X)E(Y)$,因而必有 $\rho(X,Y)=0$,因此,我们得到下面的定理.

定理 3 若随机变量 X 和 Y 相互独立,则 X 和 Y 必不相关.

需要指出的是,定理 3 的逆命题一般不成立. 这是因为,X 和 Y 不相关只是说明 X 和 Y 之间没有线性关系,它们之间可能存在非线性关系,而相互独立则是就一般关系而言的. 例如,对本节例 2 中的 X_1 与 X_2,我们已经得到 $\mathrm{cov}(X_1,X_2)=0$,故 $\rho(X_1,X_2)=0$,即 X_1 与 X_2 不相关. 但是 X_1 与 X_2 并不相互独立,这是因为

$$P\{X_1=1\}=P\{\cos X=1\}=P\{X=0\}=0.4,$$

$$P\{X_2=1\}=P\{\sin X=1\}=P\left\{X=\frac{\pi}{2}\right\}=0.3,$$

$$P\{X_1=1,X_2=1\}=P\{\cos X=1,\sin X=1\}=0,$$

所以

$$P\{X_1=1,X_2=1\}\neq P\{X_1=1\}P\{X_2=1\}.$$

实际上 X_1 与 X_2 有如下关系:

$$X_1^2+X_2^2=\cos^2 X+\sin^2 X=1,$$

即 X_1 与 X_2 之间存在非线性函数关系.

例 3 设随机变量 $(X,Y)\sim N(\mu_1,\mu_2,\sigma_1^2,\sigma_2^2,\rho)$,证明:$X$ 与 Y 相互独立的充要条件是 X 与 Y 不相关.

证 由于 $X\sim N(\mu_1,\sigma_1^2)$,$Y\sim N(\mu_2,\sigma_2^2)$(见第三章第二节例 5),所以,$E(X)=\mu_1$,$D(X)=\sigma_1^2$,$E(Y)=\mu_2$,$D(Y)=\sigma_2^2$,故

$$\mathrm{cov}(X,Y)=\int_{-\infty}^{+\infty}\int_{-\infty}^{+\infty}(x-\mu_1)(y-\mu_2)\frac{1}{2\pi\sigma_1\sigma_2\sqrt{1-\rho^2}}\cdot$$

$$\exp\left\{\frac{-1}{2(1-\rho^2)}\left[\frac{(x-\mu_1)^2}{\sigma_1^2}-2\rho\frac{(x-\mu_1)(y-\mu_2)}{\sigma_1\sigma_2}+\frac{(y-\mu_2)^2}{\sigma_2^2}\right]\right\}\mathrm{d}x\mathrm{d}y$$

$$=\frac{1}{2\pi\sigma_1\sigma_2\sqrt{1-\rho^2}}\int_{-\infty}^{+\infty}\int_{-\infty}^{+\infty}(x-\mu_1)(y-\mu_2)\cdot$$

$$\exp\left[\frac{-1}{2(1-\rho^2)}\left(\frac{x-\mu_1}{\sigma_1}-\rho\frac{y-\mu_2}{\sigma_2}\right)^2-\frac{(y-\mu_2)^2}{2\sigma_2^2}\right]\mathrm{d}x\mathrm{d}y.$$

令 $t=\dfrac{1}{\sqrt{1-\rho^2}}\left(\dfrac{x-\mu_1}{\sigma_1}-\rho\dfrac{y-\mu_2}{\sigma_2}\right)$,$u=\dfrac{y-\mu_2}{\sigma_2}$,则有

$$\operatorname{cov}(X,Y) = \frac{1}{2\pi} \int_{-\infty}^{+\infty} \int_{-\infty}^{+\infty} (\sigma_1 \sigma_2 \sqrt{1-\rho^2}\, tu + \rho \sigma_1 \sigma_2 u^2)\, \mathrm{e}^{-\frac{u^2+t^2}{2}}\, \mathrm{d}t\mathrm{d}u$$

$$= \frac{\rho \sigma_1 \sigma_2}{2\pi} \left(\int_{-\infty}^{+\infty} u^2 \mathrm{e}^{-\frac{u^2}{2}}\, \mathrm{d}u \right) \left(\int_{-\infty}^{+\infty} \mathrm{e}^{-\frac{t^2}{2}}\, \mathrm{d}t \right) +$$

$$\frac{\sigma_1 \sigma_2 \sqrt{1-\rho^2}}{2\pi} \left(\int_{-\infty}^{+\infty} u \mathrm{e}^{-\frac{u^2}{2}}\, \mathrm{d}u \right) \left(\int_{-\infty}^{+\infty} t \mathrm{e}^{-\frac{t^2}{2}}\, \mathrm{d}t \right)$$

$$= \frac{\rho \sigma_1 \sigma_2}{2\pi} \sqrt{2\pi} \cdot \sqrt{2\pi} = \rho \sigma_1 \sigma_2,$$

所以,

$$\rho(X,Y) = \frac{\operatorname{cov}(X,Y)}{\sqrt{D(X)}\sqrt{D(Y)}} = \rho,$$

即二维正态随机变量 (X,Y) 概率密度中的参数 ρ 正好是 X 和 Y 的相关系数. 再由第三章第四节例 2 的结论知: X 与 Y 相互独立的充要条件是 $\rho = 0$,即 X 和 Y 不相关.

例 4　设随机变量 X_1 与 X_2 相互独立,且都服从正态分布 $N(\mu, \sigma^2)$,又

$$Y_1 = aX_1 + bX_2, \quad Y_2 = aX_1 - bX_2,$$

其中 a,b 均为常数,求 Y_1, Y_2 的相关系数 $\rho_{Y_1 Y_2}$.

解　因为 X_1 与 X_2 相互独立,所以 $\operatorname{cov}(X_1, X_2) = 0$,由协方差的性质得

$$\operatorname{cov}(Y_1, Y_2) = \operatorname{cov}(aX_1 + bX_2, aX_1 - bX_2) = a^2 \operatorname{cov}(X_1, X_1) - b^2 \operatorname{cov}(X_2, X_2)$$

$$= a^2 D(X_1) - b^2 D(X_2) = (a^2 - b^2)\sigma^2.$$

再由方差的性质,

$$D(Y_1) = D(aX_1 + bX_2) = a^2 D(X_1) + b^2 D(X_2) = (a^2 + b^2)\sigma^2,$$

$$D(Y_2) = D(aX_1 - bX_2) = a^2 D(X_1) + b^2 D(X_2) = (a^2 + b^2)\sigma^2,$$

故

$$\rho_{Y_1 Y_2} = \frac{\operatorname{cov}(Y_1, Y_2)}{\sqrt{D(Y_1)}\sqrt{D(Y_2)}} = \frac{a^2 - b^2}{a^2 + b^2}.$$

例 5　若二维随机变量 (X,Y) 服从单位圆内的均匀分布,证明: X, Y 不相关,也不相互独立.

第四章第三节例 5 解答

习题 4-3

1. 设随机变量 (X,Y) 的概率密度为

$$f(x,y) = \begin{cases} 8xy, & 0 < x < 1, 0 < y < x, \\ 0, & \text{其他}. \end{cases}$$

求 $E(X),E(Y),\mathrm{cov}(X,Y)$.

2. 设随机变量 (X,Y) 的联合分布律为

		X			
		0	1	2	3
Y	1	0	$\frac{3}{8}$	$\frac{3}{8}$	0
	3	$\frac{1}{8}$	0	0	$\frac{1}{8}$

证明 X 与 Y 不相关,但 X 与 Y 不是相互独立的.

3. 设随机变量 (X,Y) 的概率密度为

$$f(x,y)=\begin{cases}1, & 0<x<1,\ |y|<x,\\ 0, & \text{其他}.\end{cases}$$

问

(1) X 与 Y 是否不相关?

(2) X 与 Y 是否相互独立?

4. 已知 $E(Z)=-1,D(X)=D(Y)=D(Z)=1,\rho(X,Y)=0,\rho(X,Z)=\frac{1}{2},\rho(Y,Z)=-\frac{1}{2}$,求 $D(X+Y+Z)$.

5. 已知随机变量 $X\sim N(1,9)$ 和 $Y\sim N(0,16),\rho(X,Y)=-\frac{1}{2}$,设 $Z=\frac{X}{3}+\frac{Y}{2}$. 求:

(1) Z 的数学期望和方差;

(2) X 与 Z 的相关系数 $\rho(X,Z)$.

6. 求常数 a,b,使 $E[Y-(bX+a)]^2$ 达到最小,并求最小值.

7. 设随机变量 $X\sim N(\mu_1,\sigma_1^2),Y\sim N(\mu_2,\sigma_2^2)$,且 X 与 Y 相互独立,试求 $Z_1=\alpha X+\beta Y$ 与 $Z_2=\alpha X-\beta Y$ 的相关系数(其中,α,β 是不为零的常数).

8. 设随机变量 $(X,Y)\sim N(\mu_1,\mu_2,\sigma_1^2,\sigma_2^2,\rho)$. 证明:当 $W=X-aY$ 与 $V=X+aY$ 相互独立时,有 $a^2=\frac{\sigma_1^2}{\sigma_2^2}$.

9. 设随机变量 X_1 与 X_2 的相关系数 $\rho(X_1,X_2)$ 存在. 证明:$Y_1=a_1X_1+b_1$ 与 $Y_2=a_2X_2+b_2$ 的相关系数 $\rho(Y_1,Y_2)=\frac{a_1a_2}{|a_1a_2|}\rho(X_1,X_2)$.

10. 将一枚硬币重复掷 n 次,以 X 和 Y 分别表示正面向上和反面向上的次数,求 $\rho(X,Y)$.

第四节　矩与协方差矩阵

本节我们介绍随机变量的另外几个数字特征.

定义 1　设 X 是随机变量,并设下面的 $E[g(X)]$ 存在,k,l 为正整数.

（1）令 $g(x)=x^k$,则 $E[g(X)]=E(X^k)$ 叫做 X 的 k 阶原点矩,记为 α_k;

（2）令 $g(x)=[x-E(X)]^k$,则 $E[g(X)]=E\{[X-E(X)]^k\}$ 叫做 X 的 k 阶中心矩,记为 β_k.

定义 2　设 (X,Y) 是二维随机变量,并设下面的 $E[g(X,Y)]$ 存在,k,l 为正整数.

（1）令 $g(x,y)=x^k y^l$,则 $E[g(X,Y)]=E(X^k Y^l)$ 叫做 X 和 Y 的 $k+l$ 阶混合原点矩;

（2）令 $g(x,y)=[x-E(X)]^k[y-E(Y)]^l$,则

$$E[g(X,Y)]=E\{[X-E(X)]^k[Y-E(Y)]^l\}$$

叫做 X 和 Y 的 $k+l$ 阶混合中心矩.

由定义 1 知,X 的数学期望 $E(X)$ 即是 X 的一阶原点矩,X 的方差 $D(X)$ 即是 X 的二阶中心矩;由定义 2 知,X 和 Y 的协方差 $\mathrm{cov}(X,Y)$ 正是 X 和 Y 的二阶混合中心矩.

定义 3　设 $(X_1,X_2,\cdots,X_n)$ 为 n 维随机变量,若

$$b_{ij}=E\{[X_i-E(X_i)][Y_j-E(Y_j)]\}$$

存在,$i,j=1,2,\cdots,n$,则

$$\boldsymbol{B}=\begin{pmatrix} b_{11} & b_{12} & \cdots & b_{1n} \\ b_{21} & b_{22} & \cdots & b_{2n} \\ \vdots & \vdots & & \vdots \\ b_{n1} & b_{n2} & \cdots & b_{nn} \end{pmatrix}$$

叫做 $(X_1,X_2,\cdots,X_n)$ 的协方差矩阵.

由定义 3,n 维随机变量 $(X_1,X_2,\cdots,X_n)$ 的协方差矩阵 $\boldsymbol{B}$ 是对称矩阵,主对角线上的元素 $b_{ii}=D(X_i)$,$i=1,2,\cdots,n$. 特别地,二维随机变量 (X,Y) 的协方差矩阵为

$$\boldsymbol{B}=\begin{pmatrix} D(X) & \mathrm{cov}(X,Y) \\ \mathrm{cov}(Y,X) & D(Y) \end{pmatrix}.$$

一般地,n 维随机变量的分布是不易知道的,因此在实际应用中协方差矩阵就显得重要了.

例 1　设随机变量 $X \sim N(0,1)$,证明:

$$\alpha_k=E(X^k)=\begin{cases} (k-1)(k-3)\cdot\cdots\cdot 3\cdot 1, & k\ 为偶数, \\ 0, & k\ 为奇数. \end{cases}$$

证　$\alpha_k=E(X^k)=\displaystyle\int_{-\infty}^{+\infty} x^k \frac{1}{\sqrt{2\pi}} \mathrm{e}^{-\frac{x^2}{2}}\mathrm{d}x.$

当 k 为奇数时,上述积分为 0,即有 $E(X^k)=0$.

当 k 为偶数时,

$$\alpha_k = E(X^k) = \int_{-\infty}^{+\infty} x^{k-1} \mathrm{d}\left(-\frac{1}{\sqrt{2\pi}} e^{-\frac{x^2}{2}}\right)$$

$$= (k-1) \cdot \int_{-\infty}^{+\infty} x^{k-2} \frac{1}{\sqrt{2\pi}} e^{-\frac{x^2}{2}} \mathrm{d}x$$

$$= (k-1) E(X^{k-2}),$$

即

$$\alpha_k = (k-1)\alpha_{k-2} = (k-1)(k-3)\alpha_{k-4}$$
$$= \cdots = (k-1)(k-3) \cdot \cdots \cdot 3 \cdot \alpha_2.$$

而

$$\alpha_2 = E(X^2) = D(X) + [E(X)]^2 = 1 + 0^2 = 1,$$

所以，

$$\alpha_k = (k-1)(k-3) \cdot \cdots \cdot 3 \cdot 1.$$

习题 4-4

1. 设随机变量 X 的概率密度为 $f(x) = \begin{cases} x, & 0 \leq x < 1, \\ 2-x, & 1 \leq x < 2, \\ 0, & 其他. \end{cases}$ 求：

（1）X 的 k 阶原点矩 α_k；

（2）X 的六阶中心矩 β_6.

2. 设随机变量 (X,Y) 服从矩形区域 $G = \{(x,y) \mid a_1 \leq x \leq b_1, a_2 \leq y \leq b_2\}$ 上的均匀分布. 求 (X,Y) 的协方差矩阵.

3. 试证随机变量 X 的 k 阶中心矩 β_k 与 k 阶原点矩 α_k 满足下面的关系：

$$\beta_k = \sum_{i=0}^{k} (-1)^{k-i} C_k^i \alpha_1^{k-i} \alpha_i,$$

$$\alpha_k = \sum_{i=0}^{k} C_k^i \alpha_1^i \beta_{k-i}, \quad k = 1, 2, \cdots.$$

第四章知识总结

第五章

大数定律和中心极限定理

第五章知识结构导图

教学基本要求

（1）了解切比雪夫不等式、切比雪夫大数定律和伯努利大数定律，了解伯努利大数定律与概率的统计定义、参数估计之间的关系．

（2）了解独立同分布情形下的中心极限定理和棣莫弗-拉普拉斯中心极限定理．

（3）了解棣莫弗-拉普拉斯中心极限定理在实际问题中的应用．

概率论与数理统计的研究内容是随机现象的统计规律性，而随机现象的规律性是通过大量重复的试验呈现出来的．为了更加精确地描述这种规律性，本章将引入大数定律和中心极限定理．大数定律反映了一类以单点分布为极限分布的随机变量序列；中心极限定理则是反映了一类以正态分布为极限分布的随机变量序列．

第一节　大数定律

在第一章我们曾学到频率具有稳定性．设 n 重伯努利试验中，事件 A 的概率 $P(A)=p$，A 发生的频率为 $f_n(A)=\dfrac{N_A}{n}$（N_A 为 A 发生的频数），则在 n 很大时，$f_n(A)$ 将与 p 非常接近．很自然地，我们想到用极限来描述这种稳定性．但简单地使用高等数学中的数列极限是不行的，这是因为 N_A 是一个离散型随机变量，自然 $f_n(A)$ 也是随机变量，当 n 取 $1,2,\cdots$ 时，$\{f_n(A)\}$ 是一个随机变量序列．下面我们给出随机变量序列收敛性的定义.

定义 1 设 $X_1,X_2,\cdots$ 是一个随机变量序列,若存在常数 a,使得对任意正数 ε,有

$$\lim_{n\to\infty}P\{|X_n-a|<\varepsilon\}=1,$$

则称随机变量序列 $\{X_n\}$ 依概率收敛于 a,记作 $X_n\xrightarrow{P}a$.

依概率收敛的直观意义是当 n 无限增大时,随机变量 X_n 几乎变成一个常数. 依概率收敛还有以下性质:

设 $X_n\xrightarrow{P}a,Y_n\xrightarrow{P}b$,函数 $g(x,y)$ 在点 (a,b) 处连续,则 $g(X_n,Y_n)\xrightarrow{P}g(a,b)$,这个性质在数理统计中是非常有用的.

下面的切比雪夫大数定律及推论将从理论上给出频率稳定性的证明. 为证明切比雪夫大数定律,我们先介绍如下引理.

引理(切比雪夫不等式) 设随机变量 X 的数学期望 $E(X)$ 和方差 $D(X)$ 都存在,则对任意的 $\varepsilon>0$,有

$$P\{|X-E(X)|\geq\varepsilon\}\leq\frac{D(X)}{\varepsilon^2}$$

或

$$P\{|X-E(X)|<\varepsilon\}\geq1-\frac{D(X)}{\varepsilon^2}.$$

证 我们仅就 X 为连续型随机变量的情形来证明. 设 X 的概率密度为 $f(x)$,则

$$P\{|X-E(X)|\geq\varepsilon\}=\int_{|x-E(X)|\geq\varepsilon}f(x)\,dx$$

$$\leq\int_{|x-E(X)|\geq\varepsilon}\frac{[x-E(X)]^2}{\varepsilon^2}f(x)\,dx$$

$$\leq\frac{1}{\varepsilon^2}\int_{-\infty}^{+\infty}[x-E(X)]^2f(x)\,dx=\frac{D(X)}{\varepsilon^2}.$$

由切比雪夫不等式可以看出:当误差 ε 取定时,随着方差 $D(X)$ 的减小,X 围绕 $E(X)$ 取值的概率增大;反之,随着方差 $D(X)$ 的增大,X 围绕 $E(X)$ 取值的概率减小,因此进一步说明了方差能够描述随机变量 X 对其均值 $E(X)$ 的偏离程度. 切比雪夫不等式在理论上是证明大数定律的工具,也可在实际应用中估计某些不便计算的概率.

例 1 连续抛一枚硬币(一面为国徽)1 000 次,试利用切比雪夫不等式估计国徽面出现次数为 400~600 的概率.

解 设 X 表示 1 000 次抛掷硬币中"国徽面出现的次数",则 $X\sim b(1\,000,0.5)$,且

$$E(X)=np=500,\quad D(X)=np(1-p)=250,$$

故

$$P\{400<X<600\}=P\{-100<X-500<100\}=P\{|X-500|<100\}$$

$$= P\{ |X - E(X)| < 100 \} > 1 - \frac{D(X)}{100^2} = 0.975.$$

定理 1（切比雪夫大数定律）　设 $X_1, X_2, \cdots$ 是一列两两不相关的随机变量序列，若每个 X_i 的方差 $D(X_i)$ 均存在，且有共同的上界，即存在 C，使得 $D(X_i) \leq C(i = 1, 2, \cdots)$，则对于任意的 $\varepsilon > 0$ 有

$$\lim_{n \to \infty} P\left\{ \left| \frac{1}{n} \sum_{i=1}^{n} X_i - \frac{1}{n} \sum_{i=1}^{n} E(X_i) \right| < \varepsilon \right\} = 1$$

或

$$\frac{1}{n} \sum_{i=1}^{n} X_i - \frac{1}{n} \sum_{i=1}^{n} E(X_i) \xrightarrow{P} 0.$$

证　由期望和方差的性质得

$$E\left(\frac{1}{n} \sum_{i=1}^{n} X_i \right) = \frac{1}{n} \sum_{i=1}^{n} E(X_i),$$

$$D\left(\frac{1}{n} \sum_{i=1}^{n} X_i \right) = \frac{1}{n^2} \sum_{i=1}^{n} D(X_i) \leq \frac{C}{n}.$$

由切比雪夫不等式，对任意的 $\varepsilon > 0$，有

$$P\left\{ \left| \frac{1}{n} \sum_{i=1}^{n} X_i - \frac{1}{n} \sum_{i=1}^{n} E(X_i) \right| \geq \varepsilon \right\} \leq \frac{1}{\varepsilon^2} D\left(\frac{1}{n} \sum_{i=1}^{n} X_i \right) \leq \frac{C}{n\varepsilon^2},$$

即

$$P\left\{ \left| \frac{1}{n} \sum_{i=1}^{n} X_i - \frac{1}{n} \sum_{i=1}^{n} E(X_i) \right| < \varepsilon \right\} \geq 1 - \frac{C}{n\varepsilon^2}.$$

所以

$$\lim_{n \to \infty} P\left\{ \left| \frac{1}{n} \sum_{i=1}^{n} X_i - \frac{1}{n} \sum_{i=1}^{n} E(X_i) \right| < \varepsilon \right\} = 1,$$

即

$$\frac{1}{n} \sum_{i=1}^{n} X_i - \frac{1}{n} \sum_{i=1}^{n} E(X_i) \xrightarrow{P} 0.$$

由于相互独立保证了不相关，因此有如下推论：

推论（切比雪夫大数定律的特殊情况）　设随机变量 $X_1, X_2, \cdots$ 相互独立，且具有相同的数学期望和方差，设 $E(X_i) = \mu, D(X_i) = \sigma^2, i = 1, 2, \cdots$，前 n 个随机变量的算术平均值 $\overline{X} = \frac{1}{n} \sum_{i=1}^{n} X_i$，则对于任意的 $\varepsilon > 0$ 有

$$\lim_{n \to \infty} P\{ |\overline{X} - \mu| < \varepsilon \} = 1$$

或

$$\overline{X} \xrightarrow{P} \mu$$

定理 2（伯努利大数定律）　设 n_A 是 n 重伯努利试验中事件 A 发生的频数，p 是事件 A 发生的概率，则对于任意的 $\varepsilon>0$，有

$$\lim_{n\to\infty} P\left\{\left|\frac{n_A}{n}-p\right|<\varepsilon\right\}=1$$

或

$$f_n(A)=\frac{n_A}{n}\xrightarrow{P}p.$$

证　因为 $n_A\sim b(n,p)$，所以可设 $n_A=X_1+X_2+\cdots+X_n$，X_i 相互独立且均服从以 p 为参数的 $(0-1)$ 分布，因而

$$E(X_i)=p,\quad D(X_i)=p(1-p).$$

由定理 1，

$$\lim_{n\to\infty} P\left\{\left|\frac{1}{n}(X_1+X_2+\cdots+X_n)-p\right|<\varepsilon\right\}=1,$$

即

$$f_n(A)=\frac{n_A}{n}\xrightarrow{P}p$$

伯努利大数定律在理论上表明，在大量重复试验时，事件 A 发生的频率 $\frac{n_A}{n}$ 与事件 A 的概率 p 有较大偏差的概率很小，即任一随机事件的频率具有稳定性. 这就为概率的统计定义提供了理论依据，因此在实际问题中，当试验次数很大时，可以用事件 A 发生的频率作为概率 p 的近似值. 伯努利大数定律在后面的数理统计中还有很重要的作用，这是因为，频率 $\frac{n_A}{n}$ 与概率 p 有较大偏差的可能性很小，就可以通过大量重复试验确定事件发生的频率，并把它作为相应概率的估计值，这就是第七章"参数估计"中用到的方法.

定理 3（辛钦大数定律）　设随机变量 $X_1,X_2,\cdots$ 相互独立，且服从同一分布，具有数学期 $E(X_i)=\mu$，则对于任意的 $\varepsilon>0$ 有

$$\lim_{n\to\infty}P\left\{\left|\frac{1}{n}\sum_{i=1}^{n}X_i-\mu\right|<\varepsilon\right\}=1$$

或

$$\lim_{n\to\infty}P\left\{\left|\frac{1}{n}\sum_{i=1}^{n}X_i-\mu\right|\geq\varepsilon\right\}=0.$$

辛钦大数定律表明，在试验次数无限增多的情况下，随机变量的算术平均值与数学期望有较大偏差的可能性很小，也就是可以用算术平均值来估计数学期望，这也是为第七章的矩估计提供了理论依据.

习题 5-1

1. 设 $X_1, X_2, \cdots$ 是一个独立同分布的随机变量序列,设 $X_i \sim \pi(\lambda)$, $i = 1, 2, \cdots$, $\overline{X} = \dfrac{1}{n} \sum_{i=1}^{n} X_i$,则当 $n \to \infty$ 时,$\overline{X}$ 依概率收敛于什么量?

2. 设 $X_1, X_2, \cdots, X_n$ 是独立同分布的随机变量,设 $X_i \sim U(a, b)$, $\overline{X} = \dfrac{1}{n} \sum_{i=1}^{n} X_i$,求 $E(\overline{X})$ 与 $D(\overline{X})$.

3. 设 $X_1, X_2, \cdots$ 是独立同分布的随机变量序列,且 $E(X_i) = \mu$, $D(X_i) = \sigma^2$, $i = 1, 2, \cdots$. 证明:
$$\frac{1}{n} \sum_{i=1}^{n} X_i^2 \xrightarrow{P} \sigma^2 + \mu^2.$$

4. 设 X 服从区间 $(-1, 1)$ 上的均匀分布,试用切比雪夫不等式估计 $P\{|X| < 0.6\}$ 的下界.

第二节　中心极限定理

在实际问题,有许多随机现象可以看成由大量相互独立的因素综合影响的结果. 即使单个因素的影响都很微小,但是作为因素总和的随机变量,往往服从或近似服从正态分布,即独立随机变量和 $Y_n = \sum_{i=1}^{n} X_i$ 的分布函数收敛于正态分布. 概率论中有关阐述大量独立随机变量和的极限分布是正态分布的定理称为中心极限定理.

定理 1(独立同分布的中心极限定理)　设随机变量 $X_1, X_2, \cdots, X_n, \cdots$ 是独立同分布的随机变量序列,且数学期 $E(X_i) = \mu$,方差 $D(X_i) = \sigma^2$, $i = 1, 2, \cdots$,则随机变量之和 $\sum_{i=1}^{n} X_i$ 的标准化随机变量

$$Y_n = \frac{\sum_{i=1}^{n} X_i - E\left(\sum_{i=1}^{n} X_i\right)}{\sqrt{D\left(\sum_{i=1}^{n} X_i\right)}} = \frac{\sum_{i=1}^{n} X_i - n\mu}{\sqrt{n}\,\sigma},$$

且对于任意 x,Y_n 的分布函数 $F_n(x)$ 满足

$$\lim_{n \to \infty} F_n(x) = \lim_{n \to \infty} P\left\{\frac{\sum_{i=1}^{n} X_i - n\mu}{\sqrt{n}\,\sigma} \leqslant x\right\} = \int_{-\infty}^{x} \frac{1}{\sqrt{2\pi}} e^{-\frac{t^2}{2}} \, dt = \Phi(x).$$

定理 1 的证明超出了本书的范围,故略去.

定理 1 说明,均值为 μ、方差为 $\sigma^2 > 0$ 的独立同分布的随机变量 $X_1, X_2, \cdots, X_n$ 之和 $\sum_{i=1}^{n} X_i$ 的标准化随机变量在 n 充分大时,有

$$Y_n = \frac{\sum_{i=1}^{n} X_i - n\mu}{\sqrt{n}\,\sigma}$$

近似地服从正态分布 $N(0,1)$. 这在实际应用中非常有用. 在一般情况下,很难求出 n 个随机变量的和 $\sum_{i=1}^{n} X_i$ 的分布,而定理 1 表明,我们可以用正态分布作为其近似分布,以此做理论分析和计算.

又因为

$$\frac{\sum_{i=1}^{n} X_i - n\mu}{\sqrt{n}\,\sigma} = \frac{\frac{1}{n}\sum_{i=1}^{n} X_i - \mu}{\sigma/\sqrt{n}} = \frac{\overline{X} - \mu}{\sigma/\sqrt{n}},$$

故定理 1 又可以有如下形式:当 n 充分大时,$\sum_{i=1}^{n} X_i$ 近似服从正态分布 $N(n\mu, n\sigma^2)$,而 $\dfrac{\overline{X} - \mu}{\sigma/\sqrt{n}}$ 近似服从标准正态分布 $N(0,1)$,以及独立同分布的随机变量之算术平均值 $\overline{X} = \dfrac{1}{n}\sum_{i=1}^{n} X_i$ 近似服从正态分布 $N\left(\mu, \dfrac{\sigma^2}{n}\right)$. 这就是中心极限定理的另一种表达形式.

作为定理 1 的特例,我们有下面的结论.

定理 2(棣莫弗-拉普拉斯定理) **设随机变量 $\eta_n (n=1,2,\cdots)$ 服从参数为 $n, p (0 < p < 1)$ 的二项分布**,则对于任意 x,有

$$\lim_{n \to \infty} P\left\{ \frac{\eta_n - np}{\sqrt{np(1-p)}} \leqslant x \right\} = \int_{-\infty}^{x} \frac{1}{\sqrt{2\pi}} e^{-\frac{t^2}{2}} \mathrm{d}t = \Phi(x).$$

证 η_n 表示 n 重伯努利试验中事件 A 发生的次数,若取

$$X_i = \begin{cases} 1, & \text{第 } i \text{ 次试验中 } A \text{ 发生}, \\ 0, & \text{第 } i \text{ 次试验中 } A \text{ 不发生}, \end{cases} \quad i = 1, 2, \cdots, n,$$

则 $\eta_n = \sum_{i=1}^{n} X_i$. 显然,$X_1, X_2, \cdots, X_n$ 相互独立且都服从两点分布 $b(1,p)$,因此,

$$E(X_i) = p, \quad D(X_i) = p(1-p), \quad i = 1, 2, \cdots, n.$$

由定理 1 即得

$$\lim_{n \to \infty} P\left\{ \frac{\eta_n - np}{\sqrt{np(1-p)}} \leqslant x \right\} = \lim_{n \to \infty} P\left\{ \frac{\sum_{i=1}^{n} X_i - E\left(\sum_{i=1}^{n} X_i\right)}{\sqrt{D\left(\sum_{i=1}^{n} X_i\right)}} \leqslant x \right\}$$

$$= \int_{-\infty}^{x} \frac{1}{\sqrt{2\pi}} e^{-\frac{t^2}{2}} dt = \Phi(x).$$

定理 2 表明,二项分布的极限分布是正态分布:当 n 充分大时,η_n 近似地服从正态分布 $N(np, np(1-p))$. 因此,当 n 充分大时,我们可以利用正态分布来计算二项分布的概率.

例 1 一个加法器同时收到 20 个噪声电压 $V_k, k=1,2,\cdots,20$,设它们是相互独立的随机变量,且均服从区间 $(0,10)$ 上的均匀分布,记 $V = \sum\limits_{k=1}^{20} V_k$,求 $P\{V>105\}$ 的近似值.

解 $E(V_k)=5, D(V_k)=\dfrac{100}{12}=\dfrac{25}{3}, k=1,2,\cdots,20$. 由定理 1 知,

$$\frac{\sum\limits_{k=1}^{20} V_k - 20 \times 5}{\sqrt{25/3}\sqrt{20}} = \frac{V-100}{\sqrt{500/3}}$$

近似地服从正态分布 $N(0,1)$,于是,

$$P\{V>105\} = P\left\{\frac{V-100}{\sqrt{500/3}} > \frac{105-100}{\sqrt{500/3}}\right\} \approx 1 - \Phi\left(\frac{105-100}{\sqrt{500/3}}\right)$$

$$= 1 - \Phi(0.39) = 0.3483,$$

即有 $P\{V>105\} \approx 0.3483$.

例 2 某电视机厂每月生产 10 000 台电视机,但它的屏幕车间的正品率为 0.8. 为了以 0.997 的概率保证出厂的电视机都装上正品屏幕,屏幕车间每月应生产多少块屏幕?

解 设需要生产 n 块屏幕,X 为 n 块屏幕中的正品数,则 $X \sim b(n,0.8)$. 当 n 较大时,X 近似地服从正态分布 $N(0.8n, 0.8 \cdot 0.2n)$,据题意,n 应满足

$$P\{X \geqslant 10\ 000\} = 0.997, \quad 即 \quad 1 - \Phi\left(\frac{10\ 000 - 0.8n}{\sqrt{0.16n}}\right) = 0.997,$$

亦即

$$\Phi\left(\frac{10\ 000 - 0.8n}{\sqrt{0.16n}}\right) = 0.003.$$

查表得,$\dfrac{10\ 000 - 0.8n}{\sqrt{0.16n}} = -2.75$,解得 $n = 12\ 655$.

例 3 学校要开学生家长会,对于一个学生而言,来参加家长会的家长人数是一个随机变量. 设一个学生有 2 名家长、1 名家长、0 名家长来参加家长会的概率分别是 0.15, 0.8, 0.05,学校共有 400 名学生,且各学生参加家长会的家长数是相互独立的,

第五章第二节例 3 解答

试求
（1）参加家长会的家长人数 X 超过 450 的概率；
（2）有 1 名家长来参加家长会的学生数不超过 340 的概率.

习题 5-2

1. 设 $X_1,X_2,\cdots,X_{30}$ 相互独立，且都服从参数为 $\lambda=0.1$ 的指数分布，求 $P\left\{\sum_{i=1}^{30} X_i > 350\right\}$.

2. 计算器在进行加法时，将每个加数舍入靠近它的整数. 设所有舍入误差是独立的且在区间 $(-0.5,0.5)$ 上服从均匀分布.
（1）将 1 500 个数相加，问误差总和的绝对值超过 15 的概率是多少？
（2）最多可有多少个数相加使得误差总和的绝对值小于 10 的概率不小于 0.90？

3. 设每位行人买报纸的概率为 0.2，且他们买报与否是相互独立的. 试求 100 位行人买 15~30 份报纸的概率.

4. 一批木材中 80% 的长度不小于 3 m，从这批木材中随机地取出 100 根，问其中至少有 30 根长度小于 3 m 的概率是多少？

5. 保险公司有 3 000 个同一年龄段的人参加人寿保险，在一年中这些人的死亡率为 0.1%. 参加保险的人在一年的开始交付保险费 100 元，死亡时其家属可从保险公司领取 20 000 元. 求
（1）保险公司一年获利不少于 200 000 元的概率；
（2）保险公司亏本的概率.

6. 一复杂系统由 n 个相互独立工作的部件组成，每个部件的可靠性（即部件在一定时间内无故障的概率）为 0.9，且必须至少有 80% 的部件工作才能使整个系统工作. 问 n 至少为多少才能使系统的可靠性至少 0.95？

7. 设随机变量 $X_1,X_2,\cdots,X_n$ 独立同分布，且 $X_i\sim b(1,0.4)$，$i=1,2,\cdots,n$. 试证：当 n 充分大时，随机变量 $Z_n=\frac{1}{n}\sum_{i=1}^{n} X_i^2$ 近似地服从正态分布，并指出其分布参数.

第五章知识总结

第六章

样本及抽样分布

第六章知识结构导图

教学基本要求

（1）理解总体、个体、样本和统计量的概念.

（2）理解样本均值和样本方差的概念,会根据数据计算样本均值和样本方差.

（3）了解 χ^2 分布、t 分布和 F 分布的定义,会通过查表来计算分位数.

（4）了解正态总体的常用抽样分布.

前面我们讨论了概率论的基本原理与方法,本章开始学习数理统计部分. 数理统计的研究对象是总体、个体和样本,其研究的基本方法是利用样本构建统计量,再通过统计量的研究,对来自总体 X 的样本 $(X_1, X_2, \cdots, X_n)$ 进行分析和推断,这是整个数理统计研究的核心问题. 所以,样本、样本的分布、统计量和抽样分布是本章学习的重点,其内容贯穿以下各章节. 一般情况下,我们假设总体服从正态分布,本章讨论的抽样分布有 t 分布、χ^2 分布、F 分布、样本均值的分布和样本方差的分布等.

第一节 随 机 样 本

数理统计的研究对象都是现实世界客观事物及其相互关系的一种反映,我们要做研究和分析,必须抽象出一些基本概念.

数理统计中,我们把研究对象的某个数量指标的全体叫做<u>总体</u>(或母体),而把构成总体的每个单位叫做<u>个体</u>. 例如,某城市全年所有日平均湿度的全体是一个总体,每一天的平均湿度则是一个个体;又如某厂生产的一批灯泡的使用寿命的全体是一个总体,而每个灯泡的使用寿命则是一个个体,等等.

对于总体,我们都可以用一个随机变量来表示它.例如,就一批灯泡的使用寿命这个总体而言,具有各种使用寿命值的灯泡的比例是按一定规律分布的,即任意抽取一个灯泡,其使用寿命为某可能值是有一定概率的,也就是说该批灯泡使用寿命是一个随机变量.因此,以后凡是提到总体就是指一个相应的随机变量,提到随机变量就是指一个总体,说总体的概率分布就是指随机变量的概率分布.为方便起见,以后常用大写字母 X,Y,Z 等表示总体.

从一个总体 X 中,随机地抽取 n 个个体 $X_1,X_2,\cdots,X_n$,这样取得的 $X_1,X_2,\cdots,X_n$ 叫做总体 X 的一个样本,样本中个体的数目 n 叫做样本容量(简称为容量).总体中个体的数目叫做总体容量,容量有限的总体叫做有限总体,容量无限的总体叫做无限总体.在实际中,有些总体虽然为有限总体,但如果其容量很大,我们往往也将它看成无限总体来处理.例如,考察全国在校大学生的身高,由于观测的可能结果很多,我们一般就认为这些身高是无限总体.

由于每个 $X_i(i=1,2,\cdots,n)$ 是从总体 X 中随机取出的,它的所有可能取值就在总体可能取值范围中随机取得,所以每个 X_i 都是一个随机变量.样本 $X_1,X_2,\cdots,X_n$ 取得的值 $x_1,x_2,\cdots,x_n$ 叫做样本 $X_1,X_2,\cdots,X_n$ 的一组观测值,简称样本值.两次不同抽取得到的样本值(两批 n 个数据)一般是不相同的.

数理统计中,我们要根据观测到的样本值 $x_1,x_2,\cdots,x_n$ 对总体 X 的某些特征进行估计、推断,这就需要对如何选取样本提出一些具体的要求.因为独立观测是一种最简单的观测方法,所以自然要求 $X_1,X_2,\cdots,X_n$ 是相互独立的随机变量.又因为选取的样本对总体来说要有代表性,所以又要求每个 $X_i(i=1,2,\cdots,n)$ 必须与总体有相同的概率分布.满足相互独立和与总体同分布这两个条件的样本叫做简单随机样本.本书主要研究的就是简单随机样本,以后如未特别说明,凡提到的样本都是指简单随机样本.

那么在实际中我们如何得到简单随机样本呢?其实方法很简单.当抽取的样本容量 n 相对于总体容量来说很小时(例如,总体容量为 10 000,样本容量 $n=30$),则随机连续抽取的 n 个个体就可以认为是一个简单随机样本.因为抽取的个数很少,可认为对总体不产生影响.当然,如果是放回抽样,则不必要求 n 相对很小,这样抽得的 n 个个体就是一个简单随机样本.又如对一物体独立重复地测量其长度,则重复测量 n 次得到的就是一个简单随机样本.

综上所述,从数学上说,所谓总体就是一个随机变量 X,所谓样本就是相互独立且与总体同分布的随机变量 $X_1,X_2,\cdots,X_n$,它们组成一个 n 维随机变量 $(X_1,X_2,\cdots,X_n)$,每次抽取得到的样本值 $x_1,x_2,\cdots,x_n$ 就是这个 n 维随机变量的观测值 $(x_1,x_2,\cdots,$

x_n). 因此,利用样本进行的统计推断,完全建立在相互独立同分布的随机变量的概率理论的基础上. 如果总体 X 的概率密度和分布函数分别是 $f(x)$ 与 $F(x)$,则可利用概率论的基本知识推得样本 $X_1, X_2, \cdots, X_n$ 的概率密度与分布函数分别为

$$f^*(x_1, x_2, \cdots, x_n) = \prod_{i=1}^{n} f(x_i),$$

$$F^*(x_1, x_2, \cdots, x_n) = \prod_{i=1}^{n} F(x_i),$$

其中 $f(x_i)$ 和 $F(x_i)$ 分别是 $X_i(i=1,2,\cdots,n)$ 的概率密度与分布函数.

第二节　统计量及抽样分布

数理统计中,我们往往不直接利用样本进行统计推断,而是根据需要构造样本的适当函数(统计量)进行分析.

定义 1　设 $X_1, X_2, \cdots, X_n$ 是来自总体 X 的样本,$g(X_1, X_2, \cdots, X_n)$ 是 $X_1, X_2, \cdots, X_n$ 的函数,若 g 中不含任何未知参数,则 $g(X_1, X_2, \cdots, X_n)$ 叫做统计量.

利用概率论的基本原理,由于 $X_1, X_2, \cdots, X_n$ 均为随机变量,所以统计量 $g(X_1, X_2, \cdots, X_n)$ 亦为随机变量. 相应于样本观测值 $x_1, x_2, \cdots, x_n$,$g(x_1, x_2, \cdots, x_n)$ 叫做统计量 $g(X_1, X_2, \cdots, X_n)$ 的观测值.

在今后的统计推断中常出现类似 $\dfrac{\overline{X} - \mu}{\sigma}$,$\dfrac{(n-1)S^2}{\sigma^2}$ 等式子,如果 μ, σ 是未知参数,则它们都不是统计量.

在数理统计中,比较常用的统计量有

样本均值

$$\overline{X} = \frac{1}{n} \sum_{i=1}^{n} X_i,$$

样本方差

$$S^2 = \frac{1}{n-1} \sum_{i=1}^{n} (X_i - \overline{X})^2 = \frac{1}{n-1} \left(\sum_{i=1}^{n} X_i^2 - n\overline{X}^2 \right),$$

样本均方差

$$S = \sqrt{\frac{1}{n-1} \sum_{i=1}^{n} (X_i - \overline{X})^2},$$

样本 k 阶(原点)矩

$$A_k = \frac{1}{n} \sum_{i=1}^{n} X_i^k, \quad k = 1, 2, \cdots,$$

样本 k 阶中心矩

$$B_k = \frac{1}{n} \sum_{i=1}^{n} (X_i - \overline{X})^k, \quad k = 2, 3, \cdots.$$

顺序统计量：

将样本 $X_1, X_2, \cdots, X_n$ 从小到大重新排列为 $X_{(1)}, X_{(2)}, \cdots, X_{(n)}$，得到的 $(X_{(1)}, X_{(2)}, \cdots, X_{(n)})$ 称为顺序统计量，它的任意子向量也称为顺序统计量. 特别称

$$X_{(1)} = \min(X_1, X_2, \cdots, X_n), \quad X_{(n)} = \max(X_1, X_2, \cdots, X_n)$$

为最小（大）顺序统计量或样本极小（大）值，称

$$D = X_{(n)} - X_{(1)}$$

为极差.

上述统计量的观测值分别为

$$\overline{x} = \frac{1}{n} \sum_{i=1}^{n} x_i,$$

$$s^2 = \frac{1}{n-1} \sum_{i=1}^{n} (x_i - \overline{x})^2 = \frac{1}{n-1} \left(\sum_{i=1}^{n} x_i^2 - n\overline{x}^2 \right),$$

$$s = \sqrt{\frac{1}{n-1} \sum_{i=1}^{n} (x_i - \overline{x})^2},$$

$$a_k = \frac{1}{n} \sum_{i=1}^{n} x_i^k, \quad k = 1, 2, \cdots,$$

$$b_k = \frac{1}{n} \sum_{i=1}^{n} (x_i - \overline{x})^k, \quad k = 2, 3, \cdots,$$

$$x_{(1)} = \min(x_1, x_2, \cdots, x_n), \quad x_{(n)} = \max(x_1, x_2, \cdots, x_n),$$

$$d = x_{(n)} - x_{(1)}.$$

此外中位数（处于中间位置的观测值）、众数（出现频率最高的观测值）、偏度、峰度等也在一些教材中提到.

根据第五章的基本理论，若总体 k 阶矩 $E(X^k) = \alpha_k$ 存在，则样本 k 阶矩依概率收敛于总体 k 阶矩，即当 $n \to \infty$ 时，$A_k \xrightarrow{P} \alpha_k, k = 1, 2, \cdots$. 若 g 为连续函数，按依概率收敛的性质，还有

$$g(A_1, A_2, \cdots, A_k) \xrightarrow{P} g(\alpha_1, \alpha_2, \cdots, \alpha_k).$$

因为作为样本的函数的统计量是随机变量，利用统计量进行统计推断时，常常需要知道它的概率分布（通常叫做抽样分布），而一般求统计量的概率分布是很困难的. 这里介绍几个常用的统计量的分布.

定理 1 设 $X_1, X_2, \cdots, X_n$ 是来自正态总体 $N(\mu, \sigma^2)$ 的简单随机样本，则其线性函数 $\eta = \sum_{i=1}^{n} a_i X_i$（$a_i$ 不全为零）也服从正态分布.

第六章第二节偏度与峰度

又因为 $X_i(i=1,2,\cdots,n)$ 的数学期望为 μ, 方差为 σ^2, 由数学期望和方差的性质定理可知 η 的数学期望为 $E(\eta)=\sum\limits_{i=1}^{n}a_i\mu$, 方差为 $D(\eta)=\sum\limits_{i=1}^{n}a_i^2\sigma^2$, 即有

$$\eta \sim N\Big(\sum_{i=1}^{n}a_i\mu,\ \sum_{i=1}^{n}a_i^2\sigma^2\Big).$$

推论 设 $X_1,X_1,\cdots,X_n$ 是来自正态总体 $N(\mu,\sigma^2)$ 的简单随机样本, $\overline{X}$ 是样本均值, 则有

(1) $\overline{X} \sim N\Big(\mu,\dfrac{\sigma^2}{n}\Big)$;

(2) $\dfrac{\overline{X}-\mu}{\sigma/\sqrt{n}} \sim N(0,1)$.

证 在定理 1 中取 $a_i=\dfrac{1}{n}$, $i=1,2,\cdots,n$, 则有 $\overline{X}=\dfrac{1}{n}\sum\limits_{i=1}^{n}X_i \sim N\Big(\mu,\dfrac{\sigma^2}{n}\Big)$. 利用推论 (1) 的结论, 推论 (2) 成立.

定义 2 设 $X_1,X_2,\cdots,X_n$ 为来自正态总体 $N(0,1)$ 的简单随机样本, 则称统计量

$$\chi^2=\sum_{i=1}^{n}X_i^2$$

服从自由度为 n 的 χ^2 分布, 简记为 $\chi^2(n)$, 其概率密度为

$$f(y)=\begin{cases}0, & y<0,\\ \dfrac{1}{2^{\frac{n}{2}}\Gamma\Big(\dfrac{n}{2}\Big)}y^{\frac{n}{2}-1}\mathrm{e}^{-\frac{y}{2}}, & y\geqslant 0.\end{cases}$$

注 自由度可以简略地解释为平方和式中独立变量的个数.

$f(y)$ 的图形如图 6-1 所示.

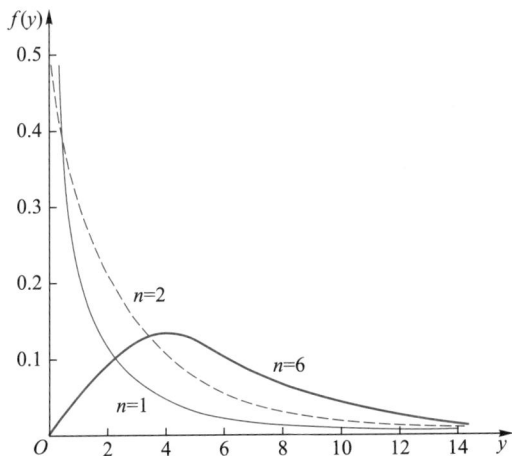

图 6-1

χ^2 分布的分位点 对于给定的正数 α,$0<\alpha<1$,满足条件

$$P\{\chi^2>\chi_\alpha^2(n)\}=\int_{\chi_\alpha^2(n)}^{+\infty}f(y)\,\mathrm{d}y=\alpha$$

的点 $\chi_\alpha^2(n)$ 叫做 $\chi^2(n)$ 分布的上 α 分位点,如图 6-2 所示.对于不同的 α,n,上 α 分位点的值可通过查表求得(参见附表);对于 $n>45$ 的情况,可利用标准正态分布的上 α 分位点 z_α 近似求解.费希尔已证明,当 n 充分大时,有

$$\chi_\alpha^2(n)\approx\frac{1}{2}(z_\alpha+\sqrt{2n-1}\,)^2.$$

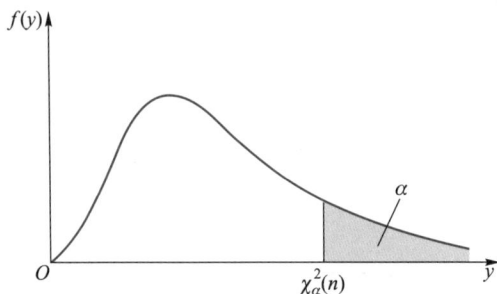

图 6-2

χ^2 分布的性质如下:

(1) 若 $\chi_1^2\sim\chi^2(n_1)$,$\chi_2^2\sim\chi^2(n_2)$,且 χ_1^2 与 χ_2^2 相互独立,则有

$$\chi_1^2+\chi_2^2\sim\chi^2(n_1+n_2).$$

(2) 若 $\chi^2\sim\chi^2(n)$,则

$$E(\chi^2)=n,\quad D(\chi^2)=2n.$$

定理 2 设 $X_1,X_2,\cdots,X_n$ 为来自正态总体 $N(\mu,\sigma^2)$ 的简单随机样本,$\overline{X}$ 和 S^2 分别为样本均值和样本方差,则

(1) $\dfrac{(n-1)S^2}{\sigma^2}\sim\chi^2(n-1)$;

(2) $\overline{X}$ 与 S^2 相互独立.

证略.

定义 3 设随机变量 $X\sim N(0,1)$,$Y\sim\chi^2(n)$,且 X 与 Y 相互独立,则称随机变量

$$T=\frac{X}{\sqrt{Y/n}}$$

服从自由度为 n 的 t 分布,又叫做学生氏(Student)分布,记为 $T\sim t(n)$,其概率密度为

$$h(t)=\frac{\Gamma\left(\dfrac{n+1}{2}\right)}{\sqrt{n\pi}\,\Gamma\left(\dfrac{n}{2}\right)}\left(1+\frac{t^2}{n}\right)^{-\frac{n+1}{2}},\quad -\infty<t<+\infty.$$

$h(t)$ 的图形如图 6-3 所示. 该图形关于 $t=0$ 对称,当 n 充分大时其图形近似于标准正态分布的概率密度函数图形. 事实上利用 Γ 函数的性质,有

$$\lim_{n \to \infty} h(t) = \frac{1}{\sqrt{2\pi}} e^{-\frac{t^2}{2}},$$

故当 n 足够大时,t 分布近似于 $N(0,1)$ 分布. 但 n 较小时,t 分布与 $N(0,1)$ 分布相差较大.

t 分布的分位点 对于给定的正数 α,$0<\alpha<1$,满足条件

$$P\{t>t_\alpha(n)\} = \int_{t_\alpha(n)}^{+\infty} h(t)\,\mathrm{d}t = \alpha$$

的点 $t_\alpha(n)$ 叫做 $t(n)$ 分布的上 α 分位点,如图 6-4 所示. 对于不同的 α 和 n,上 α 分位点的值可通过查表求得(参见附表);对于 $n>45$ 的情况,可用标准正态分布的上 α 分位点 z_α 近似,即有

$$t_\alpha(n) \approx z_\alpha, \quad n>45.$$

由 t 分布上 α 分位点的定义及 $h(t)$ 图形的对称性知

$$t_{1-\alpha}(n) = -t_\alpha(n).$$

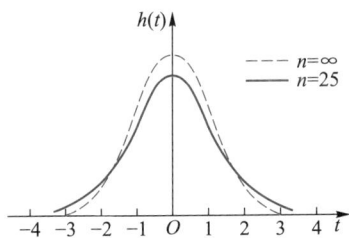

图 6-3

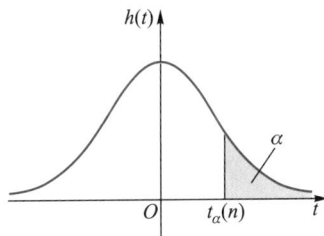

图 6-4

定理 3 设 $X_1, X_2, \cdots, X_n$ 是来自正态总体 $N(\mu, \sigma^2)$ 的简单随机样本,$\overline{X}$ 和 S^2 分别为样本均值和样本方差,则有

$$\frac{\overline{X}-\mu}{S/\sqrt{n}} \sim t(n-1).$$

证 由定理 1 的推论可得

$$\frac{\overline{X}-\mu}{\sigma/\sqrt{n}} \sim N(0,1),$$

由定理 2 可得 $\overline{X}$ 与 S^2 相互独立,且有

$$\frac{(n-1)S^2}{\sigma^2} \sim \chi^2(n-1).$$

所以,$\dfrac{\overline{X}-\mu}{\sigma/\sqrt{n}}$ 与 $\dfrac{(n-1)S^2}{\sigma^2}$ 相互独立,根据定义,有

$$\frac{\overline{X}-\mu}{\sigma/\sqrt{n}} \Big/ \sqrt{\frac{(n-1)S^2}{\sigma^2(n-1)}} \sim t(n-1).$$

化简上式左边,即可证结论成立.

定理 4 设 $X_1, X_2, \cdots, X_{n_1}$ 和 $Y_1, Y_2, \cdots, Y_{n_2}$ 分别是来自两个相互独立的正态总体 $N(\mu_1, \sigma^2)$ 及 $N(\mu_2, \sigma^2)$ 的简单随机样本,则

$$T = \frac{(\overline{X}-\overline{Y})-(\mu_1-\mu_2)}{S_w\sqrt{\dfrac{1}{n_1}+\dfrac{1}{n_2}}} \sim t(n_1+n_2-2),$$

其中, $S_w = \sqrt{\dfrac{(n_1-1)S_1^2+(n_2-1)S_2^2}{n_1+n_2-2}}$, $\overline{X}, \overline{Y}, S_1^2$ 和 S_2^2 分别是两个样本的样本均值及样本方差.

可仿照定理 3 进行证明,证略.

定义 4 设两个随机变量 X 和 Y 相互独立,且 $X \sim \chi^2(n_1), Y \sim \chi^2(n_2)$,则称

$$F = \frac{X/n_1}{Y/n_2}$$

服从自由度为 (n_1, n_2) 的 F 分布,其中 n_1 叫做第一自由度, n_2 叫做第二自由度,记为 $F \sim F(n_1, n_2)$,其概率密度为

$$\Psi(y) = \begin{cases} \dfrac{\Gamma[(n_1+n_2)/2](n_1/n_2)^{n_1/2}y^{(n_1/2)-1}}{\Gamma(n_1/2)\Gamma(n_2/2)[1+(n_1y/n_2)]^{(n_1+n_2)/2}}, & y \geqslant 0, \\ 0, & y < 0. \end{cases}$$

$\Psi(y)$ 的图形如图 6-5 所示.

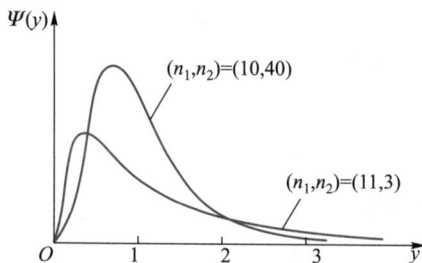

图 6-5

由定义可知,若随机变量 $F \sim F(n_1, n_2)$,则有

$$\frac{1}{F} \sim F(n_2, n_1).$$

F 分布的分位点 对于给定的正数 $\alpha(0 < \alpha < 1)$,满足条件

$$P\{F>F_\alpha(n_1,n_2)\}=\int_{F_\alpha(n_1,n_2)}^{+\infty}\Psi(y)\mathrm{d}y=\alpha$$

的点 $F_\alpha(n_1,n_2)$ 叫做 $F(n_1,n_2)$ 分布的上 α 分位点,如图 6-6 所示. 对于不同的 α, n_1,n_2,上 α 分位点的值可通过查表求得(参见附表). F 分布的上 α 分位点有如下性质

$$F_{1-\alpha}(n_1,n_2)=\frac{1}{F_\alpha(n_2,n_1)}.$$

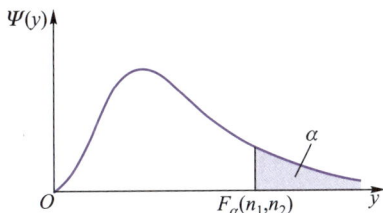

图 6-6

定理 5　设 $X_1,X_2,\cdots,X_{n_1}$ 和 $Y_1,Y_2,\cdots,Y_{n_2}$ 分别是来自两个正态总体 $N(\mu_1,\sigma_1^2)$ 和 $N(\mu_2,\sigma_2^2)$ 的相互独立的简单随机样本,S_1^2 和 S_2^2 分别是两个样本的样本方差,则有

$$\frac{S_1^2/S_2^2}{\sigma_1^2/\sigma_2^2}\sim F(n_1-1,n_2-1).$$

证略.

注　本节所介绍的定义及其相关的定理在后面章节的内容中都有广泛的应用,但它们都是在基于正态总体的前提下得到的.

这五个定理对于统计推断十分重要,其中,定理 1 是最基础的,其他四个定理可看成定理 1 的推论.

习题 6-2

1. 在正态总体 $X\sim N(52,6.3^2)$ 中随机抽取一个容量为 36 的简单随机样本,试求样本均值 $\overline{X}$ 落在 50.8 到 53.8 之间的概率.

2. 由正态总体 $N(20,3)$ 分别得到容量为 10 和 15 的独立样本,求其样本均值差的绝对值大于 0.3 的概率.

3. 设 $X_1,X_2,\cdots,X_{100}$ 为来自参数 $\lambda=3$ 的泊松总体的简单随机样本,试求:

(1) $\overline{X}$ 的数学期望和方差;

(2) S^2 的数学期望;

(3) $P\{\overline{X}>10\}$.

4. 设正态总体 $X \sim N(\mu, \sigma^2)$，$X_1, X_2, \cdots, X_{16}$ 是来自总体 X 的简单随机样本，S^2 是样本方差，试求满足 $P\{\overline{X} > \mu + kS\} = 0.95$ 的 k 的值.

5. 设 $X_1, X_2, \cdots, X_6$ 为来自正态总体 $N(0, 2^2)$ 的简单随机样本，求 $P\left\{\sum_{i=1}^{6} X_i^2 > 6.54\right\}$.

6. 设在总体 $N(\mu, \sigma^2)$ 中抽取一个容量为 16 的简单随机样本，μ, σ^2 均未知，试求：

（1）$P\left\{\dfrac{S^2}{\sigma^2} \leqslant 2.041\right\}$，其中 S^2 为样本方差；

（2）$D(S^2)$.

7. 设总体 $X \sim N(0, 1)$，X_1, X_2 是来自 X 的容量为 2 的简单随机样本. 试求常数 C，使

$$P\left\{\dfrac{(X_1 + X_2)^2}{(X_1 + X_2)^2 + (X_1 - X_2)^2} > C\right\} = 0.10.$$

8. 已知随机变量 $X \sim t(n)$，求证 $X^2 \sim F(1, n)$.

第六章知识总结

第七章

参数估计

教学基本要求

（1）理解点估计的概念，了解矩估计法与最大似然估计法．

（2）了解无偏性、有效性、一致性等估计量的评判标准．

（3）理解区间估计的概念，会求单个正态总体均值与方差的置信区间，会求两个正态总体均值差与方差比的置信区间．

第六章指出，数理统计的基本问题是根据样本信息对总体的分布以及分布中的数字特征等做出统计推断．统计推断的基本问题包括参数估计以及假设检验．本章先介绍参数估计．

什么是参数估计？参数是刻画总体某方面概率特性的数值．当该数值未知时，从总体中抽取样本，然后用某种方法估计该未知参数就是参数估计．在参数估计中，如果是用一个数值去估计参数，就是点估计问题；如果是找一个范围去估计参数，就是区间估计问题．本章讨论点估计和区间估计．

第一节　参数估计的基本概念

在实际问题中，我们常常需要估计一些未知参数：可能是总体分布的类型为已知，但里面某些参数为未知；或者总体分布未知，要估计总体的某些数字特征，如均值、方差等．通常有两种估计，一种是值的估计（点估计），另一种是取值范围的估计（区间估计），它们统称为参数估计．

　　参数估计问题,就是从样本出发构造适当的统计量来推断总体某些参数(或数字特征)的取值情况.当取得一个样本值时,就以相应的统计量的观测值作为总体参数取值的估计.这种方法在实际中是常用到的,例如,常以统计量 $\overline{X} = \dfrac{1}{n}\sum_{i=1}^{n} X_i$ 作为总体均值(数学期望)的估计.当要估计生产的一大批零件的平均直径时,就从中随机抽出若干件(如 50 件)测量其直径,以这些测量数据的平均值作为整批零件平均直径的估计;当从某地区人口中随机测量若干人的身高并计算出平均身高后,就以这个数字作为该地区人口的身高均值的估计,等等.

　　定义 1　一般地,若总体的分布函数包含 k 个参数 $\theta_1, \theta_2, \cdots, \theta_k$,而 $X_1, X_2, \cdots, X_n$ 是容量为 n 的样本,参数估计的问题就是要构造一些适当的统计量 $\hat{\theta}_i(X_1, X_2, \cdots, X_n)$,$1 \leqslant i \leqslant k$,分别作为参数 θ_i,$1 \leqslant i \leqslant k$ 的<u>估计量</u>.相应于样本值 $x_1, x_2, \cdots, x_n$,观测值 $\hat{\theta}_i(x_1, x_2, \cdots, x_n)$ 叫做参数 θ_i 的<u>估计值</u>,在不引起混淆的情况下,估计量和估计值都统称为<u>估计</u>.

　　总体的分布类型已知或未知的情况下都可以做参数估计.有时已知总体分布类型,需进行参数估计确定总体的分布;有时总体分布类型未知,需对总体的某些数字特征做估计.对于一个待估参数,可能有不同的统计量均可作为它的估计量,但这些估计量中哪个好、哪个差、怎样评价,需要一个估计量的评价标准,这些内容将在后面详细讨论.

　　由估计量的观测值作为待估参数的估计值,这种方法叫做参数的<u>点估计</u>.有时要估计参数的一个可能取值范围,并指出参数落入该范围的可能性有多大,这类问题叫做参数的<u>区间估计</u>.

　　总之,参数估计是在样本统计量概率分布的基础上,利用样本的信息推断总体参数的过程.

第二节　点　估　计

　　下面首先介绍点估计的两种常用方法:矩估计法和最大似然估计法.

一、矩估计法

　　矩估计法是一种古老的方法,这一方法首先由皮尔逊提出.若总体的分布类型已知,则总体 X 的 k 阶矩

$$\alpha_k = E(X^k) = \int_{-\infty}^{+\infty} x^k f(x; \theta_1, \theta_2, \cdots, \theta_l)\, \mathrm{d}x \quad (X \text{ 为连续型}),$$

或

$$\alpha_k = E(X^k) = \sum_{x \in R_X} x^k p(x; \theta_1, \theta_2, \cdots, \theta_l) \quad (X \text{ 为离散型}),$$

其中，R_X 为 X 的可能取值范围.

设 $(X_1, X_2, \cdots, X_n)$ 为总体 X 的样本，则样本 k 阶矩

$$A_k = \frac{1}{n} \sum_{i=1}^{n} X_i^k, \quad k = 1, 2, \cdots.$$

前面已经提到，样本 k 阶矩依概率收敛于总体 k 阶矩. 因此，自然考虑到以样本 k 阶矩作为相应的总体 k 阶矩的估计量.

同理，可以用样本数字特征作为相应的总体数字特征的估计量. 如以样本均值 $\overline{X} = \frac{1}{n} \sum_{i=1}^{n} X_i$ 作为总体均值（数学期望）的估计量，以样本方差 $S^2 = \frac{1}{n-1} \sum_{i=1}^{n} (X_i - \overline{X})^2$ 作为总体方差的估计量，等等.

定义 1　设 $X_1, X_2, \cdots, X_n$ 为总体 X 的样本，X 的分布函数为 $F(x; \theta_1, \theta_2, \cdots, \theta_l)$，其中 $\theta_1, \theta_2, \cdots, \theta_l$ 为待估参数. A_k 和 $\alpha_k(k = 1, 2, \cdots, l)$ 分别为样本和总体的 k 阶原点矩，则联立方程组

$$\begin{cases} \alpha_1 = \alpha_1(\theta_1, \theta_2, \cdots, \theta_l) = A_1 = \dfrac{1}{n} \sum_{i=1}^{n} X_i, \\[2mm] \alpha_2 = \alpha_2(\theta_1, \theta_2, \cdots, \theta_l) = A_2 = \dfrac{1}{n} \sum_{i=1}^{n} X_i^2, \\[2mm] \cdots\cdots\cdots\cdots \\[2mm] \alpha_l = \alpha_l(\theta_1, \theta_2, \cdots, \theta_l) = A_l = \dfrac{1}{n} \sum_{i=1}^{n} X_i^l, \end{cases}$$

式中 $\theta_1, \theta_2, \cdots, \theta_l$ 为未知参数，方程组的解 $\hat{\theta}_k(X_1, X_2, \cdots, X_n)$ 叫做 θ_k 的矩估计量（$k = 1, 2, \cdots, l$)，这种点估计方法叫做矩估计法. 矩估计量的观测值叫做矩估计值.

例 1　某灯泡厂生产了一大批 60 W 的灯泡，从中抽取 10 个进行使用寿命试验，得数据（单位:h）如下：

$$1\,050, \quad 1\,100, \quad 1\,080, \quad 1\,120, \quad 1\,200,$$
$$1\,250, \quad 1\,040, \quad 1\,130, \quad 1\,300, \quad 1\,200,$$

试估计该批灯泡的平均使用寿命及使用寿命分布的均方差.

解　以 $\overline{X} = \dfrac{1}{n} \sum_{i=1}^{n} X_i$ 作为总体均值 $E(X)$ 的估计量，以 $S^{*2} = \dfrac{1}{n-1} \sum_{i=1}^{n} (X_i - \overline{X})^2$ 作为总体方差 $D(X)$ 的估计量，则有

$$\bar{x}=\frac{1}{10}(1\,050+1\,100+\cdots+1\,300+1\,200)=1\,147,$$

$$s^{*2}=\frac{1}{9}[(1\,050-1\,147)^2+(1\,100-1\,147)^2+\cdots+(1\,200-1\,147)^2]=7\,578.9,$$

即 $s^*\approx87.1$. 所以灯泡的平均使用寿命估计为 $1\,147\,\text{h}$, 均方差约为 $87.1\,\text{h}$.

例 2　设总体 X 在区间 $[a,b]$ 上服从均匀分布, a 和 b 未知, $X_1,X_2,\cdots,X_n$ 是总体 X 的样本, 试求 a,b 的矩估计量.

解　首先求得总体的一阶、二阶原点矩

$$\alpha_1=E(X)=\frac{a+b}{2},$$

$$\alpha_2=E(X^2)=D(X)+[E(X)]^2=\frac{(b-a)^2}{12}+\frac{(a+b)^2}{4}.$$

根据矩估计的定义, 我们有

$$\begin{cases}A_1=\alpha_1,\\A_2=\alpha_2.\end{cases}$$

由以上方程组解得 a,b 的矩估计量为

$$\hat{a}=A_1-\sqrt{3(A_2-A_1^2)}=\bar{X}-\sqrt{\frac{3}{n}\sum_{i=1}^n(X_i-\bar{X})^2},$$

$$\hat{b}=A_1+\sqrt{3(A_2-A_1^2)}=\bar{X}+\sqrt{\frac{3}{n}\sum_{i=1}^n(X_i-\bar{X})^2}.$$

例 3　设总体 $X\sim N(\mu,\sigma^2)$, μ 和 σ^2 未知, $X_1,X_2,\cdots,X_n$ 是总体 X 的样本, 试求 μ 和 σ^2 的矩估计量.

解　首先求得总体的一阶、二阶原点矩

$$\alpha_1=E(X)=\mu,$$

$$\alpha_2=E(X^2)=D(X)+[E(X)]^2=\sigma^2+\mu^2.$$

根据矩估计的定义, 我们有

$$\begin{cases}A_1=\alpha_1,\\A_2=\alpha_2.\end{cases}$$

由以上方程组解得 μ,σ^2 的矩估计量为

$$\hat{\mu}=A_1=\bar{X},$$

$$\hat{\sigma^2}=A_2-A_1^2=\frac{1}{n}\sum_{i=1}^nX_i^2-\bar{X}^2=\frac{1}{n}\sum_{i=1}^n(X_i-\bar{X})^2.$$

矩估计法是英国统计学家皮尔逊于 1894 年提出的一种参数估计方法, 是一种古老的参数估计方法. 矩估计法的特点是简单易行, 但是从信息的角度看, 矩估计没用到

总体的分布信息,只用到总体的矩信息,因此往往不够精确.由于矩估计基于大数定律,故只有在大样本的情况下才会有比较好的效果.另外,若总体期望不存在,则无法用这一方法求未知参数点估计.

二、最大似然估计法

最大似然估计法(maximum likelihood estimate,简记 MLE)于 1821 年首先由德国数学家高斯提出,然而在统计学界一般认为是英国统计学家费希尔在 1922 年的一篇论文"理论统计的数学基础"中提出的.MLE 法是点估计的基本方法,不论是在应用方面,还是理论研究方面,至今在统计学中仍占支配地位.

为了理解最大似然估计法的原理,先考察一个简单的例子.

例 4 设有甲、乙两个袋子,袋中各装有 4 个同样大小的球,球上分别涂有白色或黑色,已知在甲袋中黑球数为 1,乙袋中黑球数为 3.

(1) 现任取一袋,再从该袋中任取一个球,发现是黑球,试问该球最有可能取自哪一袋?

(2) 现任取一袋,再从该袋中有放回地任取三个球,其中只有一个黑球,试问此时最有可能取自哪一袋?

解 设抽到黑球的概率为 p,则 p 可能是 $\frac{1}{4}$,也可能是 $\frac{3}{4}$.从甲袋中抽出一个球是黑球的概率记为 $p_甲=\frac{1}{4}$,从乙袋中抽出一个球是黑球的概率记为 $p_乙=\frac{3}{4}$.由于 $p_甲<p_乙$,即黑球来自乙袋的可能性比来自甲袋的可能性大,因而我们会判断该球来自乙袋.

现若有放回地连续抽取 n 个球,而出现 k 个黑球的概率服从二项分布

$$P\{X=k\}=C_n^k p^k(1-p)^{n-k}, \quad k=0,1,2,\cdots,n.$$

现抽取三个球中有一个黑球,即 $X=1$,针对甲、乙两袋的情况,其概率分别为

$$P_甲\{X=1\}=C_3^1 p_甲(1-p_甲)^{3-1}=\frac{27}{64},$$

$$P_乙\{X=1\}=C_3^1 p_乙(1-p_乙)^{3-1}=\frac{9}{64}.$$

由于 $P_甲\{X=1\}>P_乙\{X=1\}$,即所抽球来自甲袋的可能性比来自乙袋的可能性大,因而我们会判断该球来自甲袋.

在例 4 中,我们做出判断时有意无意地用到了"实际推断原理".从参数估计的角度而言,总体的参数 p 有 $\hat{p}_甲=\frac{3}{4}$,$\hat{p}_乙=\frac{1}{4}$ 两种可供作为估计值的选择,我们要根据样

本对 p 进行估计. 根据"实际推断原理", 如果 p 可供作为估计值的选择有多个, 自然应该选择使样本值出现概率最大的一个 $\hat{p}$ 作为 p 的估计. 下面给出最大似然估计法的一般定义.

首先介绍离散总体的情况. 设 X 的分布是离散的, 分布中含有未知参数 θ, 记为

$$P\{X=x_i\}=p(x_i;\theta), \quad i=1,2,\cdots, \theta\in\Theta(\Theta \text{ 为 } \theta \text{ 的可能取值范围}).$$

现从总体中抽取容量为 n 的样本 $X_1,X_2,\cdots,X_n$, 其观测值为 $x_1,x_2,\cdots,x_n$, 这里每个 x_i 为 X 取值域中的某个值, 该样本取到值 $x_1,x_2,\cdots,x_n$ 的概率为 $\prod_{i=1}^{n}p(x_i;\theta)$. 由于这一概率依赖于未知参数 θ, 因而可将它看成 θ 的函数, 叫做似然函数, 记为 $L(\theta)$, 即

$$L(\theta)=\prod_{i=1}^{n}p(x_i;\theta).$$

对不同的 θ, 同一组样本观测值 $x_1,x_2,\cdots,x_n$ 出现的概率 $L(\theta)$ 也不一样. 我们知道, 当 $P(A)>P(B)$ 时, 事件 A 出现的可能性比事件 B 出现的可能性大. 如果样本观测值 $x_1,x_2,\cdots,x_n$ 出现了, 当然就要求对应的似然函数 $L(\theta)$ 的值达到最大, 所以我们选取这样的 $\hat{\theta}$ 作为 θ 的估计, 使得

$$L(\hat{\theta})=\max_{\theta\in\Theta}L(\theta).$$

假如 $\hat{\theta}$ 存在, 则 $\hat{\theta}$ 叫做 θ 的最大似然估计.

接着介绍连续总体的情况. 设样本 $X_1,X_2,\cdots,X_n$ 来自概率密度为 $f(x;\theta)$ 的总体 X (θ 为待估参数), 其联合概率密度是 θ 的函数, 也叫做似然函数, 记为

$$L(\theta)=f(x_1,x_2,\cdots,x_n;\theta)=\prod_{i=1}^{n}f(x_i;\theta).$$

对不同的 θ, 同一组样本观测值 $x_1,x_2,\cdots,x_n$ 对应的联合概率密度函数值也是不同的, 因而我们选择 θ 的最大似然估计 $\hat{\theta}$ 应满足

$$L(\hat{\theta})=\max_{\theta\in\Theta}L(\theta).$$

当 θ 已知时, 似然函数 $L(\theta)$ 描述了样本取得具体的样本值 $x_1,x_2,\cdots,x_n$ 的可能性. 现在, 样本值 $x_1,x_2,\cdots,x_n$ 在一次试验中出现了, 故出现这个样本值的可能性 $L(\theta)$ 就应该比较大. 因此, θ 的取值应当使得 $L(\theta)$ 达到最大值. 用求似然函数最大值的办法得到的值 $\hat{\theta}(x_1,x_2,\cdots,x_n)$ 叫做 θ 的最大似然估计值, 其对应的统计量 $\hat{\theta}(X_1,X_2,\cdots,X_n)$ 叫做最大似然估计量.

多数情况下, 求最大似然估计量的具体做法就是在已知样本值的条件下求

$$\frac{\mathrm{d}L(\theta)}{\mathrm{d}\theta}=0$$

的解. 求出解后, 再作必要的验证, 看是否使 $L(\theta)$ 达到最大值. 因为 $\ln L(\theta)$ 与 $L(\theta)$ 有相同的最值点, 而有时求 $\ln L(\theta)$ 的最值点更为容易, 所以常常用求解

$$\frac{\mathrm{d}\ln L(\theta)}{\mathrm{d}\theta}=0$$

来代替.

例 5 设某厂由新进的设备生产的产品不合格率为 p, 抽 n 个产品检验, 发现有 T 个不合格, 试求 p 的最大似然估计.

解 设 X 是抽查一种产品时的不合格品个数, 则 X 服从参数为 p 的两点分布 $b(1,p)$. 抽查 n 个产品, 则得样本 $X_1,X_2,\cdots,X_n$, 其观测值为 $x_1,x_2,\cdots,x_n$. 假如样本中有 T 个不合格, 即表示 $x_1,x_2,\cdots,x_n$ 中有 T 个取值为 1, $n-T$ 个取值为 0. 为求 p 的最大似然估计, 可按如下步骤进行:

(1) 写出似然函数

$$L(p)=\prod_{i=1}^{n}p^{x_i}(1-p)^{1-x_i};$$

(2) 对 $L(p)$ 取对数, 得

$$\ln L(p)=\sum_{i=1}^{n}\left[x_i\ln p+(1-x_i)\ln(1-p)\right]$$

$$=n\ln(1-p)+\sum_{i=1}^{n}x_i\left[\ln p-\ln(1-p)\right];$$

(3) 由于 $\ln L(p)$ 对 p 的导数存在, 故将 $\ln L(p)$ 对 p 求导, 令其为 0, 得方程

$$\frac{\mathrm{d}\ln L(p)}{\mathrm{d}p}=-\frac{n}{1-p}+\sum_{i=1}^{n}x_i\left(\frac{1}{p}+\frac{1}{1-p}\right)$$

$$=-\frac{n}{1-p}+\frac{1}{p(1-p)}\cdot\sum_{i=1}^{n}x_i=0;$$

(4) 解方程得

$$p=\frac{1}{n}\sum_{i=1}^{n}x_i=\overline{x};$$

(5) 经验证, 在 $p=\overline{x}$ 时, $\dfrac{\mathrm{d}^2 L(p)}{\mathrm{d}p^2}<0$, 这表明 $p=\overline{x}$ 可使似然函数达到最大值;

(6) 上述叙述对任一样本观测值都成立, 故用样本代替观测值便得 p 的最大似然估计量为

$$\hat{p}=\overline{X}.$$

将观测值代入, 可得 p 的最大似然估计值为

$$\hat{p}=\overline{x}=\frac{T}{n},$$

其中, $T=\sum_{i=1}^{n}x_i$. 这里 $\hat{p}$ 就是频率, 可见不合格品出现的频率也就是不合格品率的最大

似然估计.

当似然函数包含 k 个参数时,即有

$$L(\theta_1, \theta_2, \cdots, \theta_k) = \prod_{i=1}^{n} f(x_i; \theta_1, \theta_2, \cdots, \theta_k).$$

这时,原理同只有一个未知参数一样,只是需要求解的是多元函数的最值. 一般情况下,分别令

$$\frac{\partial L(\theta_1, \theta_2, \cdots, \theta_k)}{\partial \theta_i} = 0, \quad i = 1, 2, \cdots, k,$$

或令

$$\frac{\partial \ln L(\theta_1, \theta_2, \cdots, \theta_k)}{\partial \theta_i} = 0, \quad i = 1, 2, \cdots, k,$$

求解由上述 k 个方程组成的方程组,即可得到 k 个未知参数 θ_i 的最大似然估计值 $\hat{\theta}_i (i = 1, 2, \cdots, k)$.

例 6　设某机床加工的轴承的直径与图纸规定的中心尺寸的偏差服从 $N(\mu, \sigma^2)$,其中,μ, σ^2 未知. 为估计 μ 与 σ^2,从中随机抽取 n 根轴承,测得其偏差分别为 $x_1, x_2, \cdots, x_n$. 试求 μ 和 σ^2 的最大似然估计.

解　(1) 写出似然函数

$$L(\mu, \sigma^2) = \prod_{i=1}^{n} \frac{1}{\sqrt{2\pi}\,\sigma} e^{-\frac{(x_i - \mu)^2}{2\sigma^2}} = (2\pi\sigma^2)^{-\frac{n}{2}} \exp\left[-\frac{\sum_{i=1}^{n} (x_i - \mu)^2}{2\sigma^2} \right];$$

(2) 取对数得

$$\ln L(\mu, \sigma^2) = -\frac{n}{2} \ln(2\pi\sigma^2) - \frac{1}{2\sigma^2} \sum_{i=1}^{n} (x_i - \mu)^2;$$

(3) 将 $\ln L(\mu, \sigma^2)$ 分别对 μ 与 σ^2 求偏导,并令它们都为 0,得方程组

$$\begin{cases} \dfrac{\partial \ln L(\mu, \sigma^2)}{\partial \mu} = \dfrac{1}{\sigma^2} \sum_{i=1}^{n} (x_i - \mu) = 0, \\ \dfrac{\partial \ln L(\mu, \sigma^2)}{\partial \sigma^2} = -\dfrac{n}{2\sigma^2} + \dfrac{1}{2\sigma^4} \sum_{i=1}^{n} (x_i - \mu)^2 = 0; \end{cases}$$

(4) 解方程组得 μ, σ^2 的估计值

$$\hat{\mu} = \overline{x}, \quad \hat{\sigma}^2 = \frac{1}{n} \sum_{i=1}^{n} (x_i - \overline{x})^2;$$

(5) 经验证 $\hat{\mu}, \hat{\sigma}^2$ 使 $\ln L(\mu, \sigma^2)$ 达到最大值;

(6) 上述叙述也对一切样本观测值成立,故用样本代替观测值,便得 μ 与 σ^2 的最大似然估计量分别为

$$\hat{\mu} = \overline{X}, \quad \hat{\sigma^2} = \frac{1}{n} \sum_{i=1}^{n} (X_i - \overline{X})^2.$$

例 7　设总体 X 在区间 $[a,b]$ 上服从均匀分布，a,b 未知，$X_1, X_2, \cdots, X_n$ 是从总体 X 中抽得的样本，试求 a,b 的最大似然估计.

解　设样本观测值为 $x_1, x_2, \cdots, x_n$，记 $x_{(1)} = \min(x_1, x_2, \cdots, x_n)$，$x_{(n)} = \max(x_1, x_2, \cdots, x_n)$，总体 X 的概率密度是

$$f(x;a,b) = \begin{cases} \dfrac{1}{b-a}, & a \leqslant x \leqslant b, \\ 0, & \text{其他.} \end{cases}$$

显然，样本观测值满足 $a \leqslant x_1, x_2, \cdots, x_n \leqslant b$，等价于 $a \leqslant x_{(1)}, x_{(n)} \leqslant b$，所以似然函数为

$$L(a,b) = \begin{cases} \dfrac{1}{(b-a)^n}, & a \leqslant x_{(1)}, x_{(n)} \leqslant b, \\ 0, & \text{其他.} \end{cases}$$

对于满足 $a \leqslant x_{(1)}, b \geqslant x_{(n)}$ 的 a,b 任意取值，有

$$L(a,b) = \frac{1}{(b-a)^n} \leqslant \frac{1}{[x_{(n)} - x_{(1)}]^n}.$$

所以 $L(a,b)$ 在 $a = x_{(1)}, b = x_{(n)}$ 时取到最大值. 故根据最大似然估计原理，a,b 的最大似然估计值为

$$\hat{a} = x_{(1)} = \min(x_1, x_2, \cdots, x_n), \quad \hat{b} = x_{(n)} = \max(x_1, x_2, \cdots, x_n),$$

a,b 的最大似然估计量为

$$\hat{a} = \min(X_1, X_2, \cdots, X_n), \quad \hat{b} = \max(X_1, X_2, \cdots, X_n).$$

求未知参数 θ 的某种函数 $g(\theta)$ 的最大似然估计可用下面所述的最大似然估计的不变原则，它的证明这里省略.

定理 1　设 $\hat{\theta}$ 是 θ 的最大似然估计，$g(\theta)$ 是 θ 的连续函数，则 $g(\theta)$ 的最大似然估计为 $g(\hat{\theta})$.

例 8　设某元件失效时间服从参数为 λ 的指数分布，其概率密度为

$$f(x;\lambda) = \begin{cases} \lambda \mathrm{e}^{-\lambda x}, & x \geqslant 0, \\ 0, & x < 0, \end{cases}$$

λ 未知. 现从中抽取 n 个元件，测得其失效时间为 $x_1, x_2, \cdots, x_n$，试求 λ 及平均寿命的最大似然估计.

解　先求 λ 的最大似然估计.

（1）写出似然函数

$$L(\lambda) = \prod_{i=1}^{n} \lambda \mathrm{e}^{-\lambda x_i} = \lambda^n \mathrm{e}^{-\lambda \sum_{i=1}^{n} x_i};$$

（2）取对数得

$$\ln L(\lambda) = n\ln \lambda - \lambda \sum_{i=1}^{n} x_i;$$

（3）对 λ 求导得方程

$$\frac{\mathrm{d}L(\lambda)}{\mathrm{d}\lambda} = \frac{n}{\lambda} - \sum_{i=1}^{n} x_i = 0;$$

（4）解上述方程得 λ 的最大似然估计值

$$\hat{\lambda} = \frac{n}{\sum_{i=1}^{n} x_i} = \frac{1}{\overline{x}}.$$

（5）经验证，$\hat{\lambda}$ 使 $L(\lambda)$ 达到最大. 由于上述过程对一切样本观测值成立，故 λ 的最大似然估计量是

$$\hat{\lambda} = \frac{1}{\overline{X}}.$$

元件的平均寿命即为 X 的期望值，在指数分布情形下，有 $E(X) = \frac{1}{\lambda}$，它是 λ 的函数，其最大似然估计可用不变原则求得，即用 λ 的最大似然估计代入便得 $E(X)$ 的最大似然估计为 $E(X) = \frac{1}{\hat{\lambda}} = \overline{X}$.

最大似然估计并非最好的估计方法.

例 9　设 $x_1, x_2, \cdots, x_n$ 是来自柯西分布的样本，其密度函数为

$$f(x;\theta) = \frac{1}{\pi} \cdot \frac{1}{1+(x-\theta)^2} \quad (-\infty < x < +\infty),$$

其中 θ 为位置参数，求 θ 的点估计.

第七章第二节例9解答

习题 7-2

1. 随机地取 8 只活塞环，测得它们的直径（单位：mm）为

74.001，74.005，74.003，74.001，74.000，73.998，74.006，74.002，

试求总体均值 μ 和方差 σ^2 的矩估计值，并求样本方差 s^2.

2. 设总体 X 的概率密度为

$$f(x) = \begin{cases} \theta(1-x)^{\theta-1}, & 0<x<1, \\ 0, & 其他. \end{cases}$$

试求未知参数 θ 的矩估计量.

3. 对容量为 n 的样本, 求概率密度为

$$f(x;\alpha)=\begin{cases}\dfrac{2}{\alpha^2}(\alpha-x), & 0<x<\alpha,\\ 0, & \text{其他}\end{cases}$$

的总体 X 的参数 α 的矩估计量.

4. 设 $X_1,X_2,\cdots,X_n$ 是来自参数为 λ 的指数分布的一个样本, 其概率密度为

$$f(x;\lambda)=\begin{cases}\lambda e^{-\lambda x}, & x>0,\\ 0, & x\le 0.\end{cases}$$

试求 λ 的矩估计量.

5. 设总体 X 服从 $N(\mu,\sigma^2)$, 对于容量为 n 的样本, 求使得 $\displaystyle\int_A^{+\infty}\varphi(x,\mu,\sigma^2)\,\mathrm{d}x=0.05$ 成立的点 A 的最大似然估计, 此处 $\varphi(x,\mu,\sigma^2)$ 为 X 的概率密度.

6. 设总体 X 服从参数为 λ 的泊松分布, 分布律为

$$P\{X=x\}=\dfrac{\lambda^x}{x!}e^{-\lambda},\quad x=0,1,2,\cdots.$$

试求 λ 的最大似然估计值.

7. 设总体 X 的概率密度为

$$f(x;\theta,\lambda)=\begin{cases}\lambda\theta^\lambda x^{-(\lambda+1)}, & x>\theta,\\ 0, & x\le\theta,\end{cases}$$

其中, $\theta>0,\lambda>0$ 均为未知参数. 设 $x_1,x_2,\cdots,x_n$ 为一组样本观测值, 求 θ 和 λ 的最大似然估计.

8. 一批产品中含有废品, 从中随机抽取 75 件, 发现有废品 10 件, 试用最大似然估计法估计这批产品的废品率.

9. 设总体 X 的概率密度为

$$f(x)=\begin{cases}\theta x^{\theta-1}, & 0<x<1,\theta>0,\\ 0, & \text{其他}.\end{cases}$$

从总体 X 中抽取样本 $X_1,X_2,\cdots,X_n$, 试求 θ 的最大似然估计量.

10. 设总体 X 具有概率密度

$$f(x;\theta)=\begin{cases}\dfrac{x}{\theta^2}e^{-x^2/\theta^2}, & x>0,\\ 0, & x\le 0,\end{cases}$$

$\theta>0$ 且未知. 从中抽取样本 $X_1,X_2,\cdots,X_n$, 求 θ 的最大似然估计量.

11. 设总体 X 的概率密度为

$$f(x)=\begin{cases}\theta c^\theta x^{-(\theta+1)}, & x>c,\\ 0, & \text{其他}.\end{cases}$$

其中, $c>0$ 是已知参数, $\theta>1$ 为未知参数, $X_1,X_2,\cdots,X_n$ 是总体的一个样本, 试求参数 θ 的矩估计量和最大似然估计量.

12. 设总体 X 的概率密度为

$$f(x,\theta)=\begin{cases}\sqrt{\theta}\,x^{\sqrt{\theta}-1}, & 0\leqslant x\leqslant 1,\\ 0, & \text{其他}.\end{cases}$$

又 $X_1,X_2,\cdots,X_n$ 为来自 X 的容量为 n 的样本,试求未知参数 θ 的矩估计和最大似然估计.

第三节　估计量的评选标准

在构造一个样本的函数(统计量)作为总体某个参数的估计量时,既然是估计,就不是完全精确.并且,从前面一节可以看出,估计量的形式也可能由于构造方法的不同而不同.例如,对于在区间 $[a,b]$ 上服从均匀分布的总体 X 的未知参数 a,b 的估计,利用矩估计法和最大似然估计法得到的结论就不同.那么,在同一个参数的估计量中,哪一个是最好的估计呢? 所谓"好"的标准又是什么? 实际上,根据不同的要求,衡量的标准也不同.下面仅就三个最常用的标准:无偏性、有效性、相合性加以介绍.

一、无偏性

对估计量 $\hat{\theta}$ 一个最基本的要求是 $\hat{\theta}$ 围绕被估参数 θ 波动,其数学期望应等于被估参数.

定义 1　**设 $\hat{\theta}$ 为 θ 的估计量,若 $E(\hat{\theta})=\theta$,则 $\hat{\theta}$ 叫做 θ 的无偏估计量.**

在科学技术中,$E(\hat{\theta})-\theta$ 叫做以 $\hat{\theta}$ 作为 θ 的估计的系统误差.其实无偏估计的实际意义就是无系统误差.

例 1　设 $X_1,X_2,\cdots,X_n$ 来自数学期望为 μ 的总体 X,则 $\overline{X}=\dfrac{1}{n}\sum\limits_{i=1}^{n}X_i$ 为 μ 的无偏估计.

证　因

$$E(\overline{X})=E\left(\frac{1}{n}\sum_{i=1}^{n}X_i\right)=\frac{1}{n}\sum_{i=1}^{n}E(X_i)=\frac{1}{n}\sum_{i=1}^{n}\mu=\mu,$$

故 $\overline{X}$ 是数学期望 μ 的无偏估计.

例 2　设 $X_1,X_2,\cdots,X_n$ 来自数学期望为 μ、方差为 σ^2 的总体 X,则

$$S^{*2}=\frac{1}{n}\sum_{i=1}^{n}(X_i-\overline{X})^2$$

不是 σ^2 的无偏估计.

证　因为

$$S^{*2}=\frac{1}{n}\sum_{i=1}^{n}(X_i-\overline{X})^2=\frac{1}{n}\sum_{i=1}^{n}X_i^2-\overline{X}^2,$$

于是

$$E(S^{*2}) = E\left[\frac{1}{n}\sum_{i=1}^{n}X_i^2 - \overline{X}^2\right] = \frac{1}{n}\sum_{i=1}^{n}E(X_i^2) - E(\overline{X}^2).$$

而

$$E(X_i^2) = D(X_i) + [E(X_i)]^2, \quad E(\overline{X}^2) = D(\overline{X}) + [E(\overline{X})]^2,$$

$$D(\overline{X}) = D\left(\frac{1}{n}\sum_{i=1}^{n}X_i\right) = \frac{1}{n^2}\sum_{i=1}^{n}D(X_i) = \frac{1}{n}D(X),$$

故

$$E(S^{*2}) = \frac{1}{n}\sum_{i=1}^{n}\{D(X_i) + [E(X_i)]^2\} - \{D(\overline{X}) + [E(\overline{X})]^2\}$$

$$= \frac{1}{n}\{nD(X) + n[E(X)]^2\} - \left\{\frac{1}{n}D(X) + [E(X)]^2\right\}$$

$$= \frac{n-1}{n}D(X).$$

所以, S^{*2} 不是 σ^2 的无偏估计.

若将 S^{*2} 作适当的修改(无偏性修正),即改为 $\frac{n}{n-1}S^{*2}$,则

$$S^2 = \frac{n}{n-1}S^{*2} = \frac{1}{n-1}\sum_{i=1}^{n}(X_i - \overline{X})^2$$

就是 σ^2 的无偏估计. 不过对于 S^{*2} 而言,尽管它不是 σ^2 的无偏估计,然而当 $n\to\infty$ 时,有

$$\lim_{n\to\infty}E(S^{*2}) = \sigma^2,$$

我们把 S^{*2} 叫做 σ^2 的渐近无偏估计.

无偏估计反映了估计值与待估计参数的差异不是系统趋势性的,差值的平均值为 0,这当然只能通过大量类似估计值的统计规律来体现. 在实际应用问题中,无偏性通常是有意义的. 例如,依据对一段时间内某只股票的均值的估计进行期权定价,如果估计是无偏的,最终购买期权的人有的赚了,有的亏了,但从整个社会来看是大体平衡的,否则就可能出现所谓套利机会,这是一种不正常的金融现象. 但在另一些问题中无偏性似乎意义不大,如对导弹落点的估计中"偏左"与"偏右"是无法平均为"命中"的. 另外,即使从纯粹理论的角度来看,无偏性也只能是评价估计量的标准之一.

二、有效性

在实际问题中,人们常常首先关心的是估计的无偏性,但是一个参数的无偏估计可以有很多,那么在这些估计中取哪个较好呢? 直观的想法是希望所找到的估计围绕其真值的波动越小越好,即要求估计量的方差小,从而 $\hat{\theta}$ 与 θ 有较大偏差的可能性

小. 图 7-1 中给出了 θ 的两个无偏估计 $\hat{\theta}_1$ 与 $\hat{\theta}_2$ 及其密度函数的图形,从图上可见 $D(\hat{\theta}_1)$ $<D(\hat{\theta}_2)$. 因而我们可以用估计量的方差去衡量两个无偏估计的好坏,从而引入无偏估计有效性的标准.

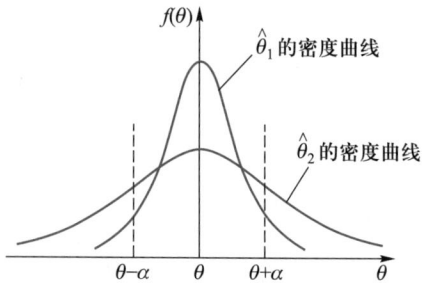

图 7-1

定义 2　设 $\hat{\theta}_1 = \hat{\theta}_1(X_1, X_2, \cdots, X_n)$ 与 $\hat{\theta}_2 = \hat{\theta}_2(X_1, X_2, \cdots, X_n)$ 都是参数 θ 的无偏估计,如果

$$D(\hat{\theta}_1) \leqslant D(\hat{\theta}_2), \quad \theta \in \Theta,$$

且至少对一个 $\theta \in \Theta$,有严格不等号成立,则称 $\hat{\theta}_1$ 比 $\hat{\theta}_2$ 有效.

例 3　设总体 $X \sim N(\mu, \sigma^2)$,$X_1, X_2, \cdots, X_n$ 为来自总体 X 的样本,当用 $2\bar{X} - X_1$,$\bar{X}$ 及 $\frac{1}{2}X_1 + \frac{2}{3}X_2 - \frac{1}{6}X_3$ 作为 μ 的估计时,最有效的是哪个?

解　由题设可得

$$E(2\bar{X} - X_1) = 2E(\bar{X}) - E(X_1) = 2\mu - \mu = \mu,$$
$$E(\bar{X}) = \mu,$$
$$E\left(\frac{1}{2}X_1 + \frac{2}{3}X_2 - \frac{1}{6}X_3\right) = \frac{1}{2}\mu + \frac{2}{3}\mu - \frac{1}{6}\mu = \mu,$$

从而 $2\bar{X} - X_1$,$\bar{X}$ 及 $\frac{1}{2}X_1 + \frac{2}{3}X_2 - \frac{1}{6}X_3$ 都是 μ 的无偏估计量. 下面求各估计量的方差,其中方差最小者最有效.

$$D(2\bar{X} - X_1) = D\left(\frac{2}{n}\sum_{i=1}^{n}X_i - X_1\right)$$
$$= D\left[\left(\frac{2}{n} - 1\right)X_1 + \frac{2}{n}\sum_{i=2}^{n}X_i\right]$$
$$= \left(\frac{2-n}{n}\right)^2 D(X_1) + \left(\frac{2}{n}\right)^2 \sum_{i=2}^{n}D(X_i)$$
$$= \frac{1}{n^2}[(2-n)^2\sigma^2 + 4(n-1)\sigma^2] = \sigma^2,$$
$$D(\bar{X}) = \frac{\sigma^2}{n},$$
$$D\left(\frac{1}{2}X_1 + \frac{2}{3}X_2 - \frac{1}{6}X_3\right) = \frac{1}{4}D(X_1) + \frac{4}{9}D(X_2) + \frac{1}{36}D(X_3)$$
$$= \frac{13}{18}\sigma^2.$$

由上可知,$D(\overline{X})$ 最小,即 $\overline{X}$ 最有效.

参数的无偏估计反映了估计值分布于均值周围,有效性则是反映这类无偏估计中估计值的散布情况,显然散布程度小说明估计值波动小,因而是更优的估计量.

三、相合性

随着样本容量的增大,一个好的估计量 $\hat{\theta}$ 应该越来越靠近其真值 θ,使偏差 $|\hat{\theta}-\theta|$ 较大的概率越来越小. 这一性质叫做相合性.

定义 3　设对每个自然数 n,$\hat{\theta}=\theta(X_1,X_2,\cdots,X_n)$ 是 θ 的一个估计量,如果对任意 $\varepsilon>0$,当 $n\to\infty$ 时有

$$P\{|\hat{\theta}-\theta|\geqslant\varepsilon\}\to 0,$$

则 $\hat{\theta}$ 叫做 θ 的相合估计量.

由定义可知,若参数 θ 的估计量 $\hat{\theta}(X_1,X_2,\cdots,X_n)$ 依概率收敛于 θ,则它必为参数 θ 的相合估计量.

当总体 k 阶矩 α_k 存在时,样本 k 阶矩 A_k 依概率收敛于总体 k 阶矩 α_k,这就表明 A_k 是 α_k 的相合估计.

当 $\hat{\theta}_1,\hat{\theta}_2,\cdots,\hat{\theta}_k$ 分别是 $\theta_1,\theta_2,\cdots,\theta_k$ 的相合估计时,若 $g(\theta_1,\theta_2,\cdots,\theta_k)$ 为连续函数,则 $g(\hat{\theta}_1,\hat{\theta}_2,\cdots,\hat{\theta}_k)$ 是 $g(\theta_1,\theta_2,\cdots,\theta_k)$ 的相合估计. 由此可知,统计量

$$\frac{1}{n}\sum_{i=1}^{n}(X_i-\overline{X})^2=\frac{1}{n}\sum_{i=1}^{n}X_i^2-\overline{X}^2=A_2-A_1^2$$

是总体方差 $\mu_2-\mu_1^2=\sigma^2$ 的相合估计.

定理 1　设 $\hat{\theta}_n=\hat{\theta}_n(x_1,x_2,\cdots,x_n)$ 是 θ 的一个估计量,若

$$\lim_{n\to\infty}E(\hat{\theta}_n)=\theta,\quad \lim_{n\to\infty}D(\hat{\theta}_n)=0,$$

则 $\hat{\theta}_n$ 是 θ 的相合估计.

第七章第三节定理 1 的证明

习题 7-3

1. 设总体 X 的期望和方差均存在,$X_1,X_2,\cdots,X_n$ 是取自总体 X 的样本,试证明下列统计量

（1）$\varphi_1(X_1,X_2,X_3)=\dfrac{1}{2}X_1+\dfrac{1}{3}X_2+\dfrac{1}{6}X_3$;

（2）$\varphi_2(X_1,X_2,X_3)=\dfrac{1}{3}X_1+\dfrac{1}{3}X_2+\dfrac{1}{3}X_3$;

（3）$\varphi_3(X_1,X_2,X_3)=\dfrac{1}{3}X_1+\dfrac{1}{4}X_2+\dfrac{5}{12}X_3$

都是总体 X 的期望的无偏估计量,并指出哪个是最有效的估计量.

2. 设 $X_1, X_2, \cdots, X_n$ 是来自总体 $X \sim N(\mu, \sigma^2)$ 的样本，C 取何值时，$\sum_{i=1}^{n-1} C(X_{i+1} - X_i)^2$ 为 σ^2 的无偏估计量？

3. 设总体 X 在 $[\theta, \theta+1]$ 上服从均匀分布，$X_1, X_2, \cdots, X_n$ 是来自 X 的样本，求 θ 的矩估计量，并判断它是否为无偏估计.

4. 设 $\hat{\theta}$ 是参数 θ 的无偏估计量，且有 $D(\hat{\theta}) > 0$. 试证：$\hat{\theta}^2$ 不是 θ^2 的无偏估计量.

5. 设 $\hat{\theta}_1, \hat{\theta}_2$ 是参数 θ 的两个相互独立的无偏估计量，且 $D(\hat{\theta}_1) = 2D(\hat{\theta}_2)$. 试求常数 k_1, k_2，使 $k_1\hat{\theta}_1 + k_2\hat{\theta}_2$ 也是 θ 的无偏估计量，并且使它在所有这种形式的估计量中方差最小.

第四节　区　间　估　计

参数估计有点估计和区间估计两种形式. 点估计值能给出一个明确的数量，但不能给出精度. 为了弥补这种不足，统计学家又提出了区间估计的方法. 下面先给出有关概念.

定义 1 若总体分布类型已知，含有未知参数 $\theta, \theta \in \Theta$，总体的分布函数为 $F(x; \theta)$，对于给定数值 $\alpha(0 < \alpha < 1)$，如果样本 $X_1, X_2, \cdots, X_n$ 确定的两个统计量 $\underline{\theta} = \underline{\theta}(X_1, X_2, \cdots, X_n)$ 和 $\overline{\theta} = \overline{\theta}(X_1, X_2, \cdots, X_n)(\underline{\theta} < \overline{\theta})$，对于任意 $\theta \in \Theta$ 满足

$$P\{\underline{\theta}(X_1, X_2, \cdots, X_n) \leq \theta \leq \overline{\theta}(X_1, X_2, \cdots, X_n)\} \geq 1 - \alpha,$$

则随机区间 $[\underline{\theta}, \overline{\theta}]$ 叫做参数 θ 的置信水平为 $1 - \alpha$ 的**置信区间**，$\underline{\theta}, \overline{\theta}$ 分别叫做置信水平为 $1 - \alpha$ 的置信区间的**置信下限**和**置信上限**，$1 - \alpha$ 为**置信水平**.

置信水平为 $1 - \alpha$ 的置信区间的本意是：设法构造一个随机区间 $[\underline{\theta}, \overline{\theta}]$，它能盖住未知参数 θ 的概率为 $1 - \alpha$. 这个区间会随着样本观测值的不同而变化，但在 100 次运用这个区间估计时，约有 $100(1-\alpha)$ 个区间能盖住 θ，或者约有 $100(1-\alpha)$ 个区间含有 θ，言下之意，大约还有 100α 个区间不含有 θ.

下面举例说明怎样求总体参数的置信区间.

例 1 设一个物体的质量 μ 未知，为估计其质量可用天平去称量. 由于称量是有误差的，因而所得称量结果是一个随机变量，通常服从正态分布. 当天平称量的误差标准差为 0.1 g 时，可认为称量结果服从 $N(\mu, 0.1^2)$. 现对该物体称了五次，结果（单位：g）如下：

$$5.52, \quad 5.48, \quad 5.64, \quad 5.51, \quad 5.45,$$

试对 μ 作置信水平为 0.95 的区间估计.

解 由于 μ 是总体的均值，通常用 $\overline{X}$ 去估计它. 在正态总体情况下，$\overline{X} \sim N\left(\mu, \dfrac{\sigma^2}{n}\right)$，这里 $n = 5, \sigma = 0.1$ 均为已知. 从而

$$Z = \frac{\overline{X}-\mu}{\sigma/\sqrt{n}} \sim N(0,1).$$

由于 Z 是 $\overline{X}$ 与未知参数 μ 的函数,其分布为 $N(0,1)$,它不含其他未知参数,故可将 Z 作为统计量.

由于 $N(0,1)$ 是对称的连续分布,故对给定的 α,由

$$P\{-d \leqslant Z \leqslant d\} = P\{|Z| \leqslant d\} = 1-\alpha$$

以及标准正态分布知,可取上 $\frac{\alpha}{2}$ 分位点 $z_{\frac{\alpha}{2}}$ 作为 d. 从 $|Z| \leqslant d$,即 $\left|\frac{\overline{X}-\mu}{\sigma/\sqrt{n}}\right| \leqslant z_{\frac{\alpha}{2}}$ 可解得

$$P\left\{\overline{X} - \frac{\sigma}{\sqrt{n}}z_{\frac{\alpha}{2}} \leqslant \mu \leqslant \overline{X} + \frac{\sigma}{\sqrt{n}}z_{\frac{\alpha}{2}}\right\} = 1-\alpha.$$

从而 μ 的置信水平为 $1-\alpha$ 的置信区间为

$$\left[\overline{X} - \frac{\sigma}{\sqrt{n}}z_{\frac{\alpha}{2}}, \overline{X} + \frac{\sigma}{\sqrt{n}}z_{\frac{\alpha}{2}}\right]. \tag{7.4.1}$$

在本例中 $n=5, \sigma=0.1$,在 $\alpha=0.05$ 时,$z_{\frac{\alpha}{2}} = 1.96$,由样本求得 $\overline{x} = 5.52$,将它们代入 (7.4.1) 式可得 μ 的置信水平为 0.95 的一个具体的区间为 $[5.432, 5.608]$.

从上面的结果可以看出,我们得出的具体结果已经不再是随机区间了,但是仍称其为置信水平为 0.95 的置信区间. 其含义是:若进行多次抽样,每个样本值代入 (7.4.1) 式后都可确定一个具体实值区间,在这些区间中,包含参数 μ 真值的约占 95%,不包含的约占 5%. 因此抽样得到的实值区间包含参数 μ 真值的可能性当然也约为 95%.

需要指出的是:置信区间不是唯一的,对同一个参数,我们可以构造许多置信区间. 在上述的例 1 中,若由随机变量 Z 落在 $\left[-z_{\frac{\alpha}{2}}, z_{\frac{\alpha}{2}}\right]$ 的概率是 0.95,得到 μ 的置信水平为 0.95 的置信区间为

$$\left[\overline{X} - \frac{\sigma}{\sqrt{n}}z_{\frac{\alpha}{2}}, \overline{X} + \frac{\sigma}{\sqrt{n}}z_{\frac{\alpha}{2}}\right].$$

同样,由于 Z 落在 $-z_{\frac{\alpha}{3}}$ 到 $z_{\frac{2\alpha}{3}}$ 的概率也是 0.95,由此我们又可得置信区间为

$$\left[\overline{X} - \frac{\sigma}{\sqrt{n}}z_{\frac{\alpha}{3}}, \overline{X} + \frac{\sigma}{\sqrt{n}}z_{\frac{2\alpha}{3}}\right].$$

通过查表计算易知,这个区间比前面一个要长一些. 类似地,我们可以得到若干个不同的置信区间,通常总是希望置信区间尽可能短. 对概率密度为单峰且对称的情形,取对称的分位点求出的置信区间的长度为最短,即使对概率密度不对称的情形,如 χ^2 分布、F 分布,为便于计算,习惯上仍取对称的分位点来计算未知参数的置信区间.

我们可以得到未知参数的任何置信水平小于 1 的置信区间,且置信水平越高,相

应的区间平均长度越长(在同样的样本容量下). 在同样的置信水平下,样本容量越大,相应的区间平均长度越短.

通过本节例题我们可以看出,计算参数的区间估计一般包含以下步骤:

(1) 设待估参数为 θ,从 θ 的一个点估计 $\hat{\theta}$ 入手,寻求一个只含未知参数 θ 的函数 $W = W(X_1, X_2, \cdots, X_n; \theta)$,且 W 的分布已知;

(2) 用 W 的分布的分位点寻求 a, b,使得 $P\{a \leqslant W \leqslant b\} = 1 - \alpha$;

(3) 由 $a \leqslant W \leqslant b$ 解出 $\underline{\theta}(X_1, X_2, \cdots, X_n) \leqslant \theta \leqslant \bar{\theta}(X_1, X_2, \cdots, X_n)$,则 $[\underline{\theta}, \bar{\theta}]$ 即是置信水平为 $1 - \alpha$ 的置信区间.

区间估计涉及抽样分布. 如第六章所述,对于一般分布的总体,其抽样分布的计算通常有些困难,因此,我们将主要研究正态总体参数的区间估计问题.

习题 7-4

1. 某车间生产滚珠,从生产实践知,其直径可以认为服从正态分布,方差 $\sigma^2 = 0.05$,某天从产品中随机抽取 5 个滚珠,测得直径(单位:mm)为

$$14.70, \quad 15.21, \quad 14.90, \quad 15.32, \quad 15.32$$

求 $E(X) = \mu$ 的置信水平为 $1 - \alpha = 0.95$ 的置信区间.

2. 用机器装罐头,已知罐头净含量(单位:kg)服从正态分布 $N(\mu, 0.02^2)$,随机抽取 25 个罐头进行测量,计算得其样本均值 $\bar{x} = 1.01$ kg,试求总体期望 μ 的置信水平为 0.95 的置信区间.

3. 某轮胎厂制造了一批轮胎,轮胎的行驶寿命(单位:km)X 服从正态分布 $N(\mu, 4\,000^2)$,现从中随机抽取 100 只轮胎进行测试,求得其平均寿命 $\bar{x} = 32\,000$ km,求轮胎寿命的置信水平为 0.95 的置信区间.

第五节　正态总体均值与方差的区间估计

一、单个正态总体均值的区间估计

设正态总体 $X \sim N(\mu, \sigma^2)$,$X_1, X_2, \cdots, X_n$ 是总体 X 的样本,给定置信水平为 $1 - \alpha$,$\bar{X}$ 和 S^2 分别为样本均值和样本方差.

1. σ^2 已知时,总体均值 μ 的区间估计

由上节例题可知,σ^2 已知时,总体均值 μ 的置信水平为 $1 - \alpha$ 的置信区间是

$$\left[\overline{X}-\frac{\sigma}{\sqrt{n}}z_{\frac{\alpha}{2}},\overline{X}+\frac{\sigma}{\sqrt{n}}z_{\frac{\alpha}{2}}\right],\tag{7.5.1}$$

或记为

$$\left[\overline{X}\mp\frac{\sigma}{\sqrt{n}}z_{\frac{\alpha}{2}}\right].$$

2. σ^2 未知时，总体均值 μ 的区间估计

σ^2 未知，此时不能使用 (7.5.1) 式，因为式中含有未知参数 σ. 但是根据第六章第二节定理 3 可知

$$\frac{\overline{X}-\mu}{S/\sqrt{n}}\sim t(n-1),$$

并且上式右边的分布 $t(n-1)$ 不依赖于任何未知参数，所以对于给定的置信水平 $1-\alpha$，有

$$P\left\{-t_{\frac{\alpha}{2}}(n-1)<\frac{\overline{X}-\mu}{S/\sqrt{n}}<t_{\frac{\alpha}{2}}(n-1)\right\}=1-\alpha,$$

化简上式可得

$$P\left\{\overline{X}-\frac{S}{\sqrt{n}}t_{\frac{\alpha}{2}}(n-1)<\mu<\overline{X}+\frac{S}{\sqrt{n}}t_{\frac{\alpha}{2}}(n-1)\right\}=1-\alpha.$$

所以总体均值 μ 的一个置信水平为 $1-\alpha$ 的置信区间是

$$\left[\overline{X}-\frac{S}{\sqrt{n}}t_{\frac{\alpha}{2}}(n-1),\overline{X}+\frac{S}{\sqrt{n}}t_{\frac{\alpha}{2}}(n-1)\right].\tag{7.5.2}$$

例 1　一些著名科学家做出重大发现的年龄（单位：岁）如下表所示：

哥白尼	40	伽利略	36	牛顿	22	富兰克林	40
拉瓦锡	31	莱尔	33	达尔文	49	麦克斯韦	33
居里夫人	31	普朗克	43	爱因斯坦	26	薛定谔	39

设年龄 $X\sim N(\mu,\sigma^2)$，求总体均值 μ 的置信水平为 0.95 的置信区间.

解　这里 $1-\alpha=0.95$，$\frac{\alpha}{2}=0.025$，$n-1=11$，$t_{\frac{\alpha}{2}}(n-1)=2.2010$，由样本数据计算可得

$$\overline{x}=35.25,\quad s=7.4848.$$

将数据代入 (7.5.2) 式，计算可得 μ 的置信水平为 0.95 的置信区间是

$$\left[35.25-\frac{7.4848}{\sqrt{12}}\times2.2010,35.25+\frac{7.4848}{\sqrt{12}}\times2.2010\right],$$

即

$$[30.494,40.006].$$

也即科学家做出重大发现的年龄均值在 30.494 岁到 40.006 岁之间,这个估计结果的可信度为 95%.

二、单个正态总体方差的区间估计

设总体 $X \sim N(\mu,\sigma^2)$,$X_1,X_2,\cdots,X_n$ 是总体 X 的样本,$\overline{X}$ 和 S^2 分别为样本均值和样本方差,给定置信水平为 $1-\alpha$,求总体方差 σ^2 的置信区间.

根据第六章第二节定理 2 可知

$$\frac{(n-1)S^2}{\sigma^2} \sim \chi^2(n-1),$$

并且上式右边的分布 $\chi^2(n-1)$ 不依赖于任何未知参数,所以对于给定的置信水平 $1-\alpha$,有

$$P\left\{\chi^2_{1-\frac{\alpha}{2}}(n-1) \leqslant \frac{(n-1)S^2}{\sigma^2} \leqslant \chi^2_{\frac{\alpha}{2}}(n-1)\right\} = 1-\alpha,$$

化简上式可得

$$P\left\{\frac{(n-1)S^2}{\chi^2_{\frac{\alpha}{2}}(n-1)} \leqslant \sigma^2 \leqslant \frac{(n-1)S^2}{\chi^2_{1-\frac{\alpha}{2}}(n-1)}\right\} = 1-\alpha.$$

所以总体方差 σ^2 的置信水平为 $1-\alpha$ 的置信区间为

$$\left[\frac{(n-1)S^2}{\chi^2_{\frac{\alpha}{2}}(n-1)}, \frac{(n-1)S^2}{\chi^2_{1-\frac{\alpha}{2}}(n-1)}\right]. \tag{7.5.3}$$

另外,由上可知均方差 σ 的置信水平为 $1-\alpha$ 的置信区间是

$$\left[\sqrt{\frac{(n-1)S^2}{\chi^2_{\frac{\alpha}{2}}(n-1)}}, \sqrt{\frac{(n-1)S^2}{\chi^2_{1-\frac{\alpha}{2}}(n-1)}}\right]. \tag{7.5.4}$$

注意,χ^2 分布的概率密度图形没有对称轴,在区间估计中,习惯上仍是取对称的分位点 $\chi^2_{1-\frac{\alpha}{2}}(n-1)$ 和 $\chi^2_{\frac{\alpha}{2}}(n-1)$ 来确定置信区间.若要选取不对称的分位点来确定置信区间,读者可自行讨论,F 分布的情形亦如此.

例 2　设初生男性婴儿的体重(单位:g)X 服从正态分布,随机抽取 12 名初生男性婴儿,测量其体重为

$$3\,100,\quad 2\,520,\quad 3\,000,\quad 3\,000,\quad 3\,600,\quad 3\,160,$$
$$3\,560,\quad 3\,320,\quad 2\,880,\quad 2\,600,\quad 3\,400,\quad 2\,540,$$

试以置信水平为 0.95 对初生男性婴儿体重的方差做区间估计.

解　这里 $1-\alpha=0.95$,$\frac{\alpha}{2}=0.025$,$n-1=11$,$\chi^2_{\frac{\alpha}{2}}(n-1)=21.920$,$\chi^2_{1-\frac{\alpha}{2}}(n-1)=$

3.816,由样本数据计算可得 $s^2 = 140\ 860.6$. 将数据代入(7.5.3)式,可得初生男性婴儿体重的方差在置信水平为 0.95 的置信区间是

$$\left[\frac{(12-1)\times 140\ 860.6}{21.920}, \frac{(12-1)\times 140\ 860.6}{3.816}\right],$$

即

$$[70\ 687, 406\ 045].$$

也即初生男性婴儿体重的方差在 70 687 与 406 045 之间,这个估计结果的可信度为 0.95.

三、两个正态总体均值差的区间估计

设有两个独立正态总体,$X \sim N(\mu_1, \sigma_1^2)$,$Y \sim N(\mu_2, \sigma_2^2)$,现从 X 中获得样本 X_1, $X_2, \cdots, X_{n_1}$,其样本均值为 $\overline{X}$,样本方差为 S_1^2;从 Y 中获得样本 $Y_1, Y_2, \cdots, Y_{n_2}$,其样本均值为 $\overline{Y}$,样本方差为 S_2^2,现要求 $\mu_1 - \mu_2$ 的置信区间.

1. σ_1^2 与 σ_2^2 已知的情形

由于 $\overline{X}$ 和 $\overline{Y}$ 分别为 μ_1 和 μ_2 的无偏估计,故 $\overline{X} - \overline{Y}$ 为 $\mu_1 - \mu_2$ 的无偏估计. 此时可用 $\overline{X} - \overline{Y}$ 去估计 $\mu_1 - \mu_2$,由正态分布性质可知

$$\overline{X} - \overline{Y} \sim N\left(\mu_1 - \mu_2, \frac{\sigma_1^2}{n_1} + \frac{\sigma_2^2}{n_2}\right),$$

从而

$$Z = \frac{(\overline{X} - \overline{Y}) - (\mu_1 - \mu_2)}{\sqrt{\dfrac{\sigma_1^2}{n_1} + \dfrac{\sigma_2^2}{n_2}}} \sim N(0,1).$$

由于 Z 中除 $\mu_1 - \mu_2$ 外不含其他未知参数,其分布已知,因而 $\mu_1 - \mu_2$ 的置信水平为 $1 - \alpha$ 的置信区间是

$$\left[\overline{X} - \overline{Y} - z_{\frac{\alpha}{2}}\sqrt{\frac{\sigma_1^2}{n_1} + \frac{\sigma_2^2}{n_2}}, \overline{X} - \overline{Y} + z_{\frac{\alpha}{2}}\sqrt{\frac{\sigma_1^2}{n_1} + \frac{\sigma_2^2}{n_2}}\right]. \tag{7.5.5}$$

2. $\sigma_1^2 = \sigma_2^2 = \sigma^2$,但具体值未知的情形

由于假定 $\sigma_1^2 = \sigma_2^2 = \sigma^2$,那么 S_1^2 与 S_2^2 都是同一方差 σ^2 的无偏估计,则其加权平均

$$S_w^2 = \frac{(n_1-1)S_1^2 + (n_2-1)S_2^2}{n_1 + n_2 - 2}$$

也是 σ^2 的无偏估计. 再根据第六章第二节定理 4,有

$$T = \frac{(\overline{X} - \overline{Y}) - (\mu_1 - \mu_2)}{S_w\sqrt{\dfrac{1}{n_1} + \dfrac{1}{n_2}}} \sim t(n_1 + n_2 - 2).$$

由于 T 中除 $\mu_1 - \mu_2$ 外不含其他未知参数, 其分布已知, 因而 $\mu_1 - \mu_2$ 的置信水平为 $1 - \alpha$ 的置信区间是

$$\left[\overline{X} - \overline{Y} - t_{\frac{\alpha}{2}}(n_1 + n_2 - 2)S_w\sqrt{\frac{1}{n_1} + \frac{1}{n_2}},\ \overline{X} - \overline{Y} + t_{\frac{\alpha}{2}}(n_1 + n_2 - 2)S_w\sqrt{\frac{1}{n_1} + \frac{1}{n_2}}\right]. \quad (7.5.6)$$

例 3　为比较甲、乙两种型号步枪子弹的枪口速度, 随机地取甲型号子弹 10 发, 得到枪口速度 (单位: m/s) 的平均值为 $\overline{x}_1 = 500$, 标准差为 $s_1 = 1.10$; 随机地取乙型号子弹 20 发, 得到枪口速度的平均值为 $\overline{x}_2 = 496$, 标准差为 $s_2 = 1.20$. 根据生产过程, 可假定两个总体都近似服从正态分布, 且方差相等. 求两总体均值差 $\mu_1 - \mu_2$ 的一个置信水平为 0.95 的置信区间.

解　根据实际情况, 不妨假设两个总体相互独立, 且由已知两个总体方差相等, 可利用 (7.5.6) 式求 $\mu_1 - \mu_2$ 的置信区间.

这里 $1 - \alpha = 0.95, \frac{\alpha}{2} = 0.025, n_1 = 10, n_2 = 20, n_1 + n_2 - 2 = 28, t_{0.025}(28) = 2.0484, s_w^2 = \dfrac{9 \times 1.10^2 + 19 \times 1.20^2}{28}, s_w = \sqrt{s_w^2} = 1.1688$, 将具体数据代入 (7.5.6) 式可得两总体均值差 $\mu_1 - \mu_2$ 的一个置信水平为 0.95 的置信区间是

$$\left[\overline{x}_1 - \overline{x}_2 \mp t_{0.025}(28)s_w\sqrt{\frac{1}{10} + \frac{1}{20}}\right] = [4 \mp 0.93],$$

即

$$[3.07, 4.93].$$

例 4　某厂用两条流水线生产小包装番茄酱, 现从两条流水线上各随机抽取一个样本, 容量分别为 $n_1 = 6, n_2 = 7$, 称重 (单位: g) 后算得

$$\overline{x} = 10.6, \qquad s_1^2 = 0.0125;$$
$$\overline{y} = 10.1, \qquad s_2^2 = 0.01.$$

设两条流水线生产的番茄酱包的质量 X 与 Y 都服从正态分布, 其均值分别为 μ_1 与 μ_2, 方差均为 σ^2, 求 $\mu_1 - \mu_2$ 的置信水平为 0.90 的置信区间.

解　X 与 Y 的方差相等, 这时可用 (7.5.6) 式求 $\mu_1 - \mu_2$ 的置信区间. 由于 $\alpha = 0.10, n_1 + n_2 - 2 = 11$, 由 t 分布表查得 $t_{0.05}(11) = 1.7959$, 又可求得

$$\overline{x} - \overline{y} = 0.5,$$

$$s_w^2 = \frac{5 \times 0.0125 + 6 \times 0.01}{11} = 0.01114, \quad s_w = 0.1055.$$

将它们代入(7.5.6)式得 $\mu_1-\mu_2$ 的置信水平为 0.90 的置信区间是

$$\left[\overline{x}-\overline{y}\mp t_{0.05}(11)s_w\sqrt{\frac{1}{n_1}+\frac{1}{n_2}}\right]$$

$$=\left[0.5\mp1.7959\times0.1055\times\sqrt{\frac{1}{6}+\frac{1}{7}}\right]$$

$$=[0.5\mp0.1054]=[0.3946,0.6054].$$

四、两个正态总体方差比 σ_1^2/σ_2^2 的区间估计

由第六章第二节定理 5 可知,若 $X_1,X_2,\cdots,X_{n_1}$ 和 $Y_1,Y_2,\cdots,Y_{n_2}$ 分别是来自两个相互独立的正态总体 $N(\mu_1,\sigma_1^2)$ 及 $N(\mu_2,\sigma_2^2)$ 的样本,S_1^2 和 S_2^2 分别是两个样本的样本方差,则有

$$\frac{S_1^2/S_2^2}{\sigma_1^2/\sigma_2^2}\sim F(n_1-1,n_2-1).$$

由此可得

$$P\left\{F_{1-\frac{\alpha}{2}}(n_1-1,n_2-1)\leqslant\frac{S_1^2/S_2^2}{\sigma_1^2/\sigma_2^2}\leqslant F_{\frac{\alpha}{2}}(n_1-1,n_2-1)\right\}=1-\alpha,$$

即

$$P\left\{\frac{S_1^2}{S_2^2}\cdot\frac{1}{F_{\frac{\alpha}{2}}(n_1-1,n_2-1)}\leqslant\frac{\sigma_1^2}{\sigma_2^2}\leqslant\frac{S_1^2}{S_2^2}\cdot\frac{1}{F_{1-\frac{\alpha}{2}}(n_1-1,n_2-1)}\right\}=1-\alpha.$$

于是得到 σ_1^2/σ_2^2 的一个置信水平为 $1-\alpha$ 的置信区间是

$$\left[\frac{S_1^2}{S_2^2}\cdot\frac{1}{F_{\frac{\alpha}{2}}(n_1-1,n_2-1)},\frac{S_1^2}{S_2^2}\cdot\frac{1}{F_{1-\frac{\alpha}{2}}(n_1-1,n_2-1)}\right].\tag{7.5.7}$$

例 5　从甲、乙两个蓄电池厂生产的产品中,分别抽取 10 个产品,测得它们的容量(单位:Ah)为

甲厂	146	141	138	142	140	143	138	137	142	137
乙厂	141	143	139	139	140	141	138	140	142	136

若蓄电池的容量服从正态分布,求两个工厂生产的蓄电池的容量的方差比的置信水平为 0.90 的置信区间.

解　设 σ_1^2 与 σ_2^2 分别表示甲、乙两工厂生产的蓄电池的容量的方差.

由 $1-\alpha=0.90$,得 $\frac{\alpha}{2}=0.05$,按自由度 $(n_1-1,n_2-1)=(9,9)$ 查 F 分布表得

$$F_{0.05}(9,9) = 3.18,$$

$$F_{1-0.05}(9,9) = \frac{1}{F_{0.05}(9,9)} = \frac{1}{3.18}.$$

再由样本值得

$$\bar{x} = \frac{1}{10} \sum_{i=1}^{10} x_i = 140.4,$$

$$\bar{y} = \frac{1}{10} \sum_{i=1}^{10} y_i = 139.9,$$

$$s_1^2 = \frac{1}{9} \left(\sum_{i=1}^{10} x_i^2 - 10\bar{x}^2 \right) = 8.71,$$

$$s_2^2 = \frac{1}{9} \left(\sum_{i=1}^{10} y_i^2 - 10\bar{y}^2 \right) = 4.10.$$

从而求得

$$\frac{S_1^2}{S_2^2} \cdot \frac{1}{F_{1-\frac{\alpha}{2}}(9,9)} = \frac{8.71}{4.10} \cdot \frac{1}{\frac{1}{3.18}} = 6.756,$$

$$\frac{S_1^2}{S_2^2} \cdot \frac{1}{F_{\frac{\alpha}{2}}(9,9)} = \frac{8.71}{4.10} \cdot \frac{1}{3.18} = 0.668.$$

故所求两厂生产的蓄电池的容量方差比的置信水平为 0.90 的置信区间是 $[0.668, 6.756]$.

双总体的参数的区间估计主要是基于在应用问题中两者之间的比较,如比较未知参数 μ_1 与 μ_2 的大小. 当然我们可以通过比较它们的点估计值 $\bar{x}$ 与 $\bar{y}$ 来实现,但是基于一次数据的比较结果是否可信? 或者用另一次试验的样本观测值做同样的比较却得到相反的结果时该如何处理? 面对这些问题,点估计是无法解决的. 由于区间估计给出的是未知参数的一个可能的范围,故区间估计可以较好地回答类似问题,例如:考虑 $\mu_1-\mu_2$ 的区间估计,若此区间含于实数的正半部分,就说明 $\mu_1-\mu_2>0$ 有 $100(1-\alpha)\%$ 的可信度;若含于实数的负半部分,则结论相反;若区间包含了 0,则说明没有明显的大小倾向.

习题 7-5

1. 从一批钉子中随机抽取 16 根,测得其长度(单位:cm)为

2.14,　2.10,　2.13,　2.15,　2.13,　2.12,　2.13,　2.10,

　　　　　2.15,　2.12,　2.14,　2.10,　2.13,　2.11,　2.14,　2.11.

假设钉子的长度 X 服从正态分布 $N(\mu,\sigma^2)$,在下列两种情况下分别求出总体均值 μ 的置信水平为 0.90 的置信区间:(1) $\sigma^2 = 0.01^2$;(2) σ^2 未知.

　　2. 从某商店一年来的发票存根中随机抽取 26 张,算得平均金额为 78.5 元,样本标准差为 20 元. 假定发票金额服从正态分布,试求出该商店一年来发票平均金额的置信水平为 0.90 的置信区间.

　　3. 从生产出的一大堆钢球中随机抽出 9 个,测量它们的直径(单位:mm),并求得其样本均值 $\overline{x} = $ 31.06,样本方差 $s^2 = 0.25^2$,试求总体均值 μ 的置信水平为 0.95 的置信区间(假设钢球直径 $X \sim N(\mu, \sigma^2)$).

　　4. 设对正态分布随机变量 X 采集 $n = 32$ 个相互独立的观测值:

　　60,　61,　47,　56,　61,　63,　65,　69,　54,　59,　43,　61,　55,　61,　56,　48,
　　67,　65,　60,　58,　57,　62,　57,　58,　53,　59,　58,　61,　67,　67,　62,　54,

求随机变量 X 的均值和方差的置信水平为 0.90 的置信区间.

　　5. 随机地取某种炮弹 9 发做试验,得到炮口速度的样本标准差 $s = 11$ m/s. 设炮口速度服从正态分布,求这种炮弹的炮口速度的标准差 σ 的置信水平为 0.95 的置信区间.

　　6. 从水平锻造机的一大批产品中随机抽取 20 件,测得其尺寸平均值 $\overline{x} = 32.58$,样本方差 $s^2 = $ 0.096 6. 假定该产品尺寸 X 服从正态分布 $N(\mu,\sigma^2)$, μ 与 σ^2 均为未知. 试求 σ^2 的置信水平为 0.95 的置信区间.

　　7. 对方差 σ^2 为已知的正态总体而言,需抽取容量 n 为多大的样本,才能使总体期望值 μ 的置信水平为 $1-\alpha$ 的置信区间的长度不大于 L ?

　　8. 现有两批导线,从 A 批导线中随机地抽取 4 根,从 B 批导线中随机地抽取 5 根,测得它们的电阻(单位: Ω)为

| A 批导线 | 0.143 | 0.142 | 0.143 | 0.137 | |
| B 批导线 | 0.140 | 0.142 | 0.136 | 0.138 | 0.140 |

设这两批导线的电阻分别服从正态分布 $N(\mu_1,\sigma^2)$, $N(\mu_2,\sigma^2)$,并且它们相互独立, μ_1,μ_2,σ^2 均未知,试求 $\mu_1-\mu_2$ 的置信水平为 0.95 的置信区间.

　　9. 为比较 A,B 两种牌子灯泡的使用寿命(单位:h),随机抽取 A 牌灯泡 10 只,测得平均使用寿命 $\overline{x} = 1\,400$,样本标准差 $s_1 = 52$;随机抽取 B 牌灯泡 8 只,测得平均使用寿命 $\overline{y} = 1\,250$,样本标准差 $s_2 = $ 64. 设两个总体都服从正态分布,且方差相等,试求两个总体均值差 $\mu_1-\mu_2$ 的置信水平为 0.95 的置信区间.

　　10. 从两个正态总体 X,Y 中分别抽取容量为 16 和 10 的两个样本,计算得样本方差分别为 $s_X^2 = $ 25.33, $s_Y^2 = 20$,试求总体方差比 $\dfrac{\sigma_X^2}{\sigma_Y^2}$ 的置信水平为 0.95 的置信区间.

　　11. 两个正态总体 $N(\mu_1,\sigma_1^2)$, $N(\mu_2,\sigma_2^2)$ 的参数均未知,依次取容量为 13 和 10 的两个独立样本,测得样本方差 $s_1^2 = 8.41$, $s_2^2 = 5.29$,求两个总体方差比 $\dfrac{\sigma_1^2}{\sigma_2^2}$ 的置信水平为 0.90 的置信区间.

第六节 单侧置信区间

在一些实际问题中,我们往往特别关心某些未知参数的上限或下限.例如,对某种型号的灯泡的使用寿命,人们总希望其使用寿命越长越好,这时使用寿命的"下限"是一个很重要的指标.而对新研制的某种药物的毒性来讲,人们总希望其毒性越小越好,这时药物毒性的"上限"便成了一个重要的指标.这就引出了单侧置信区间的概念.

定义1 设 θ 为总体 X 的一个未知参数,对于给定的 $\alpha(0<\alpha<1)$,由来自总体 X 的样本 $X_1,X_2,\cdots,X_n$ 确定的统计量 $\underline{\theta}=\underline{\theta}(X_1,X_2,\cdots,X_n)$,若满足

$$P\{\theta\geq\underline{\theta}\}\geq 1-\alpha,$$

则随机区间 $[\underline{\theta},+\infty)$ 叫做参数 θ 的置信水平为 $1-\alpha$ 的单侧置信区间,$\underline{\theta}$ 叫做参数 θ 的置信水平为 $1-\alpha$ 的单侧置信下限.

同样,由来自总体 X 的样本 $X_1,X_2,\cdots,X_n$ 确定的统计量 $\bar{\theta}=\bar{\theta}(X_1,X_2,\cdots,X_n)$,若满足

$$P\{\theta\leq\bar{\theta}\}\geq 1-\alpha,$$

则随机区间 $(-\infty,\bar{\theta}]$ 叫做参数 θ 的置信水平为 $1-\alpha$ 的单侧置信区间,$\bar{\theta}$ 叫做参数 θ 的置信水平为 $1-\alpha$ 的单侧置信上限.

注意,所有在前一节中用来求置信区间的方法,都可以用来求单侧置信区间.下面举例加以说明.

例1 为研究某种汽车轮胎的磨损特性,随机取 16 只轮胎实际使用.记录其用到磨坏时所行驶路程(单位:km),得 $\bar{x}=41\ 116,s=6\ 346$.若设此样本来自正态总体 $N(\mu,\sigma^2)$,如今在 σ^2 未知的情况下,求该种轮胎平均行驶路程 μ 的置信水平为 0.95 的置信下限.

解 该正态总体中 σ^2 未知,但是我们有

$$t=\frac{\overline{X}-\mu}{S/\sqrt{n}}\sim t(n-1).$$

由 t 分布可知,对给定的 α,可查表得 $t_\alpha(n-1)$,且有

$$P\left(\frac{\overline{X}-\mu}{S/\sqrt{n}}\leq t_\alpha(n-1)\right)=1-\alpha,$$

由此可得

$$P\left\{\mu\geq\overline{X}-\frac{S}{\sqrt{n}}t_\alpha(n-1)\right\}=1-\alpha,$$

故 μ 的置信水平为 $1-\alpha$ 的置信下限是

$$\underline{\mu}=\overline{X}-\frac{S}{\sqrt{n}}t_\alpha(n-1).$$

这里 $n=16,\alpha=0.05$，查得 $t_{0.05}(15)=1.7531$，将 $\overline{x}$ 及 s 的值代入，得 μ 的置信水平为 0.95 的置信下限是 38 335.

例 2 某面粉加工厂引进了一条自动包装流水线，其袋装面粉的质量服从正态分布 $N(\mu,\sigma^2)$，其中参数 μ,σ^2 均未知，现随机地抽取 5 袋面粉进行测量，质量（单位：g）分别为

$$1\,250,\quad 1\,265,\quad 1\,245,\quad 1\,260,\quad 1\,275,$$

试求参数 σ 的置信水平为 0.95 的置信上限.

解 由于

$$\frac{(n-1)S^2}{\sigma^2}\sim\chi^2(n-1),$$

由 χ^2 分布的性质，对于给定的置信水平 α，有

$$P\left\{\frac{(n-1)S^2}{\sigma^2}\geqslant\chi^2_{1-\alpha}(n-1)\right\}=1-\alpha,$$

化简后，可得

$$P\left\{\sigma^2\leqslant\frac{(n-1)S^2}{\chi^2_{1-\alpha}(n-1)}\right\}=1-\alpha,$$

即

$$P\left\{\sigma\leqslant\frac{\sqrt{(n-1)}S}{\sqrt{\chi^2_{1-\alpha}(n-1)}}\right\}=1-\alpha.$$

所以参数 σ 的置信水平为 $1-\alpha$ 的置信上限为 $\overline{\sigma}=\dfrac{\sqrt{(n-1)}S}{\sqrt{\chi^2_{1-\alpha}(n-1)}}$.

本例中 $n=5,\alpha=0.05$，查表可得 $\chi^2_{1-\alpha}(n-1)=\chi^2_{0.95}(4)=0.711$，计算可得 $s=11.9$，代入上式可得参数 σ 的置信水平为 0.95 的置信上限为 28.2.

习题 7-6

为研究某种汽车轮胎的磨损情况，随机选取 16 只轮胎，每只轮胎行驶到磨坏为止，记录行驶的路程（单位：km）如下

$$41\,250,\quad 40\,187,\quad 43\,175,\quad 41\,010,\quad 39\,265,\quad 41\,872,\quad 42\,654,\quad 41\,287,$$
$$38\,970,\quad 40\,200,\quad 42\,550,\quad 41\,095,\quad 40\,680,\quad 43\,500,\quad 39\,775,\quad 40\,400.$$

假设这些数据来自正态总体 $N(\mu,\sigma^2)$，其中 μ 和 σ^2 均未知，试求 μ 的置信水平为 0.95 的单侧置信下限.

第七节　比率 p 的区间估计

比率 p 是经常会遇到的一个量，如产品的废品率、电视节目的收视率、毕业生的就业率，等等. 为对 p 作估计，我们可把 p 看成一个服从 $(0-1)$ 分布总体的参数. 以某产品检验而言，用 X 表示检查一个产品的废品数，$X=1$ 表示该产品为废品，$X=0$ 表示该产品是合格品，从而当用 p 表示该产品的废品率时，X 便服从 $(0-1)$ 分布：

$$P\{X=1\}=p, P\{X=0\}=1-p.$$

且有 $E(X)=p, D(x)=p(1-p)$.

现在我们来求参数 p 的置信水平为 $1-\alpha$ 的置信区间. 为此，我们从总体中抽样，设 $X_1,X_2,\cdots,X_n$ 为样本，若样本容量较大 $(n>50)$，则依据中心极限定理，有

$$\frac{\sum_{i=1}^{n}X_i-np}{\sqrt{np(1-p)}}=\frac{n\overline{X}-np}{\sqrt{np(1-p)}}$$

近似地服从 $N(0,1)$，所以对于给定的置信水平 $1-\alpha$，有

$$P\left\{-z_{\frac{\alpha}{2}}\leqslant\frac{n\overline{X}-np}{\sqrt{np(1-p)}}\leqslant z_{\frac{\alpha}{2}}\right\}\approx 1-\alpha. \tag{7.7.1}$$

将上式中的不等式

$$-z_{\frac{\alpha}{2}}\leqslant\frac{n\overline{X}-np}{\sqrt{np(1-p)}}\leqslant z_{\frac{\alpha}{2}}$$

化简，可得

$$(n+z_{\frac{\alpha}{2}}^2)p^2-(2n\overline{X}+z_{\frac{\alpha}{2}}^2)p+n\overline{X}^2\leqslant 0.$$

记 $a=n+z_{\frac{\alpha}{2}}^2, -b=2n\overline{X}+z_{\frac{\alpha}{2}}^2, c=n\overline{X}^2$，若上式对应的方程有实根，两实根可记为

$$p_1=\frac{1}{2a}(-b-\sqrt{b^2-4ac}), \quad p_2=\frac{1}{2a}(-b+\sqrt{b^2-4ac}),$$

则 $(7.7.1)$ 式等价于

$$P\{p_1\leqslant p\leqslant p_2\}=1-\alpha. \tag{7.7.2}$$

因而，未知参数 p 的置信水平为 $1-\alpha$ 的一个近似置信区间是

$$[p_1,p_2].$$

例 1　在某电视节目的收视率调查中，一共调查了 400 人，其中有 100 人收看了该电视节目，试求该电视节目收视率 p 的置信水平为 0.95 的置信区间.

解 显然收视率 p 是 $(0-1)$ 分布的未知参数,故可利用 $(7.7.2)$ 式进行区间估计.

这里 $n=400$, $\overline{x}=\dfrac{100}{400}=0.25$, $1-\alpha=0.95$,查表可得 $z_{\frac{\alpha}{2}}=1.96$,代入数据计算可得

$$a=n+z_{\frac{\alpha}{2}}^2=403.841\,6,\quad -b=2n\overline{x}+z_{\frac{\alpha}{2}}^2=203.841\,6,\quad c=n\overline{x}^2=25.$$

所以

$$p_1=\frac{1}{2a}(-b-\sqrt{b^2-4ac})=0.210\,1,$$

$$p_2=\frac{1}{2a}(-b+\sqrt{b^2-4ac})=0.294\,7.$$

故得该电视节目收视率 p 的置信水平为 0.95 的一个置信区间是

$$[0.210\,1,0.294\,7].$$

习题 7-7

1. 在某一地区中,随机地对 100 名成年居民做民意测验,有 80% 的居民支持粮食调价. 求在该地区的所有居民中,支持粮食调价的居民比率的置信水平为 0.95 的置信区间.

2. 某手表厂打算设计一种薄型的新式女表,但该厂不知道这种设计是否符合市场需求,因此从若干销售点的戴表妇女中随机抽选了 1 000 人进行调查,调查结果有 750 人赞成这种设计,求置信水平为 0.95 的 p 的置信区间(p 为赞成这种设计的概率).

第七章知识总结

第八章

假设检验

第八章知识
结构导图

教学基本要求

（1）理解假设检验的基本思想，掌握假设检验的基本步骤，了解假设检验可能产生的两类错误.

（2）了解单个正态总体均值和方差的假设检验，了解两个正态总体均值差和方差比的假设检验.

（3）了解总体分布假设的 χ^2 检验法.

前一章介绍的参数估计是寻求总体未知参数 θ 的估计量 $\hat{\theta}$，它是通过样本的观测值求出 $\hat{\theta}$ 的数值，用来作为 θ 的估计值. 参数估计是统计推断的一个重要方面，然而在实际应用中，还有许多问题要求利用适当的统计量来对总体参数的性质、分布的类型等做出各种分析推断. 例如，分析某种矿石的颗粒直径是否服从正态分布；做一种产品改革前后的抗拉强度试验，要判别改革工艺前后的平均抗拉强度有无显著差异. 诸如此类的问题都需要对未知总体的参数或分布情况做出某种"认定"的假设，希望通过样本来验证这种"认定"是否正确，这就是所谓假设检验问题. 假设检验是统计推断的另一个重要方面.

第一节　假设检验的基本思想

为了说明假设检验的基本思想，下面先看几个例子.

例 1　某厂生产的合金钢，其抗拉强度（单位：kg/mm²）X 可以认为服从正态分布

$N(\mu, \sigma^2), \sigma = 1.5.$ 厂方声称,抗拉强度的均值 $\mu = 48.$ 现抽查 5 件样品,测得抗拉强度为

$$46.8, \quad 45.0, \quad 48.3, \quad 45.1, \quad 44.7.$$

问厂方的说法是否可信?

这相当于先提出了一个假设 $H_0: \mu = 48$,然后要求从样本观测值出发,检验它是否成立.

例 2 为了研究饮酒对工作能力的影响,任选 20 个工人分成两组,一组工人工作前饮一杯酒,一组工人工作前不饮酒. 让他们每人做一份同样的工作,测得他们的完工时间(单位:min)如下

饮酒者	30	46	51	34	48	45	39	61	58	67
未饮酒者	28	22	55	45	39	35	42	38	20	51

问饮酒对工作能力是否有显著的影响?

两组工人的完工时间可以分别看成两个服从正态分布的总体 $X \sim N(\mu_1, \sigma_1^2)$ 和 $Y \sim N(\mu_2, \sigma_2^2)$,如果饮酒对工作能力没有影响,两个总体的均值应该相等,所以,问题相当于要求我们根据实际测得的样本数据,检验假设 $H_0: \mu_1 = \mu_2$ 是否成立.

例 3 某班学生的一次考试成绩为 $x_1, x_2, \cdots, x_n$,问学生的考试成绩 X 是否服从正态分布?

学生的考试成绩可以看成总体 X 的样本观测值,问题相当于提出了一个假设 $H_0: X \sim N(\mu, \sigma^2)$,然后要求从样本出发,检验它是否成立.

这三个例子有一个共同的特点,它们都是先提出一个假设,然后要求从样本出发检验它是否成立,这种问题叫做假设检验问题.

在假设检验中,提出要求检验的假设,叫做**原假设**(或叫做**零假设**),通常记为 H_0. 原假设如果不成立,就要接受另一个和原假设对立的假设,这另一个假设叫做**备选假设**,通常记为 H_1.

例如,在上面的例 1 中,原假设是 $H_0: \mu = 48$,备选假设是 $H_1: \mu \neq 48.$ 在上面的例 2 中,原假设是 $H_0: \mu_1 = \mu_2$,备选假设是 $H_1: \mu_1 \neq \mu_2.$ 在上面的例 3 中,原假设是 $H_0: X \sim N(\mu, \sigma^2)$,备选假设是 $H_1: X$ 不服从正态分布.

假设检验是如何进行的呢? 下面以例 1 的情形为例,推导出这种情形下的检验方法,并以此说明假设检验的基本思想和原理.

μ, σ 分别表示这批合金钢抗拉强度 X 的均值和标准差. 长期的实践表明,标准差较为稳定,我们认为 $\sigma = 1.5$ 是可靠的,即有 $X \sim N(\mu, 1.5^2)$,需判断 $\mu = 48$ 还是 $\mu \neq 48.$ 为此,我们提出两个相互对立的假设

$$H_0: \mu = \mu_0 = 48, \quad H_1: \mu \neq \mu_0. \tag{8.1.1}$$

下面我们需要根据科学的理论推理,利用样本数据,得到正确的决策:是接受原假

设 H_0(即拒绝备选假设 H_1),还是接受备选假设 H_1(即拒绝原假设 H_0).

由于需要检验的是总体均值 μ 的取值情况,我们自然想到总体均值的无偏估计——样本均值 $\overline{X}$. $\overline{X}$ 的观测值应该能够反映 μ 的大小,当原假设 H_0 为真时,当然我们不能认定 $\overline{X}$ 的观测值就一定等于 μ_0(为什么?),但是 $\overline{X}$ 的观测值与 μ_0 的偏差 $|\overline{X}-\mu_0|$ 不应该太大. 若 $|\overline{X}-\mu_0|$ 太大,我们就有理由怀疑原假设 H_0 的真实性,从而接受备选假设 H_1(即拒绝原假设 H_0). 考虑到 H_0 为真时 $\dfrac{\overline{X}-\mu_0}{\sigma/\sqrt{n}} \sim N(0,1)$,我们衡量 $|\overline{X}-\mu_0|$ 的大小可以归结到衡量 $\dfrac{|\overline{X}-\mu_0|}{\sigma/\sqrt{n}}$ 的大小.

基于上述想法,可以选定一个恰当的正数 C(衡量标准),只要样本观测值满足 $\dfrac{|\overline{X}-\mu_0|}{\sigma/\sqrt{n}}>C$,我们就认为 $\overline{X}$ 的观测值与 μ_0 的偏差 $|\overline{X}-\mu_0|$ 太大,从而拒绝原假设 H_0(即接受备选假设 H_1);反之,若 $\dfrac{|\overline{X}-\mu_0|}{\sigma/\sqrt{n}}\leq C$,我们则没有理由否定原假设 H_0,从而接受原假设 H_0(即拒绝备选假设 H_1).

上述的决策是基于样本的观测值进行的. 实际上,由于样本的随机性,当 H_0 为真时,我们仍然无法排除做出拒绝 H_0 这种错误决策的可能性. 但我们希望犯这种错误的概率越小越好,犯这种错误的概率记为

$$P\{\text{拒绝}\ H_0 \mid H_0 \text{为真}\} \quad \text{或} \quad P_{\mu_0}\{\text{拒绝}\ H_0\} \quad \text{或} \quad P_{\mu\in H_0}\{\text{拒绝}\ H_0\}.$$

我们若要将犯这种错误的概率控制在一定限度以内,可事先给定一个较小的正数 $\alpha(0<\alpha<1)$,只要我们选取的衡量标准 C 满足

$$P\{\text{拒绝}\ H_0 \mid H_0 \text{为真}\} \leq \alpha, \tag{8.1.2}$$

则根据(8.1.2)式做出的决策就能保证在 H_0 为真时决策错误的概率不会超过 α. 取上限为 α,依据(8.1.2)式,有

$$P\{\text{拒绝}\ H_0 \mid H_0 \text{为真}\} = P_{\mu_0}\left\{\left|\dfrac{\overline{X}-\mu_0}{\sigma/\sqrt{n}}\right|>C\right\}=\alpha.$$

当 H_0 为真时,$Z=\dfrac{\overline{X}-\mu_0}{\sigma/\sqrt{n}} \sim N(0,1)$,根据标准正态分布的上 α 分位点的定义可知(图 8-1),当 $C=z_{\frac{\alpha}{2}}$ 时,有

$$P_{\mu_0}\left\{\left|\dfrac{\overline{X}-\mu_0}{\sigma/\sqrt{n}}\right|>C\right\}=\alpha. \tag{8.1.3}$$

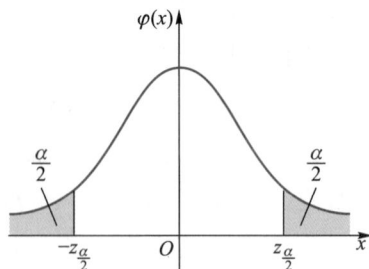

图 8-1

所以,若样本的观测值满足

$$|z| = \left| \frac{\overline{x} - \mu_0}{\sigma / \sqrt{n}} \right| \leqslant C = z_{\frac{\alpha}{2}}, \tag{8.1.4}$$

则接受 H_0.

对于例 1 的情形,若 $\alpha = 0.05$,则 $z_{\frac{\alpha}{2}} = z_{0.025} = 1.96$,而 $n = 5$,$\sigma = 1.5$,$\mu_0 = 48$,$\overline{x} = 45.98$,即

$$\left| \frac{\overline{x} - \mu_0}{\sigma / \sqrt{n}} \right| = 3.01 > 1.96,$$

所以拒绝 H_0,即认为厂方的说法不可信.

用上述方法拒绝原假设是运用了"小概率事件在一次试验中几乎是不会发生的"这样一个实际推断原理. 因为通常 α 总是取得较小(如 $\alpha = 0.05, 0.01$ 等),当 H_0 为真时,$\left\{ \left| \frac{\overline{X} - \mu_0}{\sigma / \sqrt{n}} \right| > z_{\frac{\alpha}{2}} \right\}$ 为一个小概率事件,根据实际推断原理,小概率事件在一次试验中几乎是不会发生的. 也就是说,假设 H_0 为真时,由一次试验得到的样本观测值满足了不等式 $\left| \frac{\overline{X} - \mu_0}{\sigma / \sqrt{n}} \right| > z_{\frac{\alpha}{2}}$,这说明几乎不会发生的 $\left\{ \left| \frac{\overline{X} - \mu_0}{\sigma / \sqrt{n}} \right| > z_{\frac{\alpha}{2}} \right\}$ 现在竟然发生了,则我们有理由怀疑原假设 H_0 的正确性,从而做出拒绝 H_0 的决策. 反之,若样本观测值满足 $\left| \frac{\overline{X} - \mu_0}{\sigma / \sqrt{n}} \right| \leqslant z_{\frac{\alpha}{2}}$,我们则没有充分理由否定原假设 H_0,从而只能接受 H_0.

显然,根据上述思想,只要确定 α 的取值,衡量标准 C 随之确定,我们就可以利用 (8.1.3)式和(8.1.4)式来决定应该接受 H_0 还是拒绝 H_0. 这里的 α 通常叫做**显著性水平**,而其中涉及的统计量

$$Z = \frac{\overline{X} - \mu_0}{\sigma / \sqrt{n}}$$

通常叫做**检验统计量**.

而(8.1.3)式所对应的样本取值范围,通常叫做原假设 H_0 的**拒绝域** W,拒绝域的边界点叫做临界点,(8.1.4)式所对应的样本取值范围叫做原假设 H_0 的**接受域** $\overline{W}$.

我们根据样本观测值对原假设做出判断时,总是无法避免做出错误的判断. 正如上面所说的情况,若 H_0 为真时,可能出现拒绝 H_0 的错误,我们把这类"弃真"错误叫做**第 I 类错误**. 同样地,当 H_0 为不真时,样本观测值同样有可能满足接受域的条件,这时,我们就会做出接受 H_0 的错误判断,我们把这类"取伪"错误叫做**第 II 类错误**(如表 8-1 所示). 犯第 II 类错误的概率记为

$$P\{接受\,H_0|H_0\,不真\} \quad 或 \quad P_{\mu_1}\{接受\,H_0\} \quad 或 \quad P_{\mu \in H_1}\{接受\,H_0\}.$$

表 8-1 假设检验的两类错误

	$Z \in \overline{W}$,接受 H_0	$Z \in W$,拒绝 H_0
H_0 为真,H_1 不真	正确	犯第 I 类错误
H_0 不真,H_1 为真	犯第 II 类错误	正确

那么,根据上述方法,我们能否确定一个理想的衡量标准 C,使得犯两类错误的概率都尽可能小呢?进一步讨论可知,在样本容量固定时,一般而言,若要减小犯第 I 类错误的概率,则犯第 II 类错误的概率往往会增大;若要同时减小犯两类错误的概率,只能增加样本容量.所以,在给定样本容量的情况下,我们一般只控制犯第 I 类错误的概率,使之不超过给定的上限 α.这种只对犯第 I 类错误的概率加以控制的检验,叫做**显著性检验**.

在(8.1.1)式中的备选假设 H_1 表明 μ 可能大于 μ_0,也可能小于 μ_0,这叫做**双侧备选假设**,这样的假设检验问题叫做**双侧假设检验**.实际中也有另一种情况,即我们只关心总体均值 μ 是否大于 μ_0.这时,原假设和备选假设分别为

$$H_0 : \mu \leqslant \mu_0, \quad H_1 : \mu > \mu_0.$$

这类假设检验,叫做**右侧假设检验**.同样,有时原假设和备选假设分别为

$$H_0 : \mu \geqslant \mu_0, \quad H_1 : \mu < \mu_0.$$

这类假设检验,叫做**左侧假设检验**.右侧假设检验和左侧假设检验统称为**单侧假设检验**.

下面我们来讨论正态总体 $N(\mu, \sigma^2)$ 在方差 σ^2 已知的情况下,单侧假设检验的拒绝域.

设总体 $X \sim N(\mu, \sigma^2)$,其中 σ^2 已知,$X_1, X_2, \cdots, X_n$ 是来自总体 X 的简单随机样本,显著性水平为 α,原假设和备选假设为

$$H_0 : \mu \leqslant \mu_0, \quad H_1 : \mu > \mu_0.$$

同理,我们考虑总体均值的无偏估计——样本均值 $\overline{X}$,由于 $\overline{X}$ 是 μ 的无偏估计,所以当 H_0 为真时$(\mu \leqslant \mu_0)$,$\overline{X}$ 的观测值与 μ_0 的差 $\overline{X} - \mu_0$ 不应该太大.若 $\overline{X} - \mu_0$ 太大,我们就有理由怀疑假设 H_0 的真实性,从而接受假设 H_1(即拒绝假设 H_0).选定一个恰当的正数 C(衡量标准),只要样本观测值满足 $\overline{X} - \mu_0 > C$,我们就拒绝假设 H_0(即接受假设 H_1);反之,则接受假设 H_0(即拒绝假设 H_1).

$$P\{拒绝\,H_0|H_0\,为真\} = P_{\mu_0}\{\overline{X} - \mu_0 > C\} = P_{\mu \leqslant \mu_0}\left\{\frac{\overline{X} - \mu_0}{\sigma/\sqrt{n}} > \frac{C}{\sigma/\sqrt{n}}\right\}$$

$$\leqslant P_{\mu \leqslant \mu_0}\left\{\frac{\overline{X} - \mu}{\sigma/\sqrt{n}} > \frac{C}{\sigma/\sqrt{n}}\right\},$$

要保证犯第 I 类错误的概率不超过 α,只需满足

$$P_{\mu \leqslant \mu_0} \left\{ \frac{\overline{X} - \mu}{\sigma / \sqrt{n}} > \frac{C}{\sigma / \sqrt{n}} \right\} = \alpha. \tag{8.1.5}$$

因为 $\dfrac{\overline{X} - \mu}{\sigma / \sqrt{n}} \sim N(0,1)$,所以在(8.1.5)式中,我们取 $\dfrac{C}{\sigma / \sqrt{n}} = z_\alpha$(图 8-2),即有

$$C = z_\alpha \cdot \frac{\sigma}{\sqrt{n}},$$

可得 H_0 的拒绝域为

$$W = \left\{ \overline{X} > \mu_0 + z_\alpha \cdot \frac{\sigma}{\sqrt{n}} \right\} = \left\{ \frac{\overline{X} - \mu_0}{\sigma / \sqrt{n}} > z_\alpha \right\}.$$

同理,对于左侧假设检验

$$H_0 : \mu \geqslant \mu_0, \quad H_0 : \mu < \mu_0,$$

其拒绝域为

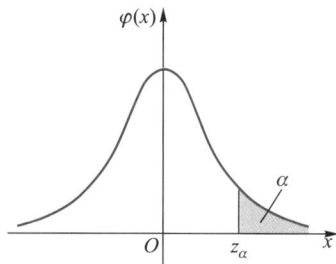

图 8-2

$$W = \left\{ \overline{X} < \mu_0 - z_\alpha \cdot \frac{\sigma}{\sqrt{n}} \right\} = \left\{ \frac{\overline{X} - \mu_0}{\sigma / \sqrt{n}} < -z_\alpha \right\}.$$

例 4　某厂生产了一批灯泡,根据规格要求,灯泡的使用寿命不低于 1 000 h 才是合格品.为了做产品质量检查,现从这批灯泡中随机抽取 25 个,测得其使用寿命的平均值为 950 h.已知灯泡的使用寿命 X 服从正态分布,标准差 $\sigma = 100$ h.试在显著性水平 $\alpha = 0.05$ 下确认这批灯泡是否合格.

解　依题意,总体 $X \sim N(\mu, \sigma^2)$,μ 为总体均值,易知该问题的原假设和备选假设为

$$H_0 : \mu \geqslant \mu_0 = 1\ 000, \quad H_1 : \mu < \mu_0.$$

因为总体标准差 σ 已知,$\sigma = 100$,所以 H_0 的拒绝域为

$$W = \left\{ \overline{X} < \mu_0 - z_\alpha \cdot \frac{\sigma}{\sqrt{n}} \right\}.$$

这里,$\alpha = 0.05$,$z_\alpha = 1.65$,$n = 25$,$\mu_0 = 1\ 000$,$\overline{x} = 950$,所以

$$\overline{x} = 950 < 967 = \mu_0 - z_\alpha \cdot \frac{\sigma}{\sqrt{n}},$$

即样本观测值在拒绝域中,故在显著性水平 $\alpha = 0.05$ 下拒绝 H_0,即认为这批灯泡不合格.

综上所述,我们可以归纳出假设检验问题的基本步骤如下:

(1) **根据问题的要求建立原假设 H_0 和备选假设 H_1;**

(2) **构造检验统计量,并确定其在 H_0 为真时的分布;**

（3）针对给定的显著性水平 α，查表确定 H_0 的拒绝域 W；

（4）利用样本观测值，计算检验统计量的值；

（5）做出判断，是否接受原假设 H_0.

后面我们将针对正态总体的各种具体情况来讨论其参数的假设检验问题.

习题 8-1

1. 某厂每天生产的产品分三批包装，规定每批产品的次品率都低于 0.01 才能出厂. 若产品符合出厂要求，今从三批产品中各任抽一件，抽到的三件分别有 $0,1,2,3$ 件次品的概率是多少？若某日用上述方法抽到了次品，问该日产品能否出厂？

2. 四个人在玩扑克牌，其中一个人连续三次没有得到 A 牌. 问他是否有理由埋怨自己"运气"不佳？

第二节　单个正态总体均值的假设检验

一、总体方差 σ^2 已知时（$\sigma^2 = \sigma_0^2$），总体均值 μ 的检验

设样本 $X_1, X_2, \cdots, X_n$ 来自正态总体 $X \sim N(\mu, \sigma_0^2)$，$\mu$ 未知，σ_0^2 是已知常数，欲检验假设

$$H_0 : \mu = \mu_0, \quad H_1 : \mu \neq \mu_0.$$

如第一节中所述，此时我们选取的检验统计量为

$$Z = \frac{\overline{X} - \mu_0}{\sigma / \sqrt{n}} \sim N(0,1),$$

在给定的显著性水平 α 下，H_0 的拒绝域为

$$W = \left\{ |Z| > z_{\frac{\alpha}{2}} \right\} \quad \text{或} \quad W = \left\{ Z < -z_{\frac{\alpha}{2}} \text{或} Z > z_{\frac{\alpha}{2}} \right\}.$$

上述假设检验方法称为 Z 检验法.

例 1　安装一部新仪器，据经验所知，元件尺寸（单位：cm）是服从正态分布的，希望元件尺寸的均值保持在原有尺寸的水平. 原有仪器元件尺寸的均值为 3.278 cm，标准差为 0.002 cm. 现测量了 10 个新元件，得到下列数据：

$$3.281, \quad 3.276, \quad 3.278, \quad 3.286, \quad 3.276,$$
$$3.278, \quad 3.281, \quad 3.279, \quad 3.280, \quad 3.277.$$

问新装仪器元件尺寸的均值与原有仪器元件尺寸的均值有无显著差异(显著性水平 $\alpha = 0.05$)?

解　设元件尺寸为 X,则有 $X \sim N(\mu, \sigma^2)$. 本例是已知方差 $\sigma_0^2 = 0.002^2$,要检验假设 $H_0: \mu = 3.278$ 是否成立,我们采用 Z 检验法.

第一步:提出假设 $H_0: \mu = \mu_0 = 3.278, H_1: \mu \neq \mu_0$;

第二步:选取统计量 $Z = \dfrac{\overline{X} - \mu_0}{\sigma / \sqrt{n}} \sim N(0, 1)$;

第三步:在给定显著性水平 $\alpha = 0.05$ 的条件下,查正态分布表得到 $z_{\frac{\alpha}{2}} = z_{0.025} = 1.96$,则

$$W = \{|Z| > 1.96\}.$$

第四步:由样本值算出 Z 的值 z_0,经计算样本均值观测值 $\overline{x} = 3.2792$,故

$$|z_0| = \left| \frac{\overline{x} - \mu_0}{\sigma / \sqrt{n}} \right| = \left| \frac{3.2792 - 3.278}{0.002 / \sqrt{10}} \right| = 1.90;$$

第五步:做出判断. 因为

$$|z_0| = 1.90 < z_{0.025} = 1.96,$$

因而接受原假设 $H_0: \mu = 3.278$,即认为新元件的尺寸均值与原来的元件尺寸均值无显著差异.

二、总体方差 σ^2 未知时,总体均值 μ 的检验

设样本 $X_1, X_2, \cdots, X_n$ 来自正态总体 $X \sim N(\mu, \sigma^2)$,其中 μ, σ^2 均未知,欲检验假设

$$H_0: \mu = \mu_0, \quad H_1: \mu \neq \mu_0. \tag{8.2.1}$$

使用 Z 检验法要求方差已知,但在许多实际问题中,方差往往是未知的,这就需要采用别的检验法. 与构成 Z 检验的条件相比较,只是方差未知,一个很自然的想法就是用总体方差 σ^2 的无偏估计 $S^2 = \dfrac{1}{n-1} \sum\limits_{i=1}^{n} (X_i - \overline{X})^2$ 去代替它. 因此,我们构造检验统计量

$$T = \frac{\overline{X} - \mu_0}{S / \sqrt{n}}.$$

在 H_0 成立时,$T \sim t(n-1)$,而且,$|T|$ 的观测值不会有偏大的趋势,当 $|T|$ 偏大时,我们就拒绝 H_0. 故对给定的显著性水平 α,由于犯第 I 类错误的概率不超过 α,查 t 分布表求出 $t_{\frac{\alpha}{2}}(n-1)$,使

$$P\{|T| > t_{\frac{\alpha}{2}}(n-1)\} = \alpha.$$

故检验拒绝域为

$$W = \{ \, |T| > t_{\frac{\alpha}{2}}(n-1) \, \}.$$

这种利用 t 分布统计量的检验方法叫做 t 检验法. 依照 Z 检验的步骤可列出 t 检验的对应步骤.

第一步:提出假设 $H_0:\mu=\mu_0, H_1:\mu \neq \mu_0$;

第二步:选取统计量 $T = \dfrac{\overline{X} - \mu_0}{S/\sqrt{n}} \sim t(n-1)$;

第三步:在给定显著性水平 α 的条件下,查 t 分布表得到 $t_{\frac{\alpha}{2}}(n-1)$,则

$$W = \{ \, |T| > t_{\frac{\alpha}{2}}(n-1) \, \};$$

第四步:由样本值算出 T 的值 t_0;

第五步:做出判断,当 $|t_0| > t_{\frac{\alpha}{2}}(n-1)$ 时,否定原假设 $H_0:\mu=\mu_0$;当 $|t_0| \leqslant t_{\frac{\alpha}{2}}(n-1)$ 时,接受原假设 $H_0:\mu=\mu_0$.

比较 Z 检验和 t 检验的五个步骤,可看到它们形式上完全相同,主要区别在于构造的统计量不同. 形式相同是因为它们都是用小概率原理以反证的推理方法建立起来的,而统计量的不同则是由问题条件不同决定的. 根据不同条件构造不同的统计量是建立不同检验法的关键. 因此,今后关于其他检验法的介绍会着重于原理的分析,特别着重于构造所需统计量这个关键问题的讨论.

例 2 用某种仪器间接测量长度 X,根据经验,可以认为间接测量所得的长度 $X \sim N(\mu, \sigma^2)$. 重复测量 5 次,所得数据是:175,173,178,174,176. 而用别的精确办法已测得长度为 179(可作为长度的真值),试问此仪器间接测量有无系统偏差(显著性水平 $\alpha = 0.05$)?

解 由已知有 $X \sim N(\mu, \sigma^2)$,因此用这种仪器间接测量有无系统偏差的问题可归结为对假设

$$H_0:\mu=\mu_0=179, \quad H_1:\mu \neq \mu_0=179$$

做出检验. 这里由于方差 σ^2 未知,用 t 检验法. 根据样本值可算出

$$\overline{x} = \frac{1}{5}(175+173+\cdots+176) = 175.2,$$

$$s^2 = \frac{1}{5-1}[(175-175.2)^2+(173-175.2)^2+\cdots+(176-175.2)^2] = 3.7,$$

$$s = 1.92,$$

从而算得

$$|t_0| = \left| \frac{\overline{x}-\mu_0}{s/\sqrt{n}} \right| = \left| \frac{175.2-179}{1.92/\sqrt{5}} \right| = 4.426.$$

对显著性水平 $\alpha = 0.05$,查 t 分布表得 $t_{\frac{\alpha}{2}}(n-1) = t_{0.025}(4) = 2.7764$,由于

$$|t_0| = 4.426 > 2.7764 = t_{\frac{\alpha}{2}}(n-1),$$

故否定原假设 $H_0 : \mu = \mu_0 = 179$,即认为用这种仪器间接测量的结果有系统偏差.

例 3　一种油燃料的辛烷等级服从正态分布,其平均等级为 98.0,标准差为 0.8. 今对一批(25 桶)新油各做一次试验,得一容量为 25 的辛烷等级的样本,算得样本均值为 97.7. 假定标准差与原来一样,问新油辛烷平均等级是否比原来油燃料的辛烷平均等级低(显著性水平 $\alpha = 0.05$)?

解　本例是一个左侧假设检验问题. 已知方差为 $\sigma_0^2 = 0.8^2$,在 $\alpha = 0.05$ 下,检验

$$H_0 : \mu \geqslant \mu_0 = 98.0, \quad H_1 : \mu < \mu_0 = 98.0.$$

利用检验统计量 $Z = \dfrac{\overline{X} - \mu_0}{\sigma_0/\sqrt{n}}$ 做检验,由所给数据可算出 Z 的观测值

$$z_0 = \frac{\overline{x} - \mu_0}{\sigma_0/\sqrt{n}} = \frac{97.7 - 98.0}{0.8/\sqrt{25}} = -1.875.$$

对给定的显著性水平 $\alpha = 0.05$,查正态分布表得 $z_\alpha = z_{0.05} = 1.65$. 由 $z_0 = -1.875 < -1.65 = -z_\alpha$,故否定 H_0,即认为新油辛烷的平均等级比原来的油燃料辛烷的平均等级低.

综上,关于单个正态总体的均值的检验问题可汇总成表 8-2.

表 8-2　单个正态总体均值检验表

检验法	H_0	H_1	检验统计量	拒绝域 W
Z 检验法 ($\sigma = \sigma_0$ 已知)	$\mu = \mu_0$	$\mu \neq \mu_0$	$Z = \dfrac{\overline{X} - \mu_0}{\sigma_0/\sqrt{n}}$	$\{|Z| > z_{\frac{\alpha}{2}}\}$
t 检验法 (σ 未知)	$\mu = \mu_0$	$\mu \neq \mu_0$	$T = \dfrac{\overline{X} - \mu_0}{S/\sqrt{n}}$	$\{|T| > t_{\frac{\alpha}{2}}(n-1)\}$

习题 8-2

1. 现有一批矿砂,测得 5 个样品的镍含量(质量百分比,单位:%)分别为

$$3.25, \quad 3.27, \quad 3.24, \quad 3.26, \quad 3.24.$$

设测定值总体服从正态分布,但参数未知,问在显著性水平 $\alpha = 0.05$ 下能否认为这批矿砂的镍含量为 3.25%?

2. 某炼铁厂的铁水含碳量(质量百分比,单位:%)在正常情况下服从正态分布 $N(4.55, 0.108^2)$,

某日测得 5 炉铁水其含碳量分别为

$$4.28, \quad 4.40, \quad 4.42, \quad 4.35, \quad 4.47.$$

若标准差没有改变,试问铁水含碳量有无变化(显著性水平 $\alpha = 0.05$)?

3. 现有一大批木材原料,从中随机抽出 100 根进行测量,测得其小头直径的平均值为 11.2 cm. 由经验可知小头直径服从正态分布,若已知标准差 $\sigma_0 = 2.6$ cm,则在显著性水平 $\alpha = 0.05$ 下能否认为小头直径的平均水平是在 12 cm 以上?

4. 已知精料养鸡时,鸡的平均质量为 2 kg. 今有一批鸡改用粗料饲养,同时改善饲养方法,经同样长的饲养期后随机抽得 10 只称其质量(单位:kg)分别为

$$1.85, \quad 1.90, \quad 2.05, \quad 1.95, \quad 2.30, \quad 2.35, \quad 2.50, \quad 2.25, \quad 2.15, \quad 1.90.$$

已知同一批鸡的质量 $X \sim N(\mu, \sigma^2)$,试问改善饲养方法后鸡的平均质量是否明显提高(显著性水平 $\alpha = 0.10$)?

第三节　单个正态总体方差的假设检验

现在讨论正态分布方差的检验. 设 $X_1, X_2, \cdots, X_n$ 是来自正态总体 $N(\mu, \sigma^2)$ 的一个样本,欲检验假设

$$H_0: \sigma^2 = \sigma_0^2, \quad H_1: \sigma^2 \neq \sigma_0^2.$$

一、总体均值 $\mu = \mu_0$ 已知

在已知总体均值 $\mu = \mu_0$ 的情况下,$\dfrac{1}{n} \sum_{i=1}^{n} (X_i - \mu_0)^2$ 反映了样本对 σ_0^2 的偏离程度,而且是 σ^2 的一个无偏估计. 当 H_0 成立时,$\dfrac{1}{n} \sum_{i=1}^{n} (X_i - \mu_0)^2$ 应在 σ_0^2 周围波动,反之,将偏离 σ_0^2. 因此它是已知均值 μ_0 时检验假设的合适的检验统计量. 在 H_0 成立时,

$$\chi^2 = \frac{\sum_{i=1}^{n} (X_i - \mu_0)^2}{\sigma_0^2} \sim \chi^2(n), \quad (8.3.1)$$

故对所给的显著性水平 α,为使犯第 I 类错误的概率不超过给定值 α ($0 < \alpha < 1$),可取拒绝域为

$$W = \left\{ \chi^2 > \chi^2_{\frac{\alpha}{2}}(n) \text{ 或 } \chi^2 < \chi^2_{1-\frac{\alpha}{2}}(n) \right\}.$$

如图 8-3 所示.

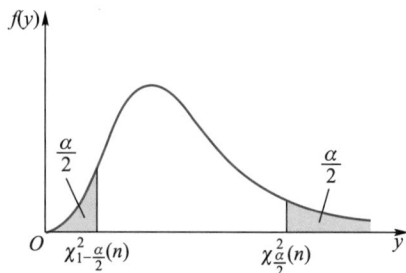

图 8-3

二、总体均值 μ 未知

此时,在(8.3.1)式中,自然要用 μ 的估计 $\overline{X}$ 代替 μ_0,即用检验统计量

$$\chi^2 = \frac{\sum\limits_{i=1}^{n}(X_i-\overline{X})^2}{\sigma_0^2} = \frac{(n-1)S^2}{\sigma_0^2}$$

检验. 在 H_0 成立时,可知 $\chi^2 \sim \chi^2(n-1)$,与上述情况类似,可确定拒绝域. 这种检验方法叫做 χ^2 检验.

将上述结果列于表 8-3.

表 8-3　单个正态总体方差检验表

χ^2 检验法	H_0	H_1	检验统计量	拒绝域 W
$\mu=\mu_0$ 已知	$\sigma^2=\sigma_0^2$	$\sigma^2\neq\sigma_0^2$	$\chi_1^2=\dfrac{1}{\sigma_0^2}\sum\limits_{i=1}^{n}(X_i-\mu_0)^2$	$\left\{\chi_1^2>\chi_{\frac{\alpha}{2}}^2(n)\text{ 或 }\chi_1^2<\chi_{1-\frac{\alpha}{2}}^2(n)\right\}$
	$\sigma^2\leqslant\sigma_0^2$	$\sigma^2>\sigma_0^2$		$\{\chi_1^2>\chi_{\alpha}^2(n)\}$
	$\sigma^2\geqslant\sigma_0^2$	$\sigma^2<\sigma_0^2$		$\{\chi_1^2<\chi_{1-\alpha}^2(n)\}$
μ 未知	$\sigma^2=\sigma_0^2$	$\sigma^2\neq\sigma_0^2$	$\chi_2^2=\dfrac{1}{\sigma_0^2}\sum\limits_{i=1}^{n}(X_i-\overline{X})^2$	$\left\{\chi_2^2>\chi_{\frac{\alpha}{2}}^2(n-1)\text{ 或 }\chi_2^2<\chi_{1-\frac{\alpha}{2}}^2(n-1)\right\}$
	$\sigma^2\leqslant\sigma_0^2$	$\sigma^2>\sigma_0^2$		$\{\chi_2^2>\chi_{\alpha}^2(n-1)\}$
	$\sigma^2\geqslant\sigma_0^2$	$\sigma^2<\sigma_0^2$		$\{\chi_2^2<\chi_{1-\alpha}^2(n-1)\}$

例 1　某车间生产的金属丝质量一贯较为稳定,折断力(单位:kg)服从正态分布,方差 $\sigma_0^2=64$. 今从一批产品中抽出 10 根做折断力试验,结果为

578,　572,　570,　568,　572,　570,　572,　584,　570,　596.

问是否可以相信这批金属丝的折断力方差也为 64(显著性水平 $\alpha=0.05$)?

解　设折断力为 X,依题意,$X\sim N(\mu,\sigma^2)$,问题是要检验假设

$$H_0:\sigma^2=\sigma_0^2=64,\quad H_1:\sigma^2\neq\sigma_0^2.$$

利用 χ^2 检验法.

$\alpha=0.05$,自由度 $n-1=10-1=9$,查 χ^2 分布临界值表得临界值

$$\chi_{1-\frac{\alpha}{2}}^2(n-1)=2.70,\quad \chi_{\frac{\alpha}{2}}^2(n-1)=19.02,$$

再由样本值算得 $\overline{x}=575.2$,$\sum\limits_{i=1}^{10}(x_i-\overline{x})^2=681.6$,

$$\chi_0^2=\frac{\sum\limits_{i=1}^{10}(x_i-\overline{x})^2}{64}=\frac{681.6}{64}\approx10.65.$$

由于 $\chi^2_{1-\frac{\alpha}{2}}(n-1)<\chi^2_0<\chi^2_{\frac{\alpha}{2}}(n-1)$，所以接受假设 $H_0:\sigma^2=64$，即认为这批金属丝折断力的方差与 64 无显著差异.

例 2 某类钢板每块的质量 X 服从正态分布，方差不得超过 0.016. 现从某天生产的钢板中随机抽取 25 块，得其样本方差 $s^2=0.025$，问该天生产的钢板质量的方差是否满足要求？

第八章第三节例 2 解答

习题 8-3

1. 从切割机切割所得的钢条的长度 $X\sim N(\mu,\sigma^2)$，随机从中取出 15 根进行测量，测得长度（单位：cm）分别为

$$10.5,\quad 10.6,\quad 10.1,\quad 10.4,\quad 10.5,\quad 10.3,\quad 10.3,\quad 10.2,$$
$$10.9,\quad 10.6,\quad 10.8,\quad 10.5,\quad 10.7,\quad 10.2,\quad 10.7,$$

试问在显著性水平 $\alpha=0.05$ 下能否认为总体 X 的标准差 $\sigma=0.15$？

2. 已知维尼纶纤度在正常条件下服从正态分布 $N(\mu,\sigma^2)$，其标准差 σ 根据以往资料暂定为 0.048. 某日抽取 5 根维尼纶，测得纤度分别为

$$1.32,\quad 1.55,\quad 1.36,\quad 1.40,\quad 2.44.$$

试问这天纤度总体的方差 σ^2 有无显著变化（显著性水平 $\alpha=0.10$）？

3. 测定某种溶液中的水分质量百分比，由它的 10 个测定值计算可得样本标准差 $s=0.037\%$，设测定值总体服从正态分布，σ^2 为总体方差，试在显著性水平 $\alpha=0.05$ 下检验假设

$$H_0:\sigma\geqslant 0.04\%,\quad H_1:\sigma<0.04\%.$$

第四节 两个正态总体均值差的假设检验

一、方差已知时两个总体均值差的检验

正态总体 $X\sim N(\mu_1,\sigma_1^2)$，$Y\sim N(\mu_2,\sigma_2^2)$，$\sigma_1^2,\sigma_2^2$ 已知. $X_1,X_2,\cdots,X_m$ 和 $Y_1,Y_2,\cdots,Y_n$ 分别为来自总体 X 和 Y 的两个独立样本，问题的原假设和备选假设为

$$H_0:\mu_1=\mu_2,\quad H_1:\mu_1\neq\mu_2.$$

检验假设 $H_0:\mu_1=\mu_2$ 等价于检验假设 $H_0:\mu_1-\mu_2=0$. 这自然就会想到考察两个样本均值 $\overline{X}$ 与 $\overline{Y}$ 之差，看它们相差大不大. 如果相差大，则假设 $H_0:\mu_1=\mu_2$ 不大可能成立；若相差不大，则假设 $H_0:\mu_1=\mu_2$ 有可能成立. 这里所说的"可能成立"与"不大可能成立"是从概率意义上讲的，于是考察 $\overline{X}-\overline{Y}$ 的概率分布问题. 由于

$$\overline{X} = \frac{1}{m} \sum_{i=1}^{m} X_i, \quad \overline{Y} = \frac{1}{n} \sum_{i=1}^{n} Y_i.$$

而且 $\overline{X} \sim N\left(\mu_1, \frac{\sigma_1^2}{m}\right), \overline{Y} \sim N\left(\mu_2, \frac{\sigma_2^2}{n}\right)$ 及 $X_1, X_2, \cdots, X_m$ 与 $Y_1, Y_2, \cdots, Y_n$ 相互独立,故

$$\overline{X} - \overline{Y} \sim N\left(\mu_1 - \mu_2, \frac{\sigma_1^2}{m} + \frac{\sigma_2^2}{n}\right).$$

当 $H_0 : \mu_1 = \mu_2$ 成立时,统计量

$$Z = \frac{(\overline{X} - \overline{Y}) - (\mu_1 - \mu_2)}{\sqrt{\dfrac{\sigma_1^2}{m} + \dfrac{\sigma_2^2}{n}}} = \frac{\overline{X} - \overline{Y}}{\sqrt{\dfrac{\sigma_1^2}{m} + \dfrac{\sigma_2^2}{n}}} \sim N(0, 1). \tag{8.4.1}$$

对给定的显著性水平 α,查正态分布表得临界点为 $z_{\frac{\alpha}{2}}$,取拒绝域

$$W = \left\{ |Z| > z_{\frac{\alpha}{2}} \right\}.$$

这就是用于检验两个正态总体均值差的 Z 检验.

二、方差未知但相等时两个正态总体均值差的检验

σ_1^2, σ_2^2 未知,但已知 $\sigma_1^2 = \sigma_2^2$ 时,检验假设

$$H_0 : \mu_1 = \mu_2, \quad H_1 : \mu_1 \neq \mu_2.$$

根据 t 分布的条件,第六章已经证明 $\sigma_1^2 = \sigma_2^2$ 时,在假设 $\mu_1 = \mu_2$ 成立的情况下,统计量

$$\begin{aligned}
T &= \frac{(\overline{X} - \overline{Y}) - (\mu_1 - \mu_2)}{\sqrt{(m-1)S_1^2 + (n-1)S_2^2}} \sqrt{\frac{mn(m+n-2)}{m+n}} \\
&= \frac{\overline{X} - \overline{Y}}{\sqrt{(m-1)S_1^2 + (n-1)S_2^2}} \sqrt{\frac{mn(m+n-2)}{m+n}} \sim t(m+n-2),
\end{aligned}$$

其中,

$$S_1^2 = \frac{1}{m-1} \sum_{i=1}^{m} (X_i - \overline{X})^2, \quad S_2^2 = \frac{1}{n-1} \sum_{i=1}^{n} (Y_i - \overline{Y})^2.$$

对给定的显著性水平 α,查 t 分布表得临界点 $t_{\frac{\alpha}{2}}(m+n-2)$,取拒绝域为

$$W = \left\{ |T| > t_{\frac{\alpha}{2}}(m+n-2) \right\}.$$

这就是用于检验两个正态总体均值差的 t 检验.

将上述结果列于表 8-4,其中

$$T = \frac{\overline{X} - \overline{Y}}{\sqrt{\dfrac{\sigma_1^2}{m} + \dfrac{\sigma_2^2}{n}}},$$

表 8-4　两个正态总体均值差检验表

检验法	H_0	H_1	检验统计量	拒绝域 W
Z 检验法，σ_1, σ_2 已知	$\mu = \mu_0$	$\mu \neq \mu_0$	Z	$\left\{ \lvert Z \rvert > z_{\frac{\alpha}{2}} \right\}$
	$\mu \leq \mu_0$	$\mu > \mu_0$		$\{ Z > z_\alpha \}$
	$\mu \geq \mu_0$	$\mu < \mu_0$		$\{ Z < -z_\alpha \}$
t 检验法，$\sigma_1 = \sigma_2$ 未知	$\mu = \mu_0$	$\mu \neq \mu_0$	T	$\left\{ \lvert T \rvert > t_{\frac{\alpha}{2}}(m+n-2) \right\}$
	$\mu \leq \mu_0$	$\mu > \mu_0$		$\{ T > t_\alpha(m+n-2) \}$
	$\mu \geq \mu_0$	$\mu < \mu_0$		$\{ T < -t_\alpha(m+n-2) \}$

$$T = \frac{\overline{X} - \overline{Y}}{\sqrt{(m-1)S_1^2 + (n-1)S_2^2}} \sqrt{\frac{mn(m+n-2)}{m+n}},$$

$$\overline{X} = \frac{1}{m} \sum_{i=1}^{m} X_i, \quad \overline{Y} = \frac{1}{n} \sum_{i=1}^{n} Y_i,$$

$$S_1^2 = \frac{1}{m-1} \sum_{i=1}^{m} (X_i - \overline{X})^2, \quad S_2^2 = \frac{1}{n-1} \sum_{i=1}^{n} (Y_i - \overline{Y})^2.$$

例 1　从甲、乙两车间生产的电子元件中分别抽取 50 个、60 个. 测得平均使用寿命为 1 282 h, 1 208 h, 样本标准差为 80 h, 94 h. 给定显著性水平 $\alpha = 0.05$, 问这两个车间所生产的电子元件平均使用寿命是否相同?

解　X, Y 均服从正态分布, 且认为方差相等, 因此所提问题就是要检验假设

$$H_0: \mu_1 = \mu_2, \quad H_1: \mu_1 \neq \mu_2.$$

用两个正态总体的 t 检验, 由样本算出统计量 T 的观测值

$$t_0 = \frac{\overline{x} - \overline{y}}{\sqrt{(m-1)s_1^2 + (n-1)s_2^2}} \sqrt{\frac{mn(m+n-2)}{m+n}}$$

$$= \frac{1\,282 - 1\,208}{\sqrt{49 \times 80^2 + 59 \times 94^2}} \times \sqrt{\frac{50 \times 60 \times 108}{110}} = 4.395.$$

对给定的显著性水平 $\alpha = 0.05$, 查 t 分布临界值表得临界值

$$t_{\frac{\alpha}{2}}(m+n-2) = t_{0.025}(108) \approx z_{0.025} = 1.96.$$

由于 $t_0 = 4.395 > 1.96 = t_{0.025}(108)$, 故否定原假设 $H_0: \mu_1 = \mu_2$, 即认为两个车间生产的电子元件的平均使用寿命有显著差异.

习题 8-4

1. 某香烟厂生产两种香烟, 独立地随机抽取容量大小相同的烟叶标本, 测量尼古丁含量(单位:

mg），实验室分别做了 6 次测定，数据记录如下：

甲	25	28	23	26	29	22
乙	28	23	30	25	21	27

试问：这两种香烟的尼古丁含量有无显著差异？给定显著性水平 $\alpha = 0.05$，假定尼古丁含量服从正态分布且具有相同方差.

2. 某苗圃采用两种育苗方案做杨树的育苗试验. 在两组育苗试验中，已知苗高的标准差分别为 $\sigma_1 = 20\ \text{cm}$，$\sigma_2 = 18\ \text{cm}$，各取 60 株苗作为样本，求出苗高的平均数为 $\overline{x}_1 = 59.34\ \text{cm}$，$\overline{x}_2 = 49.16\ \text{cm}$，试问显著性水平 $\alpha = 0.05$ 时能否认为两种试验方案对平均苗高的影响有显著差异？

3. 某种物品在处理前与处理后分别进行抽样，分析其含脂率（单位：%）如下：

处理前 X_1	0.19	0.18	0.21	0.30	0.41	0.12	0.27
处理后 Y_1	0.15	0.13	0.07	0.24	0.19	0.08	0.12

假定处理前后的含脂率都服从正态分布，且方差相同，问处理前后含脂率的平均值是否有显著变化（显著性水平 $\alpha = 0.05$）？

第五节　两个正态总体方差的假设检验

设样本 $X_1, X_2, \cdots, X_m$ 与 $Y_1, Y_2, \cdots, Y_n$ 分别来自正态总体 $N(\mu_1, \sigma_1^2)$ 与 $N(\mu_2, \sigma_2^2)$，且相互独立，欲检验假设

$$H_0: \sigma_1^2 = \sigma_2^2, \quad H_1: \sigma_1^2 \neq \sigma_2^2.$$

当均值 μ_1, μ_2 未知时，两个总体样本方差 S_1^2 与 S_2^2 在 $H_0: \sigma_1^2 = \sigma_2^2$ 成立的条件下，它们不应相差太大，即比值

$$F = \frac{S_1^2}{S_2^2}$$

应接近 1. 否则当 $\sigma_1^2 > \sigma_2^2$ 时，F 有偏大的趋势；当 $\sigma_1^2 < \sigma_2^2$ 时，F 有偏小的趋势，在这种情况下，假设 $H_0: \sigma_1^2 = \sigma_2^2$ 都不大可能成立.

由第六章定理 5 知，在 $H_0: \sigma_1^2 = \sigma_2^2$ 成立的条件下，$F \sim F(m-1, n-1)$. 对给定显著性水平 α，查 F 分布表可得检验问题的拒绝域为

$$W = \left\{ F > F_{\frac{\alpha}{2}}(m-1, n-1) \text{ 或 } F < F_{1-\frac{\alpha}{2}}(m-1, n-1) \right\}.$$

由 F 分布的性质，也可写成

$$W = \left\{ F > \frac{1}{F_{1-\frac{\alpha}{2}}(n-1, m-1)} \text{ 或 } F < \frac{1}{F_{\frac{\alpha}{2}}(n-1, m-1)} \right\}.$$

如图 8-4 所示，这种检验叫做 F 检验.

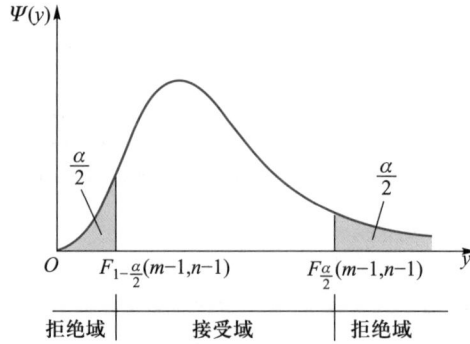

图 8-4

将上述结果列于表 8-5.

表 8-5　两个正态总体方差检验表

F 检验法	H_0	H_1	检验统计量	拒绝域 W
μ_1,μ_2 已知	$\sigma_1^2=\sigma_2^2$	$\sigma_1^2\neq\sigma_2^2$	$F'=\dfrac{\dfrac{1}{m}\sum\limits_{i=1}^{m}(X_i-\mu_1)^2}{\dfrac{1}{n}\sum\limits_{i=1}^{n}(Y_i-\mu_2)^2}$	$\left\{F'>F_{\frac{\alpha}{2}}(m,n)\text{ 或 }F'<F_{1-\frac{\alpha}{2}}(m,n)\right\}$
	$\sigma_1^2\leqslant\sigma_2^2$	$\sigma_1^2>\sigma_2^2$		$\{F'>F_\alpha(m,n)\}$
	$\sigma_1^2\geqslant\sigma_2^2$	$\sigma_1^2<\sigma_2^2$		$\{F'<F_{1-\alpha}(m,n)\}$
μ_1,μ_2 未知	$\sigma_1^2=\sigma_2^2$	$\sigma_1^2\neq\sigma_2^2$	$F=\dfrac{S_1^2}{S_2^2}$	$\left\{F>F_{\frac{\alpha}{2}}(m-1,n-1)\text{ 或 }F<F_{1-\frac{\alpha}{2}}(m-1,n-1)\right\}$
	$\sigma_1^2\leqslant\sigma_2^2$	$\sigma_1^2>\sigma_2^2$		$\{F>F_\alpha(m-1,n-1)\}$
	$\sigma_1^2\geqslant\sigma_2^2$	$\sigma_1^2<\sigma_2^2$		$\{F<F_{1-\alpha}(m-1,n-1)\}$

其中

$$\overline{X}=\frac{1}{m}\sum_{i=1}^{m}X_i,\qquad\qquad \overline{Y}=\frac{1}{n}\sum_{i=1}^{n}Y_i,$$

$$S_1^2=\frac{1}{m-1}\sum_{i=1}^{m}(X_i-\overline{X})^2,\qquad S_2^2=\frac{1}{n-1}\sum_{i=1}^{n}(Y_i-\overline{Y})^2.$$

例 1　对服从正态分布的甲、乙两批同类无线电元件的电阻(单位:Ω)进行测试,各抽 6 件,测得结果为

甲	0.140	0.138	0.143	0.141	0.144	0.137
乙	0.135	0.140	0.142	0.136	0.138	0.140

试问两批元件的电阻的方差是否相等(显著性水平 $\alpha=0.02$)?

解　均值 μ_1,μ_2 未知,检验 $H_0:\sigma_1^2=\sigma_2^2$,用 F 检验. $m=n=6$,第一、第二自由度均为

$6-1=5, \alpha=0.02$, 则 $\dfrac{\alpha}{2}=0.01$, 查 F 分布表, 得

$$F_{\frac{\alpha}{2}}(5,5)=F_{0.01}(5,5)=11,$$

从而

$$F_{1-\frac{\alpha}{2}}(5,5)=F_{0.99}(5,5)=\frac{1}{F_{0.01}(5,5)}=\frac{1}{11}=0.09.$$

再由样本算出

$$\overline{x}=0.014\,05, \qquad \sum_{i=1}^{6}(x_i-\overline{x})^2=3.75\times10^{-5};$$

$$\overline{y}=0.138\,5, \qquad \sum_{i=1}^{6}(y_i-\overline{y})^2=3.55\times10^{-5};$$

$$F_0=\frac{s_1^2}{s_2^2}=\frac{1}{5}\sum_{i=1}^{6}(x_i-\overline{x})^2\Big/\frac{1}{5}\sum_{i=1}^{6}(y_i-\overline{y})^2=\frac{3.75\times10^{-5}/5}{3.55\times10^{-5}/5}\approx1.06,$$

有

$$F_{1-\frac{\alpha}{2}}(5,5)=0.09<F_0=1.06<11=F_{\frac{\alpha}{2}}(5,5),$$

故接受原假设 $H_0:\sigma_1^2=\sigma_2^2$, 即认为两批元件的电阻方差是相等的.

习题 8-5

1. 测得两批电子器件样品的电阻(单位:Ω)为

| A 批 | 0.140 | 0.138 | 0.143 | 0.142 | 0.144 | 0.137 |
| B 批 | 0.135 | 0.140 | 0.142 | 0.136 | 0.138 | 0.140 |

设这两批器件的电阻值总体分别服从分布 $N(\mu_1,\sigma_1^2), N(\mu_2,\sigma_2^2), \mu_1,\mu_2,\sigma_1^2,\sigma_2^2$ 均未知, 且两个样本独立, 试检验假设(显著性水平 $\alpha=0.05$)

$$H_0:\sigma_1^2=\sigma_2^2, \quad H_1:\sigma_1^2\neq\sigma_2^2.$$

2. 有两台机器生产金属部件, 分别在两台机器所生产的部件中各取容量为 $n_1=60, n_2=40$ 的样本, 测得部件质量(单位:kg)的样本方差分别为 $s_1^2=15.46, s_2^2=9.66$. 设两个样本相互独立, 两个总体分别服从 $N(\mu_1,\sigma_1^2), N(\mu_2,\sigma_2^2)$ 分布, $\mu_i,\sigma_i^2(i=1,2)$ 均未知, 试在显著性水平 $\alpha=0.05$ 下检验假设

$$H_0:\sigma_1^2\leqslant\sigma_2^2, \quad H_1:\sigma_1^2>\sigma_2^2.$$

3. 为比较不同季节出生的女婴体重的方差, 从某年 12 月和 6 月出生的女婴中分别随机抽取 6 名及 10 名, 测得体重(单位:g)如下:

| 12 月 | 3 520 | 2 960 | 2 560 | 2 960 | 3 260 | 3 960 | | | | |
| 6 月 | 3 220 | 3 220 | 3 760 | 3 000 | 3 920 | 3 740 | 3 060 | 3 080 | 2 940 | 3 060 |

假定新生女婴体重服从正态分布,问新生女婴体重的方差是否冬季的比夏季的小(显著性水平 $\alpha = 0.05$)?

第六节　分布拟合检验

前面所讨论的各种假设检验,都是基于假定已知总体的分布类型的前提下,根据样本来对分布参数进行检验.但是在许多实际问题中,往往对总体的分布类型事先一无所知,可能掌握的是一些观测到的数据资料,这就要根据样本来对总体分布的种种假设进行检验.例如检验总体服从正态分布或某个其他类型的分布,这就是分布拟合检验的研究内容,它属于非参数检验.下面介绍两种关于分布的检验方法.

一、χ^2 拟合优度检验法（皮尔逊 χ^2 准则）

这是一种分布函数的检验法,它是检验经验分布与总体分布(理论分布)是否吻合的方法.它不限于正态分布总体,可用来检验总体是否服从任何一个预先给定的分布.此法主要是通过检验各组实测频数与理论频数的差异的大小来推断经验分布是否服从某个理论分布.其根据就是用各组实测频数与理论频数的差异构成一个符合 χ^2 分布的统计量,并用此统计量来进行假设检验.使用此法时要求样本容量较大,并在分组中,每组的理论频数至少不小于 5.下面具体介绍此种检验法.

设连续型总体 X 的分布函数为 $F(x)$,来自总体的样本为 $X_1, X_2, \cdots, X_n$,现在的问题是用此组样本来检验假设

$$H_0 : F(x) = F_0(x),$$

其中,$F_0(x)$ 是某个给定分布函数.

这种检验的具体做法如下:

任取 $k-1$ 个实数 $-\infty < \alpha_1 < \alpha_2 < \cdots < \alpha_{k-1} < +\infty$,把区间 $(-\infty, +\infty)$ 分成 k 个互不相交的区间

$$(-\infty, \alpha_1), \ [\alpha_1, \alpha_2), \ [\alpha_2, \alpha_3), \ \cdots, \ [\alpha_{k-1}, +\infty).$$

以 f_1 表示样本观测值落在 $(-\infty, \alpha_1)$ 内的频数(即个数),f_i 表示样本观测值落在 $[\alpha_{i-1}, \alpha_i)$ 内的频数($i = 2, 3, \cdots, k-1$),f_k 表示样本观测值落在 $[\alpha_{k-1}, +\infty)$ 内的频数.一般要求 $k > 5$,$f_i \geq 5 (i = 1, 2, \cdots, k)$,并记

$$p_1 = F_0(\alpha_1),$$
$$p_i = F_0(\alpha_i) - F_0(\alpha_{i-1}) \quad (i = 2, 3, \cdots, k-1),$$
$$p_k = 1 - F_0(\alpha_{k-1}).$$

作统计量

$$\chi^2 = \sum_{i=1}^{k} \frac{(f_i - np_i)^2}{np_i}.$$

可以证明:不论 $F_0(x)$ 是什么分布函数,当 $H_0 : F(x) = F_0(x)$ 为真时,只要 n 充分大,统计量 χ^2 就近似地服从自由度为 $k-1$ 的 χ^2 分布. 对给定的显著性水平 α,查 χ^2 分布临界值表得临界值 $\chi^2_\alpha(k-1)$,使

$$p\{\chi^2 \geqslant \chi^2_\alpha(k-1)\} = \alpha.$$

由样本 $X_1, X_2, \cdots, X_n$ 计算出 $f_1, f_2, \cdots, f_k$ 以及

$$p_1 = F_0(\alpha_1),$$
$$p_i = F_0(\alpha_i) - F_0(\alpha_{i-1}) \quad (i = 2, 3, \cdots, k-1),$$
$$p_k = 1 - F_0(\alpha_{k-1}).$$

进而算出统计量 χ^2 的观测值

$$\chi^2_0 = \sum_{i=1}^{k} \frac{(f_i - np_i)^2}{np_i}.$$

由于 f_i 是样本观测值落在 $[\alpha_{i-1}, \alpha_i)$ 内的频数,np_i 为理论上样本观测值落在 $[\alpha_{i-1}, \alpha_i)$ 内的频数,如果总体 X 的分布函数 $F(x)$ 与 $F_0(x)$ 无显著差异,即原假设 H_0 成立,则 f_i 与 np_i 就应该很接近,统计量 χ^2 的取值就不应该很大. 从而

当 $\chi^2_0 > \chi^2_\alpha$ 时,否定原假设 H_0,即可以认为 $F(x)$ 与 $F_0(x)$ 有显著差异;

当 $\chi^2_0 \leqslant \chi^2_\alpha$ 时,接受原假设 H_0,即可以认为 $F(x)$ 与 $F_0(x)$ 无显著差异.

但是必须指出,在计算 p_i 时,必须完全确定 $F_0(x)$ 才行. 如果 $F_0(x)$ 中含有 r 个未知参数,就用它们的最大似然估计值来代替,使得分布函数 $F_0(x)$ 完全确定,于是仍然可按上述方法进行检验. 不过这时 χ^2 分布的自由度就不再是 $k-1$,而须改为 $k-r-1$,即要减去被估计的独立的未知参数的个数 r.

例 1　从 1965 年 1 月 1 日到 1971 年 2 月 9 日共 2 231 天中,全世界记录到里氏震级 4 级和 4 级以上地震共 162 次,统计如下:

相继两次地震间隔天数 X	0 ~ 4	5 ~ 9	10 ~ 14	15 ~ 19	20 ~ 24	25 ~ 29	30 ~ 34	35 ~ 39	$\geqslant 40$
出现的频数	50	31	26	17	10	8	6	6	8

试检验相继两次地震间隔的天数 X 服从指数分布(显著性水平 $\alpha = 0.05$).

解　依题意,原假设 $H_0 : X$ 的概率密度为

$$f(x) = \begin{cases} \dfrac{1}{\theta} e^{-\frac{x}{\theta}}, & x > 0, \\ 0, & x \leqslant 0. \end{cases}$$

首先由最大似然估计法,得到未知参数 θ 的估计 $\hat{\theta} = \bar{x} = 13.77$. X 的可能取值区间

为$[0,+\infty)$,将区间$[0,+\infty)$分成$k=9$个互不重叠的小区间

$$A_1=[0,4.5]，\quad A_2=(4.5,9.5]，\quad \cdots，\quad A_9=(39.5,+\infty)，$$

如表8-5所示. 若H_0为真,则X的分布函数的估计为

$$\hat{F}(x)=\begin{cases}1-\mathrm{e}^{-\frac{x}{13.77}}，& x>0，\\ 0，& x\leqslant 0.\end{cases}$$

概率$p_i=P(A_i)$的估计为

$$\hat{p}_i=\hat{P}(A_i)=\hat{P}\{a_i<X\leqslant a_{i+1}\}=\hat{F}(a_{i+1})-\hat{F}(a_i)，$$

其具体结果如表8-6所示.

表8-6　χ^2检验计算表

A_i	范围	f_i	$\hat{p}_i$	$n\hat{p}_i$	$f_i^2/n\hat{p}_i$
A_1	$0\leqslant X\leqslant 4.5$	50	0.278 8	45.165 6	55.351 9
A_2	$4.5<X\leqslant 9.5$	31	0.219 6	35.575 2	27.013 2
A_3	$9.5<X\leqslant 14.5$	26	0.152 7	24.737 4	27.327 0
A_4	$14.5<X\leqslant 19.5$	17	0.106 2	17.204 4	16.798 0
A_5	$19.5<X\leqslant 24.5$	10	0.073 9	11.971 8	8.353 0
A_6	$24.5<X\leqslant 29.5$	8	0.051 4	8.326 8	7.686 0
A_7	$29.5<X\leqslant 34.5$	6	0.035 8	5.799 6	6.207 3
A_8	$34.5<X\leqslant 39.5$	6$\}$	0.024 8$\}$	4.017 6$\}$	14.826 9
A_9	$39.5<X<+\infty$	8$\}$	0.056 8$\}$	9.201 6$\}$	

$$\sum=163.563\ 3$$

故

$$\chi^2=163.563\ 3-162=1.563\ 3.$$

因为

$$\chi^2_{0.05}(k-r-1)=\chi^2_{0.05}(8-1-1)=\chi^2_{0.05}(6)=12.592>1.563\ 3，$$

所以在显著性水平$\alpha=0.05$下接受H_0,即认为X服从指数分布.

注:上式中k取8是因为在区间A_8求出的$n\hat{p}_i$小于5,故须将区间A_8和A_9合并,这样就得到$k=8$.

二、秩和检验法

这是一种基于秩和的非参数检验法,这种秩和检验法的目的是要弄清这样的问题:设两个总体的分布函数各为$F_1(x)$与$F_2(x)$,今从两个总体中分别抽取容量各为m与n的样本,检验假设

$$H_0: F_1(x) = F_2(x).$$

把两组样本的观测数据以大小秩序排列并编号. 规定每个数据在排列中所对应的序数叫做该数的秩, 对于相同的数值则用它们序数的平均值(必要时作四舍五入)作为秩. 现记容量小的样本的各观测值的秩之和为 T, 将 T 作为统计量. 所谓秩和检验就是根据这个秩和统计量 T 的值来做检验. 如果两个总体差异不显著, 则统计量 T 就不应太大或太小. 对于 m,n 与所给定的显著性水平 α, 查秩和检验表, 可得出对应于 T 的下限 T_1 与上限 T_2 以及相应的犯第 I 类错误的概率.

如果 $T_1 \leqslant T \leqslant T_2$, 则接受原假设 $H_0: F_1(x) = F_2(x)$, 即可认为两个总体无显著差异.

如果 $T < T_1$ 或 $T > T_2$, 则否定原假设 $H_0: F_1(x) = F_2(x)$, 即可认为两个总体有显著差异.

例 2　设通过试验观测获得两组数据如下表:

| I | 2.36 | 3.14 | 7.52 | 3.48 | 2.76 | 5.43 | 6.54 | 7.41 |
| II | 4.38 | 4.25 | 6.54 | 3.28 | 7.21 | 6.54 | | |

试检验这两组样本数据是否来自同一分布的总体(显著性水平 $\alpha = 0.05$)?

解　采用秩和检验法. 这里要检验假设 $H_0: F_1(x) = F_2(x)$.

先把样本观测值不分总体、由小到大顺序排列, 统一编号后计算出相应的秩, 列表如下:

编号	1	2	3	4	5	6	7	8	9	10	11	12	13	14
I	2.36	2.76	3.14		3.48			5.43	6.54				7.41	7.52
II				3.28		4.25	4.38			6.54	6.54	7.21		
秩	1	2	3	4	5	6	7	8	10	10	10	12	13	14

II 组容量小些, 于是统计量 $T = 4+6+7+10+10+12 = 49$. 对于显著性水平 $\alpha = 0.05$, $m = 6, n = 8$, 查秩和检验表得 $T_1 = 32, T_2 = 58$, 由于

$$32 < 49 < 58, \quad 即 \quad T_1 < T < T_2,$$

故接受原假设 $H_0: F_1(x) = F_2(x)$, 即可认为两组样本来自同一分布的总体.

值得一提的是:该题用 t 检验法所得到的统计结论与上述结论是一致的. 但秩和检验法比起 t 检验法明显简便很多, 这是秩和检验的优点之一, 而且秩和检验不要求总体为正态分布. 但也有不少情况下, t 检验比秩和检验"灵敏".

另外还要提及的是:秩和检验表只列到 $m, n \leqslant 10 (m \leqslant n)$ 的情况, 当其大于 10 时, 统计量 T 近似服从正态分布

$$N\left(\frac{m(m+n+1)}{2}, \frac{mn(m+n+1)}{12}\right).$$

于是用 Z 检验法, 这时的统计量为

$$Z = \frac{T - \dfrac{m(m+n+1)}{2}}{\sqrt{\dfrac{mn(m+n+1)}{12}}} \sim N(0,1).$$

现将上述方法用来重新解例 2,这时,$T = 49$,故

$$z_0 = \frac{49-45}{7.75} = 0.52.$$

对于给定的显著性水平 $\alpha = 0.05$,查正态分布表得临界值 $z_{0.975} = 1.96$,此时 $|z_0| = 0.52$ < 1.96,于是接受假设 $H_0 : F_1(x) = F_2(x)$,即可认为两组样本来自同一分布总体. 这与秩和检验法检验的结论是一致的.

习题 8-6

1. 检查一本书稿的 100 页,记录各页中错误(错别字、标点等)的个数,其结果为

错误个数 f_i	0	1	2	3	4	5	6	≥7
含 f_i 个错误的页数	36	40	19	2	0	2	1	0

问能否认为一页的错误个数服从泊松分布(显著性水平 $\alpha = 0.05$)?

2. 在一批灯泡中抽取 300 只做使用寿命试验(单位:h),其结果如下:

使用寿命 A/h	$0 \leqslant t \leqslant 100$	$100 < t \leqslant 200$	$200 < t \leqslant 300$	$t > 300$
灯泡数量/只	121	78	43	58

试在显著性水平 $\alpha = 0.05$ 下检验假设

H_0:灯泡使用寿命服从指数分布

$$f(t) = \begin{cases} 0.005\mathrm{e}^{-0.005t}, & t \geqslant 0, \\ 0, & t < 0. \end{cases}$$

3. 两台车床生产同一型号的零件,测得零件长度(单位:cm)如下:

A 车床	20.54	27.33	29.16	21.34	24.41	20.98	29.95	17.38	21.74	31.72
B 车床	26.27	25.09	21.85	23.99	18.41	22.60	24.64	13.62	11.84	12.77

试用秩和检验法检验两台车床生产的零件长度有无显著差异(显著性水平 $\alpha = 0.05$).

第八章知识总结

第九章

方差分析

教学基本要求

（1）掌握单因素试验的方差分析.

（2）了解双因素试验的方差分析.

方差分析是数理统计中广泛应用的基本方法之一，是生产实践和科学实验中进行数据分析的一种重要工具.在生产实践和科学实验中，影响结果的因素往往很多，而且每个因素的改变都可能影响结果，其中有些因素的影响大些，有些因素的影响小些.有时需要找出那些对结果影响显著的因素，因此需要进行试验.方差分析是根据试验结果判断各因素对试验结果影响程度大小的有效方法.方差分析按照影响试验指标的因素个数进行分类，可以分为单因素方差分析、双因素方差分析、多因素方差分析.本章重点介绍单因素方差分析和双因素方差分析.

第一节 方差分析的基本概念

方差分析是数理统计的基本方法之一，它是对试验（或观测）结果的数据分析研究的一种重要工具.

农业生产中产量的高低，工业生产中质量的优劣，往往由许多因素决定.为了提高产量、改进质量，需要在诸多因素中找出对产量、质量的某种指标有显著影响的因素，还要弄清楚这些显著的因素在什么状态（数学上叫做水平）时起的作用最大.这就需进行试验（即进行抽样），并对试验结果（样本值）进行数据处理.

为了方便起见,我们把在试验中变化的因素用 $A, B, \cdots$ 表示,因素在试验中所取的不同状态叫做<u>水平</u>,因素 A 的 p 个不同水平分别用 $A_1, A_2, \cdots, A_p$ 表示.

首先,我们分析以下几个例子:

例 1 为寻求适应本地区的高产油菜品种,今选取 5 个不同品种进行试验,每一品种在 4 块试验田上试种,得到在每一块田上亩产量 X(单位:斤)如表 9-1 所示.

试问:不同品种的种子对亩产量有无显著影响? 如果影响显著,则 5 个品种中取哪一个好? 这里试验的因素是品种,每一品种为一水平,共 5 个水平,试验的目的是确定各水平之间产量有无显著差异.

表 9-1 5 个不同品种油菜在 4 块试验田上的产量

	A_1	A_2	A_3	A_4	A_5
1	256	244	250	288	206
2	222	300	277	280	212
3	280	290	230	315	220
4	298	275	322	259	212

例 2 某厂生产一种调整钢铣刀,为了提高硬度,对等温温度、淬火温度两个因素各取几个水平(度数)进行试验,由试验结果分析这两种因素对硬度影响是否显著,进而得到两种温度各取什么水平的结论.

这里,在例 1 所述试验中,只有一个因素(品种)在改变,其他的因素保持不变,这种试验叫做**单因素试验**. 在例 2 的试验中考虑的是两个因素(等温温度与淬火温度)对指标(硬度)的作用,这种试验叫做**双因素试验**. 有些问题还要考虑三个及三个以上的更多因素对指标所起的作用. 本书仅研究单因素试验和双因素试验中的方差分析.

方差分析能对上述例 1、例 2 所提出的问题给出很好的回答. 为了弄清方差分析的意义,不妨研究一下例 1 的数据. 直观看出,20 个数据是参差不齐的,那么它们的差异是什么原因造成的呢? 首先容易想到,可能是因素 A 的 5 个不同水平品种所造成的. 事实上,由计算可得因素 A 的 5 个水平数据的平均值分别为

$$264, \quad 277.25, \quad 269.75, \quad 285.5, \quad 212.5,$$

即 5 个水平下的平均值确实存在差异,这说明上述想法有一定道理. 但是还可以看到,每个水平下的 4 个数据,虽然是相同条件下的试验结果,它们之间仍然互有差异,这又是什么原因呢? 实际上,这是由于在试验中,不管怎样控制试验条件,总会有一定偶然因素的随机变化(例如,土地情况的差异,栽种技术的高低……),因而造成了同一水平下试验数据的差异. 因此造成试验数据的差异的原因有两方面:一方面是试验条件不同;另一方面是偶然因素的随机变化. 由试验条件不同所造成的差异,叫做<u>**条件误差**</u>,偶然因素带来的差异叫做<u>**试验误差**</u>. 如果某因素的条件误差比试验误差大得多,就

有理由认为该因素对试验指标有显著影响. 方差分析的意义是将试验所得的数据进行分析, 且将误差进行分解, 分出条件误差与试验误差, 并将两者进行比较, 利用统计方法得到因素对指标的作用是否显著的结论.

第二节　单因素方差分析

一、单因素等重复试验方差分析

若我们要研究一个因素 A 对指标 X 有无显著影响. 设因素 A 有 p 个不同水平 A_1, $A_2, \cdots, A_p$, 在每种试验条件(即水平)下都做 r 次重复独立试验. 同一条件下 r 次重复试验的可能结果是同一总体的一个样本. 在水平 A_j 下的对应样本为 $X_{1j}, X_{2j}, \cdots, X_{rj}(j = 1, 2, \cdots, p)$, 这样共得 p 个容量为 r 的样本, 且 p 个样本相互独立. 我们仅考虑下列简单模型.

设在每个水平 A_j 下总体分布为 $N(\alpha_j, \sigma^2)$, $j = 1, 2, \cdots, p$, 其中 α_j 及 σ^2 均未知. 这里 p 个总体方差都相同, 这个性质叫做方差齐性. 各总体的正态性和方差齐性的假定是进行方差分析的前提.

这样的假设可用下述线性模型来表示:

$$\begin{cases} X_{ij} = \alpha_j + \varepsilon_{ij}, \\ \varepsilon_{ij} \sim N(0, \sigma^2), \text{各 } \varepsilon_{ij} \text{ 相互独立}, \end{cases} \quad i = 1, 2, \cdots, r; j = 1, 2, \cdots, p,$$

其中, α_j 及 σ^2 均为常数. 这些 ε_{ij} 是由试验中无法控制的各种变异所引起的, 通常叫做不可观察的随机变量. 当水平的改变并不影响总体的分布时, 各水平 $A_1, A_2, \cdots, A_p$ 下的总体均值 $\alpha_1, \alpha_2, \cdots, \alpha_p$ 都应相等; 如若不然, 则 $\alpha_1, \alpha_2, \cdots, \alpha_p$ 就不全相等. 因此, 检验因素 A 的各个水平对指标 X 的影响有无显著差异即检验假设

$$H_0: \alpha_1 = \alpha_2 = \cdots = \alpha_p.$$

由此可见, 方差分析问题是一个假设检验问题, 也就是检验 p 个正态总体(各总体方差相等)的均值是否相等的问题. 在 $p = 2$ 的情况下, 即检验两个正态总体均值是否相等的问题. 在 $p > 2$ 时, 对总平方和

$$S_T = \sum_{j=1}^{p} \sum_{i=1}^{r} (X_{ij} - \overline{X})^2$$

进行分析, 就能给出上述假设的一个检验法. 这里

$$\overline{X} = \frac{1}{pr} \sum_{j=1}^{p} \sum_{i=1}^{r} X_{ij} = \frac{1}{n} \sum_{j=1}^{p} \sum_{i=1}^{r} X_{ij},$$

其中 $n = pr$ 表示总数据个数, $\overline{X}$ 叫做总平均值. S_T 表示所有数据 X_{ij} 与总平均值的差异

的平方和,是描述全部数据离散程度的一个指标,亦叫做**总离差平方和(总变差)**. 因此,在抽样的情况下,可用 S_T 来表示抽样数据的总误差. 下面对总变差 S_T 进行分析.

令 $\overline{X}_j = \dfrac{1}{r} \sum\limits_{i=1}^{r} X_{ij}, j = 1, 2, \cdots, p$,则

$$S_T = \sum_{j=1}^{p} \sum_{i=1}^{r} (X_{ij} - \overline{X})^2 = \sum_{j=1}^{p} \sum_{i=1}^{r} \left[(X_{ij} - \overline{X}_j) + (\overline{X}_j - \overline{X}) \right]^2$$

$$= \sum_{j=1}^{p} \sum_{i=1}^{r} (X_{ij} - \overline{X}_j)^2 + r \sum_{j=1}^{p} (\overline{X}_j - \overline{X})^2 + 2 \sum_{j=1}^{p} \sum_{i=1}^{r} (X_{ij} - \overline{X}_j)(\overline{X}_j - \overline{X}),$$

其中,交叉乘积项

$$2 \sum_{j=1}^{p} \sum_{i=1}^{r} (X_{ij} - \overline{X}_j)(\overline{X}_j - \overline{X})$$

$$= 2 \sum_{j=1}^{p} (\overline{X}_j - \overline{X}) \left(\sum_{i=1}^{r} X_{ij} - r\overline{X}_j \right) = 0.$$

记

$$S_e = \sum_{j=1}^{p} \sum_{i=1}^{r} (X_{ij} - \overline{X}_j)^2, \quad S_A = r \sum_{j=1}^{p} (\overline{X}_j - \overline{X})^2,$$

则有

$$S_T = S_e + S_A. \tag{9.2.1}$$

公式(9.2.1)叫做平方和分解公式. S_e 表示每个数据与该组平均值的差异平方和,叫做组内平方和或离差平方和,它反映了同一条件(水平)下各试验结果的差异(即试验误差);S_A 表示各组平均值和总体平均值的差异的平方和,叫做组间平方和,它反映了各条件之间观测值的差异(即条件误差). 由此可知,公式(9.2.1)表示试验结果的总误差可分解为条件误差和试验误差的总和.

在实际分解时,往往先算出 S_T, S_A,而 S_e 由 $S_e = S_T - S_A$ 算得.

若 H_0 为真,即 $\alpha_1 = \alpha_2 = \cdots = \alpha_p$ 时,则全体样本可看成来自同一正态总体 $N(\alpha, \sigma^2)$,故有

$$E\left(\frac{S_T}{n-1} \right) = E\left(\frac{\sum\limits_{j=1}^{p} \sum\limits_{i=1}^{r} (X_{ij} - \overline{X})^2}{n-1} \right) = \sigma^2, \quad n = pr,$$

$$E\left(\frac{S_e}{n-p} \right) = \frac{1}{p} \sum_{j=1}^{p} E\left(\frac{\sum\limits_{i=1}^{r} (X_{ij} - \overline{X}_j)^2}{r-1} \right) = \frac{1}{p} \sum_{j=1}^{p} \sigma^2 = \sigma^2,$$

$$E\left(\frac{S_A}{p-1} \right) = rE\left(\frac{\sum\limits_{j=1}^{p} (\overline{X}_j - \overline{X})^2}{p-1} \right) = rD(\overline{X}_j) = r \cdot \frac{\sigma^2}{r} = \sigma^2,$$

即 $\dfrac{S_T}{n-1},\dfrac{S_e}{n-p},\dfrac{S_A}{p-1}$ 均为 σ^2 的无偏估计. 若 S_A 显著地大于 S_e, 说明 $\overline{X}_i$ 间的差异大小显著地大于重复试验中误差的总大小, 那么 H_0 不可能成立. 这种比较方差大小来判断原假设 H_0 是否成立的方法, 就是方差分析法名称的由来. 这三个分式中的 $n-1,n-p,p-1$ 分别叫做 S_T,S_e,S_A 的总自由度、组内自由度和组间自由度, 记为 $f_T=n-1,f_e=n-p,f_A=p-1$, 且有 $f_T=f_e+f_A$. 一般先求 f_T,f_A 再由 $f_e=f_T-f_A$ 计算组内自由度 f_e. 对离差平方和分解, 就可以构造统计量对假设 H_0 进行检验了.

令

$$\overline{S}_e=\frac{S_e}{n-p},\quad \overline{S}_A=\frac{S_A}{p-1},\quad F=\frac{\overline{S}_A}{\overline{S}_e}.$$

当 H_0 成立时, $\overline{S}_e,\overline{S}_A$ 均为 σ^2 的无偏估计, 因此, 此时 F 的值应接近 1. 但当 H_0 不成立时, 条件误差相对于试验误差而言大得多, F 的值一般比 1 大得多. 可以证明, 当 H_0 成立时, F 服从自由度为 $p-1$ 和 $n-p$ 的 F 分布. 因此, 对于给定显著性水平 α, 可查表求得分位数 $F_\alpha(p-1,n-p)$, 将 F 的观测值和 F_α 进行比较, 若 $F\geqslant F_\alpha$, 则认为假设 H_0 不成立, 即认为条件改变对指标有显著影响; 若 $F<F_\alpha$ 则认为假设 H_0 成立, 即认为条件改变对指标无显著影响.

上述计算的主要结果列成如表 9-2 所示的方差分析表.

表 9-2 单因素试验方差分析表

方差来源	平方和 S	自由度 f	均方差 $\overline{S}$	F 值	F_α	显著性
因素 A	$S_A=r\sum\limits_{j=1}^{p}(\overline{X}_j-\overline{X})^2$	$p-1$	$\overline{S}_A=\dfrac{S_A}{p-1}$	$F=\dfrac{\overline{S}_A}{\overline{S}_e}$	查表	
误差 e	$S_e=\sum\limits_{j=1}^{p}\sum\limits_{i=1}^{r}(X_{ij}-\overline{X}_j)^2$	$n-p$	$\overline{S}_e=\dfrac{S_e}{n-p}$			
总和 T	$S_T=\sum\limits_{j=1}^{p}\sum\limits_{i=1}^{r}(X_{ij}-\overline{X})^2$	$n-1$				

表中把 F 值与临界值 F_α 并排列出, 便于比较, 可直接做出显著性判断. 当 $\alpha=0.05$ 时, 如判定影响显著, 则在显著性栏记上 "＊" 号, 如不显著, 则显著性栏留空. 当 $\alpha=0.01$ 时, 如仍影响显著, 则叫做高度显著, 在显著性一栏内记上 "＊＊" 号.

为了计算方便和减少计算误差, 实际计算时常采用下面的公式, 令

$$P=\frac{1}{pr}\Big(\sum_{j=1}^{p}\sum_{i=1}^{r}X_{ij}\Big)^2,\quad Q=\frac{1}{r}\sum_{j=1}^{p}\Big(\sum_{i=1}^{r}X_{ij}\Big)^2,\quad R=\sum_{j=1}^{p}\sum_{i=1}^{r}X_{ij}^2,$$

则有

$$\begin{cases} S_A = Q - P, \\ S_e = R - Q, \\ S_T = R - P. \end{cases}$$

我们对第一节例 1 进行单因素方差分析. 为了列出方差分析表, 首先计算 $\sum_j \sum_i X_{ij}, \sum_j \sum_i X_{ij}^2$ 的值, 其计算结果列于表 9-3 中, 然后计算出 S_A, S_e, S_T, 最后列出方差分析表.

表 9-3　方差分析计算

	A_1	A_2	A_3	A_4	A_5	
1	256	244	250	288	206	
2	222	300	277	280	212	
3	280	290	230	315	220	
4	298	275	322	259	212	
$\sum_i X_{ij}$	1 056	1 109	1 079	1 142	850	$\sum_j \sum_i X_{ij} = 5\,236$
$\left(\sum_i X_{ij}\right)^2$	1 115 136	1 229 881	1 164 241	1 304 164	722 500	$\sum_j \left(\sum_i X_{ij}\right)^2 = 5\,535\,922$

$$p = 5, \quad r = 4, \quad n = 20,$$

$$P = \frac{1}{20}(5\,236)^2 = 1\,370\,784.8,$$

$$Q = \frac{1}{4}(5\,535\,922) = 1\,383\,980.5,$$

$$R = \sum_j \sum_i X_{ij}^2 = 1\,395\,472,$$

$$S_A = Q - P = 13\,195.7,$$

$$S_e = R - Q = 11\,491.5,$$

$$S_T = R - P = 24\,687.2.$$

将上述结果列成方差分析表 9-4.

表 9-4　方差分析表

方差来源	平方和 S	自由度 f	均方差 $\bar{S}$	F 值	$F_{0.05}(4,15)$	显著性
因素 A	13 195.7	4	3 298.925	4.31	3.06	*
误差 e	11 491.5	15	766.1			
总和 T	24 687.2	19				

由于 $4.31 > 3.06 = F_{0.05}(4,15)$, 所以在显著性水平 $\alpha = 0.05$ 下拒绝 H_0, 即不同品

种的亩产量在 0.05 水平下有显著差异. 且在 A_4 水平下 $\sum\limits_{i=1}^{4} X_{i4}$ 最大, 即品种 A_4 亩产量最高.

注 在计算中, 有时通过下述线性变换以简化数据, 减少计算工作量:

$$X'_{ij} = \frac{X_{ij} - a}{b},$$

其中, a, b 为常数, $b \neq 0$. 可以证明, 用 X'_{ij} 进行方差分析时所得的 F 值不变.

二、不等重复的单因素试验方差分析

以上讨论的是等重复单因素试验方差分析, 即在不同水平下试验的重复次数都是一样的情形. 有时由于条件的限制, 不同水平下试验的重复次数不同, 或者某些试验失败, 缺少一部分数据, 造成不等重复试验.

不等重复的单因素试验的方差分析和等重复试验的方差分析基本上是类似的, 仅仅是计算时略有不同. 设在因素 A 的各个水平 $A_1, A_2, \cdots, A_p$ 下, 试验次数分别为 $n_1, n_2, \cdots, n_p$, 且令 $n = \sum\limits_{j=1}^{p} n_j$, 水平 A_j 下样本为

$$X_{1j}, X_{2j}\cdots, X_{n_j j}, \quad j = 1, 2, \cdots, p,$$

$$\overline{X}_j = \frac{1}{n_j} \sum_{i=1}^{n_j} X_{ij},$$

$$\overline{X} = \frac{1}{n} \sum_{j=1}^{p} \sum_{i=1}^{n_j} X_{ij} = \frac{1}{n} \sum_{j=1}^{p} n_j \overline{X}_j,$$

$$S_T = \sum_{j=1}^{p} \sum_{i=1}^{n_j} (X_{ij} - \overline{X})^2,$$

$$S_e = \sum_{j=1}^{p} \sum_{i=1}^{n_j} (X_{ij} - \overline{X}_j)^2,$$

$$S_A = \sum_{j=1}^{p} n_j (\overline{X}_j - \overline{X})^2.$$

类似可证

$$S_T = S_e + S_A,$$

相应的自由度为

$$f_T = n - 1, \quad f_e = n - p, \quad f_A = p - 1.$$

当 H_0 成立时, 同样有

$$F = \frac{S_A / (p-1) \sigma^2}{S_e / (n-p) \sigma^2} = \frac{S_A / (p-1)}{S_e / (n-p)} = \frac{\overline{S}_A}{\overline{S}_e} \sim F(p-1, n-p).$$

对于显著性水平 α, 若 $F \geqslant F_\alpha(p-1, n-p)$, 则拒绝 H_0, 认为因素 A 对指标 X 影响显

著. 若 $F<F_\alpha(p-1,n-p)$，则接受 H_0，认为因素 A 对指标 X 无显著影响. 实际计算时可采用下面的公式：

$$P'=\frac{1}{n}\Big(\sum_{j=1}^{p}\sum_{i=1}^{n_j}X_{ij}\Big)^2,$$

$$Q'=\sum_{j=1}^{p}\frac{1}{n_j}\Big(\sum_{i=1}^{n_j}X_{ij}\Big)^2,$$

$$R'=\sum_{j=1}^{p}\sum_{i=1}^{n_j}X_{ij}^2,$$

则

$$\begin{cases} S_A=Q'-P', \\ S_e=R'-Q', \\ S_T=R'-P'. \end{cases}$$

例1 有 4 支温度计 T_1,T_2,T_3,T_4，用来测氢化奎宁的熔点 X（单位：℃），得到下列结果：

试验号	温度计			
	T_1	T_2	T_3	T_4
1	174.0	173.0	171.5	173.5
2	173.0	172.0	171.0	171.0
3	173.5		173.0	
4	173.0			

试确定温度计对所测熔点有无显著影响.

解 令 $X'=X-170$，列出下列计算表：

		温度计				总和
		T_1	T_2	T_3	T_4	
试验号	1	4.0	3.0	1.5	3.5	
	2	3.0	2.0	1.0	1.0	
	3	3.5		3.0		
	4	3.0				
$\sum_i X'_{ij}$		13.5	5.0	5.5	4.5	28.5
$\big(\sum_i X'_{ij}\big)^2$		46.25	13.00	12.25	13.25	84.75

$$n=11,\quad p=4,$$

$$P'=\frac{28.5^2}{11}=73.8409,$$

$$Q' = \frac{13.5^2}{4} + \frac{5^2}{2} + \frac{5.5^2}{3} + \frac{4.5^2}{2} = 78.2708,$$

$$R' = 84.75,$$

$$S_A = Q' - P' = 4.4299,$$

$$S_e = R' - Q' = 6.4792,$$

$$f_e = n - p = 7, \quad f_A = p - 1 = 3,$$

$$F = \frac{\overline{S_A}}{\overline{S_e}} = \frac{4.4299/3}{6.4792/7} = 1.60.$$

将上述结果列成方差分析表：

方差来源	平方和 S	自由度	均方 $\overline{S}$	F 值	F_α	显著性
温度计影响	4.4299	3	1.4766	1.60	4.35	
误差	6.4792	7	0.9256			
总和	10.9091	10				

由于 $F_{0.05}(3,7) = 4.35 > 1.60$，故在显著性水平 0.05 下认为温度计对所测熔点无显著影响. 其测定值的不同是由于随机波动引起的.

习题 9-2

1. 抽查某地区三所小学五年级男学生的身高，得数据(单位：cm)如下：

小学	身高数据					
第一小学	128.1	134.1	133.1	138.9	140.8	127.4
第二小学	150.3	147.9	136.8	126.0	150.7	155.8
第三小学	140.6	143.1	144.5	143.7	148.5	146.4

试问该地区三所小学五年级男学生的平均身高是否有显著差异(显著性水平 $\alpha = 0.05$)？

2. 用四种不同型号的仪器对某种机器的零件的七级光洁表面进行检查，每种仪器分别在同一表面上反复测四次，得数据如下：

仪器型号	数据			
1	−0.21	−0.06	−0.17	−0.14
2	0.16	0.08	0.03	0.11
3	0.10	−0.07	0.15	−0.02
4	0.12	−0.04	−0.02	0.11

试从这些数据推断四种仪器的型号对测量结果有无显著影响(显著性水平 $\alpha = 0.05$)？

3. 一个年级有三个小班. 他们进行了一次数学考试. 现从各个班级随机地抽取一些学生，记录其成绩如下：

	I			II			III		
73	66	73	88	77	74	68	41	87
89	60	77	78	31	80	79	59	51
82	45	80	48	78	56	56	68	15
43	93	36	91	62	85	91	53	71
			51	76	96	79		

试在显著性水平 0.05 下检验各班级的平均分数是否有显著差异？

第三节　双因素方差分析

在实际问题中,影响试验结果的因素往往不止一个. 当影响指标的因素不是一个而是多个时,要分析各因素对指标影响是否显著,就要用到多因素方差分析,这里仅以两个因素的情形为例. 双因素的方差分析,其基本思想与单因素方差分析相类似,关键在于如何将总离差平方和进行分解. 本节只讨论无交互作用的双因素方差分析,有交互作用的双因素方差分析,限于篇幅就不讨论了.

设某项试验指标服从方差为 σ^2 的正态分布. 现在要考察 A,B 两个因素对指标作用是否显著(即有两个因素 A,B 作用于总体 X). 对因素 A 取 p 个水平 $A_1,A_2,\cdots,A_p$, 对因素 B 取 q 个水平 $B_1,B_2,\cdots,B_q$, 这样因素 A 与因素 B 共有 pq 种不同的水平组合. 对每种情况 (A_i,B_j) 各进行一次独立试验,得 $X_{ij}(i=1,2,\cdots,p;j=1,2,\cdots,q)$. pq 次独立试验所得样本如表 9-5 所列.

表 9-5

		B				$T_{i\cdot}=\sum\limits_{j=1}^{q}X_{ij}$	$\overline{X}_{i\cdot}=\dfrac{T_{i\cdot}}{q}$
		B_1	B_2	$\cdots$	B_q		
A	A_1	X_{11}	X_{12}	$\cdots$	X_{1q}	$T_{1\cdot}$	$\overline{X}_{1\cdot}$
	A_2	X_{21}	X_{22}	$\cdots$	X_{2q}	$T_{2\cdot}$	$\overline{X}_{2\cdot}$
	$\vdots$	$\vdots$	$\vdots$		$\vdots$	$\vdots$	$\vdots$
	A_p	X_{p1}	X_{p2}	$\cdots$	X_{pq}	$T_{p\cdot}$	$\overline{X}_{p\cdot}$
$T_{\cdot j}=\sum\limits_{i=1}^{p}X_{ij}$		$T_{\cdot 1}$	$T_{\cdot 2}$	$\cdots$	$T_{\cdot q}$	$T=\sum\limits_{i=1}^{p}T_{i\cdot}$	
$\overline{X}_{\cdot j}=\dfrac{T_{\cdot j}}{p}$		$\overline{X}_{\cdot 1}$	$\overline{X}_{\cdot 2}$	$\cdots$	$\overline{X}_{\cdot q}$		$\overline{X}=\dfrac{T}{pq}$

表中 $X_{ij}(i=1,2,\cdots,p;j=1,2,\cdots,q)$ 均为正态变量,且这 pq 个正态变量具有相同方差 σ^2. 要考察因素 A,B 的水平的改变对指标有无影响,就是要考察所有 X_{ij} 是否服从同

一正态分布. 设 X_{ij} 的数学期望为 $a_{ij}(i=1,2,\cdots,p;j=1,2,\cdots,q)$, 因为已知方差相等, 问题就转化为检验这 pq 个数学期望是否相等, 即要检验假设

$\qquad H_0$: 所有数学期望 $a_{ij}(i=1,2,\cdots,p;j=1,2,\cdots,q)$ 相等.

为了构造检验用的统计量, 仿照单因素的方差分析方法, 先对总离差平方和进行分解.

$$\begin{aligned}
S_T &= \sum_{i=1}^{p}\sum_{j=1}^{q}(X_{ij}-\overline{X})^2 \\
&= \sum_{i=1}^{p}\sum_{j=1}^{q}\left[(X_{ij}-\overline{X}_{i\cdot}-\overline{X}_{\cdot j}+\overline{X})+(\overline{X}_{i\cdot}-\overline{X})+(\overline{X}_{\cdot j}-\overline{X})\right]^2 \\
&= \sum_{i=1}^{p}\sum_{j=1}^{q}(X_{ij}-\overline{X}_{i\cdot}-\overline{X}_{\cdot j}+\overline{X})^2+q\sum_{i=1}^{p}(\overline{X}_{i\cdot}-\overline{X})^2+p\sum_{j=1}^{q}(\overline{X}_{\cdot j}-\overline{X})^2+ \\
&\quad 2\sum_{i=1}^{p}\sum_{j=1}^{q}(X_{ij}-\overline{X}_{i\cdot}-\overline{X}_{\cdot j}+\overline{X})(\overline{X}_{\cdot j}-\overline{X})+ \\
&\quad 2\sum_{i=1}^{p}\sum_{j=1}^{q}(X_{ij}-\overline{X}_{i\cdot}-\overline{X}_{\cdot j}+\overline{X})(\overline{X}_{i\cdot}-\overline{X})+ \\
&\quad 2\sum_{i=1}^{p}\sum_{j=1}^{q}(\overline{X}_{i\cdot}-\overline{X})(\overline{X}_{\cdot j}-\overline{X}).
\end{aligned}$$

容易证明上式右端最后三个和式均等于零. 若记

$$S_e = \sum_{i=1}^{p}\sum_{j=1}^{q}(X_{ij}-\overline{X}_{i\cdot}-\overline{X}_{\cdot j}-\overline{X})^2,$$

$$S_A = q\sum_{i=1}^{p}(\overline{X}_{i\cdot}-\overline{X})^2,$$

$$S_B = p\sum_{j=1}^{q}(\overline{X}_{\cdot j}-\overline{X})^2,$$

则有

$$S_T = S_e+S_A+S_B.$$

这就是总离差平方和分解公式. 这里 S_e 叫做误差平方和, 表示实验的随机波动部分; S_A 叫做因素 A 的离差平方和, 表示因素 A 效应的变差; S_B 叫做因素 B 的离差平方和, 表示因素 B 效应的变差. 相应的自由度分别为

$$f_T=pq-1,\quad f_e=(p-1)(q-1),\quad f_A=p-1,\quad f_B=q-1,$$

且 $f_T=f_e+f_A+f_B$.

现在我们来构造统计量对假设 H_0 进行检验. 若 H_0: 所有数学期望 $a_{ij}(i=1,2,\cdots,p;j=1,2,\cdots,q)$ 相等成立, 可以证明统计量

$$F_A = \frac{S_A/(p-1)\sigma^2}{S_e/(p-1)(q-1)\sigma^2}=\frac{S_A/(p-1)}{S_e/(p-1)(q-1)}=\frac{\overline{S}_A}{\overline{S}_e}\sim F(p-1,(p-1)(q-1)),$$

$$F_B = \frac{S_B/(q-1)\sigma^2}{S_e/(p-1)(q-1)\sigma^2} = \frac{S_B/(q-1)}{S_e/(p-1)(q-1)} = \frac{\overline{S}_B}{\overline{S}_e} \sim F(q-1,(p-1)(q-1)).$$

利用统计量 F_A, F_B 就可分别对因素 A, B 作用的显著性进行检验.

表 9-6　双因素实验方差分析表

方差来源	平方和 S	自由度 f	均方差 $\overline{S}$	F 值	F_α	显著性
因素 A	$S_A = q\sum_{i=1}^{p}(\overline{X}_{i\cdot}-\overline{X})^2$	$f_A = p-1$	$\overline{S}_A = \dfrac{S_A}{p-1}$	$F = \dfrac{\overline{S}_A}{\overline{S}_e}$	查表	
因素 B	$S_B = p\sum_{j=1}^{q}(\overline{X}_{\cdot j}-\overline{X})^2$	$f_B = q-1$	$\overline{S}_B = \dfrac{S_B}{q-1}$	$F = \dfrac{\overline{S}_A}{\overline{S}_e}$	查表	
误差 e	$S_e = \sum_{i=1}^{p}\sum_{j=1}^{q}(X_{ij}-\overline{X}_{i\cdot}-\overline{X}_{\cdot j}-\overline{X})^2$	$f_e = (p-1)\cdot(q-1)$	$\overline{S}_e = \dfrac{S_e}{(p-1)(q-1)}$			
总和 T	$S_T = \sum_{i=1}^{p}\sum_{j=1}^{q}(X_{ij}-\overline{X})^2$	$f_T = pq-1$				

仿照单因素方差分析的办法,由样本值计算各离差平方和,然后列出如表 9-6 的方差分析表.表中 F 值一栏由样本值代入算得,临界值一栏根据给定的显著性水平 α,由相应的自由度查 F 分布表定出.显著性一栏,是 F 值与临界值比较结果的标志.当 $\alpha=0.05$ 时,若 F 值大于临界值 F_α,判定该因素作用显著,在栏内记上"*";否则,判定该因素作用不显著,在栏内不作任何记号;当 $\alpha=0.01$ 时,若 F 值仍大于临界值 F_α,判定该因素的作用高度显著,在栏内记上"**"号.

方差分析表中的平方和计算常采用下面的公式.令

$$K = \sum_{i=1}^{p}\sum_{j=1}^{q}X_{ij},$$
$$P = \frac{1}{pq}K^2,$$
$$Q_A = \frac{1}{q}\sum_{i=1}^{p}\left(\sum_{j=1}^{q}X_{ij}\right)^2,$$
$$Q_B = \frac{1}{p}\sum_{j=1}^{q}\left(\sum_{i=1}^{p}X_{ij}\right)^2,$$
$$R = \sum_{i=1}^{p}\sum_{j=1}^{q}X_{ij}^2,$$

则所求的平方和为

$$\begin{cases} S_A = Q_A - P, \\ S_B = Q_B - P, \\ S_e = R - Q_A - Q_B + P, \\ S_T = R - P. \end{cases}$$

例 1 某厂对生产的高速钢铣刀进行淬火工艺试验,考察等温温度、淬火温度两个因素对硬度的影响. 今等温温度、淬火温度各取三个水平:

等温温度 A	$A_1 = 280\ ℃$	$A_2 = 300\ ℃$	$A_3 = 320\ ℃$
淬火温度 B	$B_1 = 1\ 210\ ℃$	$B_2 = 1\ 235\ ℃$	$B_3 = 1\ 250\ ℃$

试验后测得平均硬度(HRC)值见表 9-7,表中数据是原数据减去 65 后的值.

表 9-7 试验得平均硬度值

	B_1	B_2	B_3	$\sum\limits_{j} X_{ij}$	$\left(\sum\limits_{j} X_{ij}\right)^2$	$\sum\limits_{j} X_{ij}^2$
A_1	-2	0	2	0	0	8
A_2	0	2	1	3	9	5
A_3	-1	1	2	2	4	6
$\sum\limits_{i} X_{ij}$	-3	3	5			
$\left(\sum\limits_{i} X_{ij}\right)^2$	9	9	25			
$\sum\limits_{i} X_{ij}^2$	5	5	9			

由上表计算得

$$K = \sum_{i=1}^{3} \sum_{j=1}^{3} X_{ij} = 5,$$

$$P = \frac{1}{pq} K^2 = \frac{1}{9} \times 25 = 2.778,$$

$$Q_A = \frac{1}{3} \sum_{i=1}^{3} \left(\sum_{j=1}^{3} X_{ij}\right)^2 = \frac{1}{3}(0+9+4) = \frac{13}{3} = 4.333,$$

$$Q_B = \frac{1}{3} \sum_{j=1}^{3} \left(\sum_{i=1}^{3} X_{ij}\right)^2 = \frac{1}{3}(9+9+25) = 14.333,$$

$$R = \sum_{i=1}^{3} \sum_{j=1}^{3} X_{ij}^2 = 19.$$

故

$$S_A = Q_A - P = 4.333 - 2.778 = 1.56,$$

$$S_B = Q_B - P = 14.333 - 2.778 = 11.56,$$

$$S_e = R - Q_A - Q_B + P = 19 - 4.333 - 14.333 + 2.778 = 3.1,$$

$$S_T = R - P = 19 - 2.778 = 16.22.$$

于是得到方差分析表

方差来源	平方和 S	自由度	均方 $\bar{S}$	F 值	F_α	显著性
因素 A	1.56	2	0.78	1.01	6.94	
因素 B	11.56	2	5.78	7.46	6.94	*
误差	3.1	4	0.775			
总和	16.22	8				

由于 $F_{0.05}(2,4)=6.94$,而 $F_A<6.94$ 且 $F_B>6.94$,故在显著性水平 0.05 下可以认为等温温度的水平变化对硬度无显著影响,而淬火温度的水平变化对硬度则影响显著.且由表 9-7 中数据知淬火温度为 $B_3=1250\ ℃$ 的平均硬度(HRC)值最大.

习题 9-3

1. 为了研究金属管的防腐蚀的功能,考虑了 4 种不同的涂料涂层.将金属管埋在 3 种不同性质的土壤中,经过一段时间,测得金属管腐蚀的最大深度(单位:mm)如下表所示

		土壤类型(因素 B)		
		1	2	3
涂层	1	1.63	1.35	1.27
(因素 A)	2	1.34	1.30	1.22
	3	1.19	1.14	1.27
	4	1.30	1.09	1.32

试取显著性水平 $\alpha=0.05$,检验在不同涂层下腐蚀的最大深度的平均值有无显著差异,在不同土壤中腐蚀的最大深度的平均值有无显著差异(设两因素间没有交互作用效应).

2. 在 B_1,B_2,B_3,B_4 四台不同的纺织机器中,用三种不同的加压水平 A_1,A_2,A_3,在每种加压水平下,每台机器中各取一个试样测量,得纱支强度(单位:Ntex)如下:

		机器			
		B_1	B_2	B_3	B_4
加压	A_1	1577	1690	1800	1642
	A_2	1535	1640	1783	1621
	A_3	1592	1652	1810	1663

问不同加压水平和不同机器之间纱支强度有无显著差异(显著性水平 $\alpha=0.05$)?

3. 车间里有五名工人,有三台不同型号的车床,生产同一品种的产品,现在让每个工人轮流在

三台车床上操作,记录其日产量(单位:件)结果如下:

		工人				
		1	2	3	4	5
车床	1	64	73	63	81	78
	2	75	66	61	73	80
	3	78	67	80	69	71

问不同车床和不同工人之间日产量有无显著差异(显著性水平 $\alpha = 0.05$)?

第九章知识总结

第十章

回归分析

第十章知识
结构导图

事物之间是普遍联系的.把事物或者现象用变量表示，并寻找它们之间的数量关系，一直是人们的不懈追求.变量之间的关系如果是不完全确定的就称为相关关系.变量之间的相关关系不能用完全确切的函数形式表示，但在期望意义下有一定的定量关系表达式，寻找这种定量关系表达式是回归分析的主要任务.回归分析是数理统计的一个很重要的分支，是一种应用广泛的数据分析方法.它通过对客观事物中变量的大量观测或者试验获得数据，寻找隐藏在数据背后的相关关系，揭示变量之间的内在规律，并用于预测和控制.

第一节 回归分析的意义

在工程及其他问题中经常涉及多个变量，它们之间存在某种关系.函数关系是这种关系之一.在初等数学和高等数学中，我们对函数进行了广泛的研究.例如，在函数 $y=f(x)$ 中，自变量 x 和因变量 y 都不能是随机变量，通常称它们是普通变量.对于给定的某一个 x 值，对应的是确定的 y 值，因此我们说函数关系是一种确定的关系.在另一些问题中,变量之间存在着某种与函数关系不同的关系.先分析下面的问题.

例 1　炼钢基本上是一个氧化脱碳的过程.为了探求钢液开始时的含碳量和冶炼时间长短的关系,随机地抽查了某台炉 34 炉钢的熔毕碳(即全部炉料熔化完毕时钢液的含碳量)与精炼时间(从熔毕至出钢冶炼所需的时间)的生产记录,数据如表 10-1 所示.

表 10-1　34 炉钢的熔毕碳和精炼时间

编号	熔毕碳 $x_i/(0.01\%)$	精炼时间 $y_i/\min$	编号	熔毕碳 $x_i/(0.01\%)$	精炼时间 $y_i/\min$
1	180	200	18	116	100
2	104	100	19	123	110
3	134	135	20	151	180
4	141	125	21	110	130
5	204	235	22	108	110
6	150	170	23	158	130
7	121	125	24	107	115
8	151	135	25	180	240
9	147	155	26	127	135
10	145	165	27	115	120
11	141	135	28	191	205
12	144	160	29	190	220
13	190	190	30	153	145
14	190	210	31	155	160
15	161	145	32	177	185
16	165	195	33	177	205
17	154	150	34	143	160

在上例中,设熔毕碳是一个普通变量,记作 x,但即使对应相同的 x 值,精炼时间却有随机性,有随机波动,因此精炼时间是一个随机变量,用 Y 表示.例 1 的数据表可看作 (x,Y) 的 34 组观测值 $(x_i,y_i)(i=1,2,\cdots,34)$.把 (x_i,y_i) 看成 xOy 平面上的点,将它们描在直角坐标平面上,如图 10-1 所示.我们称图 10-1 为对应数据的散点图.

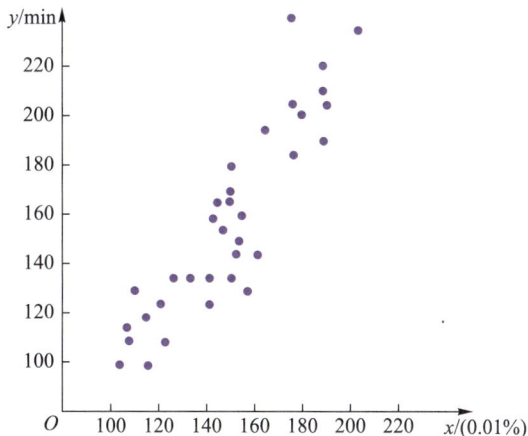

图 10-1

细心观察图 10-1,不难发现,从总体上看,显然存在 Y 随 x 增大而增大的趋势.但由于 Y 的随机性,Y 的观测值又存在围绕这个趋势的上下波动.为了滤去 Y 的随机性,显示出 Y 随 x 变化的总趋势,我们可以对每个给定的 x 求 Y 的期望,记为 $E(Y\mid x)$,对应不同的 x 有不同的期望值,因此有

$$E(Y\mid x)=f(x). \tag{10.1.1}$$

设 Y 是随机变量,x 是普通变量,若存在函数 $f(x)$ 使(10.1.1)式成立,则 $f(x)$ 叫做 Y 对 x 的回归,或称 Y 和 x 之间存在回归关系.方程 $y=f(x)$ 叫做 Y 对 x 的回归方程.回归方程反映了随机变量 Y 和普通变量 x 之间总体上的变化关系.

回归方程具有一个"最小"特性.设 $f(x)$ 是 Y 对 x 的回归,对于所有允许的 x 值,Y 关于 $f(x)$ 的方差小于 Y 关于任何其他函数 $g(x)$ 的方差.因为

$$\begin{aligned}
E[(Y-f(x))^2]&=E[(Y-g(x)+g(x)-f(x))^2]\\
&=E[(Y-g(x))^2]-2E[(Y-g(x))(f(x)-g(x))]+\\
&\quad E[(f(x)-g(x))^2]\\
&=E[(Y-g(x))^2]-[f(x)-g(x)]^2.
\end{aligned}$$

显然 $[f(x)-g(x)]^2\geqslant0$,所以

$$E[(Y-f(x))^2]\leqslant E[(Y-g(x))^2].$$

仅当 $f(x)\equiv g(x)$ 时,等号才成立.

上述"最小"特性表明,就方差最小这个要求而言,用 Y 对 x 的回归 $f(x)$ 来描述 Y 和 x 的总体关系比任何其他函数要好.

本章主要介绍有广泛应用的一元线性回归和二元线性回归方法,建立回归的模型,研究回归方程的求法,并检验其显著性.

习题 10-1

试举出有相关关系的变量的几个例子.

第二节 一元线性回归

一、一元线性回归模型

设随机变量 Y 和普通变量 x 存在回归 $f(x)$,若 $f(x)$ 是一个一般函数,在一般条件下,要找到这个 $f(x)$ 是极为困难的.在实际问题中通常都对 Y 和 $f(x)$ 先做一些方便求

解的简化和假设. 首先,在本章讨论中,我们总是假定 Y 是正态变量,有恒定(可以是未知)的方差 $D(Y)=\sigma^2$. 这样假设一方面简化了理论研究,另一方面也和大多数实际随机变量分布特性一致或近似. 其次,我们对 $f(x)$ 的形式在求解之前都要有不同的限定. 这一节从最简单的情况开始讨论. 我们限定 $f(x)$ 是 x 的线性函数,即 $f(x)=a+bx$.

以上两条假设可简单地表示为

$$Y \sim N(a+bx, \sigma^2). \tag{10.2.1}$$

根据正态变量的性质,显然有

$$E(Y|x)=a+bx, \quad D(Y)=\sigma^2.$$

(10.2.1)式还可以表示为如下等价形式:

$$Y=a+bx+\varepsilon, \quad \varepsilon \sim N(0, \sigma^2). \tag{10.2.2}$$

(10.2.1)式或(10.2.2)式表明随机变量 Y 是一个正态变量,Y 对 x 的回归是 x 的一个线性函数. 我们把符合(10.2.1)式或(10.2.2)式的模型叫做一元线性回归模型. 这种用直线方程来大致表示的两个变量之间的关系叫做线性回归关系,其中的 a 和 b 叫做一元线性回归的回归系数.

平面上的直线很多,究竟选取哪一条为"好"呢? 就离差平方和最小这一要求而言,如果某条直线与全部观测数据 $y_i(i=1,2,\cdots,n)$ 的离差平方和比任何其他直线与全部 y_i 的离差平方和都小,则该直线便是代表 x 与 Y 之间关系的较"好"的一条直线. 这条直线就是 Y 和 x 的回归直线,下面来具体求出这条直线.

二、一元线性回归系数 a,b 的确定

假设 Y 和 x 有一元线性回归关系,即

$$Y=a+bx+\varepsilon, \quad \varepsilon \sim N(0, \sigma^2).$$

它们的回归方程是 $y=a+bx$,为了确定这个方程,必须确定系数 a 和 b 的值. 为此,可以对 (x,Y) 做 n 次随机观测,设其观测值分别为 $(x_1,y_1),(x_2,y_2),\cdots,(x_n,y_n)$. 把这组观测值看成来自总体 (x,Y) 的一个样本,利用这个样本可以求得 a 和 b 的一个估计值.

对于给定的 x_i,Y 的期望值是 $a+bx_i$,但现在的观测值是 y_i,观测值与期望值的离差平方和为

$$Q(a,b)=\sum_{i=1}^{n}[y_i-(a+bx_i)]^2. \tag{10.2.3}$$

通常把使 $Q(a,b)$ 取得最小值的 $\hat{a}$ 和 $\hat{b}$ 作为 a 和 b 的一个点估计. 利用最小二乘法,容易求出 $\hat{a}$ 和 $\hat{b}$. 将(10.2.3)式对 a,b 求偏导,并令其为 0,得

$$\begin{cases} \dfrac{\partial Q}{\partial a}=-2\sum_{i=1}^{n}(y_i-a-bx_i)=0, \\[2mm] \dfrac{\partial Q}{\partial b}=-2\sum_{i=1}^{n}(y_i-a-bx_i)x_i=0, \end{cases}$$

化简整理后得关于 a,b 的二元线性方程组

$$\begin{cases} na+b\displaystyle\sum_{i=1}^{n} x_i = \sum_{i=1}^{n} y_i, \\ a\displaystyle\sum_{i=1}^{n} x_i+b\sum_{i=1}^{n} x_i^2 = \sum_{i=1}^{n} x_i y_i. \end{cases} \qquad (10.2.4)$$

方程组(10.2.4)叫做一元线性回归的正规方程组. 利用克拉默法则(或消元法)可解得

$$\hat{b} = \frac{\begin{vmatrix} n & \sum y_i \\ \sum x_i & \sum x_i y_i \end{vmatrix}}{\begin{vmatrix} n & \sum x_i \\ \sum x_i & \sum x_i^2 \end{vmatrix}} = \frac{n\displaystyle\sum_{i=1}^{n} x_i y_i - \left(\sum_{i=1}^{n} x_i\right)\left(\sum_{i=1}^{n} y_i\right)}{n\displaystyle\sum_{i=1}^{n} x_i^2 - \left(\sum_{i=1}^{n} x_i\right)^2}. \qquad (10.2.5)$$

只要所有的 x_i 不全相同,(10.2.5)式的解 $\hat{b}$ 存在,将(10.2.5)式代入(10.2.4)式的第一个方程,得

$$\hat{a} = \frac{1}{n}\left(\sum_{i=1}^{n} y_i - \hat{b}\sum_{i=1}^{n} x_i\right) = \overline{y} - \hat{b}\,\overline{x}. \qquad (10.2.6)$$

于是得回归直线方程

$$\hat{y} = \hat{a} + \hat{b}x. \qquad (10.2.7)$$

　　上述方程中的系数 $\hat{a}$ 和 $\hat{b}$ 分别是 a 和 b 的一个估计值,所以方程(10.2.7)叫做估计回归直线方程. 对应一组观测值,按(10.2.5)式和(10.2.6)式可以求得一条估计回归直线方程. 由于一般不能得到 (x,Y) 的所有结果,真正的回归直线方程 $y=a+bx$ 是无法得到的. 求 Y 对 x 的回归直线方程指的就是求估计回归直线方程.

　　公式(10.2.5)不便记忆,为此引入下面求和式的简化记号,使 $\hat{b}$ 的计算更有条理和方便记忆. 记

$$L_{xx} = \sum_{i=1}^{n} (x_i - \overline{x})(x_i - \overline{x}) = \sum_{i=1}^{n} x_i^2 - \frac{1}{n}\left(\sum_{i=1}^{n} x_i\right)^2,$$

$$L_{yy} = \sum_{i=1}^{n} (y_i - \overline{y})(y_i - \overline{y}) = \sum_{i=1}^{n} y_i^2 - \frac{1}{n}\left(\sum_{i=1}^{n} y_i\right)^2,$$

$$L_{xy} = \sum_{i=1}^{n} (x_i - \overline{x})(y_i - \overline{y}) = \sum_{i=1}^{n} x_i y_i - \frac{1}{n}\left(\sum_{i=1}^{n} x_i\right)\left(\sum_{i=1}^{n} y_i\right).$$

记号的意义如下:L 表示求和,一个下标 x 表示求和的通项中对应有一个因式 $(x_i-\overline{x})$,一个下标 y 表示求和的通项中对应有一个因式 $(y_i-\overline{y})$. 利用上述记号代入(10.2.5)式可得

$$\hat{b} = \frac{L_{xy}}{L_{xx}}.$$

综合上述讨论,为了求 Y 对 x 的一元线性回归,一般可按以下步骤求解:

(1) 计算 $\sum_{i=1}^{n} x_i$, $\sum_{i=1}^{n} y_i$, $\sum_{i=1}^{n} x_i^2$, $\sum_{i=1}^{n} y_i^2$, $\sum_{i=1}^{n} x_i y_i$;

(2) 计算 $\overline{x} = \dfrac{1}{n} \sum_{i=1}^{n} x_i$, $\overline{y} = \dfrac{1}{n} \sum_{i=1}^{n} y_i$;

(3) 计算 L_{xx}, L_{xy}, L_{yy} (求 $\hat{a}$ 和 $\hat{b}$ 时暂时不用);

(4) 计算 $\hat{b} = \dfrac{L_{xy}}{L_{xx}}$, $\hat{a} = \overline{y} - \hat{b} \overline{x}$;

(5) 写出回归直线方程 $\hat{y} = \hat{a} + \hat{b} x$.

例 1　一次试验对 9 个不同的 x 值,测得 Y 的 9 个对应值,得下表所示数据,求 Y 对 x 的回归直线方程.

i	1	2	3	4	5	6	7	8	9
x_i	1.5	1.8	2.4	3.0	3.5	3.9	4.4	4.8	5.0
y_i	4.8	5.7	7.0	8.3	10.9	12.4	13.1	13.6	15.3

先画出这些数据对应的散点图(图 10-2).该散点图接近于直线排列,因此认为 Y 对 x 有线性回归关系是合理的.

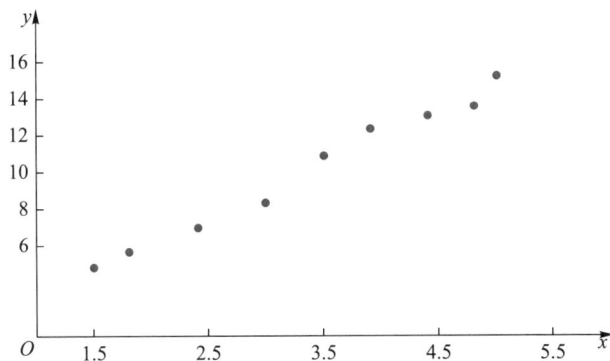

图 10-2

解　为方便计算,按如下表格求解:

数据序号	x_i	y_i	$x_i y_i$	x_i^2	y_i^2
1	1.5	4.8	7.20	2.25	23.04
2	1.8	5.7	10.26	3.24	32.49
3	2.4	7.0	16.80	5.76	49.00
4	3.0	8.3	24.90	9.00	68.89
5	3.5	10.9	38.15	12.25	118.81
6	3.9	12.4	48.36	15.21	153.76

续表

数据序号	x_i	y_i	x_iy_i	x_i^2	y_i^2
7	4.4	13.1	57.64	19.36	171.61
8	4.8	13.6	65.28	23.04	184.96
9	5.0	15.3	76.50	25.00	234.09
和	30.3	91.1	345.09	115.11	1 036.65

所以

$$\overline{x} = 3.366\ 7, \quad \overline{y} = 10.122\ 2,$$

$$L_{xy} = 345.09 - \frac{1}{9} \times 30.3 \times 91.1 = 38.386\ 7,$$

$$L_{xx} = 115.11 - \frac{1}{9} \times 30.3 \times 30.3 = 13.1,$$

$$\hat{b} = \frac{38.386\ 7}{13.1} = 2.930\ 3,$$

$$\hat{a} = \overline{y} - \hat{b}\overline{x} = 10.122\ 2 - 2.930\ 3 \times 3.366\ 7 = 0.256\ 8.$$

回归直线方程为 $\hat{y} = 0.256\ 8 + 2.930\ 3x$.

例 2　利用第一节例 1 数据求精炼时间对熔毕碳的线性回归方程.

解　列数据表.

数据序号	x_i	y_i	x_iy_i	x_i^2	y_i^2
1	180	200	36 000	32 400	40 000
2	104	100	10 400	10 816	10 000
3	134	135	18 090	17 956	18 225
4	141	125	17 625	19 881	15 625
5	204	235	47 940	41 616	55 225
⋮	⋮	⋮	⋮	⋮	⋮
34	143	160	22 880	20 449	25 600
和	5 103	5 380	839 800	791 363	901 400

所以

$$\overline{x} = 150.088\ 2, \quad \overline{y} = 158.235\ 3,$$

$$L_{xy} = 839\ 800 - \frac{1}{34} \times 5\ 103 \times 5\ 380 = 32\ 325.3,$$

$$L_{xx} = 791\ 363 - \frac{1}{34} \times 5\ 103 \times 5\ 103 = 25\ 462.7,$$

$$\hat{b} = \frac{32\ 325.3}{25\ 462.7} = 1.269\ 5,$$

$$\hat{a}=\overline{y}-\hat{b}\overline{x}=158.235\ 3-1.269\ 5\times150.088\ 2=-32.301\ 7,$$

回归直线方程为 $\hat{y}=-32.301\ 7+1.269\ 5x$.

请读者注意:回归方程 $\hat{y}=\hat{a}+\hat{b}x$ 描述了 Y 和 x 总体的关系,每个观测值 (x_i,y_i) 不一定都满足回归方程,但因为

$$\hat{a}+\hat{b}\overline{x}=\overline{y}-\hat{b}\overline{x}+\hat{b}\overline{x}=\overline{y}.$$

所以点 $(\overline{x},\overline{y})$ 必定位于估计回归直线上.

三、一元线性回归显著性检验

前面在假定 Y 与 x 存在线性回归的条件下,导出了计算线性回归方程的步骤. 事实上,按照以上步骤,不管散点图是否明显呈线性关系,只要 x_i 不全相同,都能求得一组 $\hat{a}$ 和 $\hat{b}$ 的值,得到一条回归直线 $\hat{y}=\hat{a}+\hat{b}x$. 如果变量 x 和 Y 之间并不存在某种线性回归关系,那么进行这样的工作就毫无意义了. 为此产生了一个这样的问题,Y 与 x 是否真的存在线性回归关系? 故而我们还必须利用观测数据,选择相应的检验法,对"存在线性回归"的假设做检验. 我们首先对一元线性回归的某些理论问题做进一步讨论.

定理 1(平方和分解定理) 设 (x_i,y_i) 是 n 组观测值,$\hat{y}_i=\hat{a}+\hat{b}x_i(i=1,2,\cdots,n)$,$\hat{b}=\dfrac{L_{xy}}{L_{xx}}$,则有

$$\sum_{i=1}^{n}(y_i-\overline{y})^2=\sum_{i=1}^{n}(y_i-\hat{y}_i)^2+\sum_{i=1}^{n}(\hat{y}_i-\overline{y})^2. \qquad (10.2.8)$$

证

$$\sum_{i=1}^{n}(y_i-\overline{y})^2=\sum_{i=1}^{n}(y_i-\hat{y}_i+\hat{y}_i-\overline{y})^2$$
$$=\sum_{i=1}^{n}(y_i-\hat{y}_i)^2+2\sum_{i=1}^{n}(y_i-\hat{y}_i)(\hat{y}_i-\overline{y})+\sum_{i=1}^{n}(\hat{y}_i-\overline{y})^2$$
$$=\sum_{i=1}^{n}(y_i-\hat{y}_i)^2+\sum_{i=1}^{n}(\hat{y}_i-\overline{y})^2,$$

这是因为

$$\sum_{i=1}^{n}(y_i-\hat{y}_i)(\hat{y}_i-\overline{y})=\sum_{i=1}^{n}(y_i-\hat{a}-\hat{b}x_i)(\hat{a}+\hat{b}x_i-\overline{y})$$
$$=\sum_{i=1}^{n}(y_i-\overline{y}+\hat{b}\overline{x}-\hat{b}x_i)(\overline{y}-\hat{b}\overline{x}+\hat{b}x_i-\overline{y})$$
$$=\hat{b}\sum_{i=1}^{n}[(y_i-\overline{y})-\hat{b}(x_i-\overline{x})](x_i-\overline{x})$$
$$=\hat{b}\left[\sum_{i=1}^{n}(y_i-\overline{y})(x_i-\overline{x})-\hat{b}\sum_{i=1}^{n}(x_i-\overline{x})^2\right]$$

$$= \hat{b} L_{xy} - \hat{b}^2 L_{xx} = \hat{b} L_{xy} - \hat{b} L_{xy} = 0.$$

以上定理的结论(10.2.8)式是一个很重要的结果. 左端就是 L_{yy},它是全部观测值 y_i 的离差平方和,定理表明它可以被分解成两个平方和项. 其中 $\sum_{i=1}^{n} (\hat{y}_i - \overline{y})^2$ 项记为 U,叫做回归平方和,它是回归直线上的点 $(x_i, \hat{y}_i)$ 纵坐标的离差平方和,代表因 y 和 x 存在线性关系由 x 的波动所造成的 y 的波动的量. 另一项 $\sum_{i=1}^{n} (y_i - \hat{y}_i)^2$ 记作 Q,叫做剩余平方和,它表示除线性关系外其他随机因素引起的 y 的离差. (10.2.8)式可简记为

$$L_{yy} = U + Q.$$

对于一组确定的观测值 $(x_i, y_i)(i = 1, 2, \cdots, n)$,$L_{yy}$ 是一个定值. 若 U 较大,则 Q 就小,这表明 Y 和 x 的线性关系起较大作用时,随机因素作用较小;反之,随机因素则起主要作用. 下面介绍一元线性回归的两种检验方法.

1. F 检验法

为了检验 Y 和 x 是否有(10.2.2)式所示模型,仅需检验是否 $b = 0$. 若假设 $b = 0$ 被拒绝,则线性回归关系可被接受,反之模型(10.2.2)不能被接受. 故原假设和备选假设为

$$H_0 : b = 0, \quad H_1 : b \neq 0.$$

若显著性水平为 α,则在 H_0 为真时,可以证明统计量

$$F = \frac{U}{Q/(n-2)} \sim F(1, n-2).$$

于是可用 F 对回归直线的显著性进行检验. 当 $F > F_\alpha(1, n-2)$ 时拒绝 H_0,接受 H_1,认为 Y 对于 x 的线性回归关系是显著的,接受回归方程. 当 $F \leq F_\alpha(1, n-2)$ 时则接受 H_0,拒绝 H_1,线性回归关系的假设被拒绝. 上述对线性回归关系的检验方法叫做 F 检验法.

对于例1,利用 F 检验法有

$$L_{yy} = 1\,036.65 - \frac{1}{9} \times 91.1^2 = 114.515\,6,$$

$$U = \hat{b} \cdot L_{xy} = 2.930\,3 \times 38.386\,7 = 112.484\,5,$$

$$Q = L_{yy} - U = 2.031\,1,$$

$$F = \frac{U}{Q/(n-2)} = 387.667\,5.$$

若显著性水平为 $\alpha = 0.05$,查表可得 $F_\alpha(1, n-2) = F_{0.05}(1, 7) = 5.59$,即

$$F = 387.667\,5 > 5.59.$$

所以线性回归方程被接受.

2. 相关系数检验法

在前面概率论的部分,我们定义

$$\rho = \frac{\text{cov}(X,Y)}{\sigma_X \sigma_Y}$$

为随机变量 X 与 Y 的相关系数,ρ 是表示 X 与 Y 线性相关密切程度的数量指标. 设 $(x_i, y_i)(i=1,2,\cdots,n)$ 为 (x,Y) 的一组样本观测值,我们定义统计量

$$\hat{\rho} = \frac{\sum_{i=1}^{n}(x_i-\overline{x})(y_i-\overline{y})}{\sqrt{\sum_{i=1}^{n}(x_i-\overline{x})^2 \sum_{i=1}^{n}(y_i-\overline{y})^2}} = \frac{L_{xy}}{\sqrt{L_{xx}L_{yy}}}$$

为样本相关系数,$\hat{\rho}$ 是 ρ 的一个点估计量. 下面对 $\hat{\rho}$ 进一步研究,将 $\hat{a}=\overline{y}-\hat{b}\overline{x}$,$\hat{b}=\dfrac{L_{xy}}{L_{xx}}$ 代入

$$Q = \sum_{i=1}^{n}\left[y_i - (\hat{a}+\hat{b}x_i)\right]^2,$$

可得

$$
\begin{aligned}
Q &= \sum_{i=1}^{n}\left(y_i-\overline{y}+\frac{L_{xy}}{L_{xx}}\overline{x}-\frac{L_{xy}}{L_{xx}}x_i\right)^2 \\
&= \sum_{i=1}^{n}\left[(y_i-\overline{y})-\frac{L_{xy}}{L_{xx}}(x_i-\overline{x})\right]^2 \\
&= \sum_{i=1}^{n}(y_i-\overline{y})^2 - 2\frac{L_{xy}}{L_{xx}}\sum_{i=1}^{n}(y_i-\overline{y})(x_i-\overline{x}) + \frac{L_{xy}^2}{L_{xx}^2}\sum_{i=1}^{n}(x_i-\overline{x})^2 \\
&= L_{yy} - 2\frac{L_{xy}}{L_{xx}}L_{xy} + \frac{L_{xy}^2}{L_{xx}^2}L_{xx} \\
&= \left(1-\frac{L_{xy}^2}{L_{yy}L_{xx}}\right)L_{yy} = (1-\hat{\rho}^2)L_{yy},
\end{aligned}
$$

即

$$Q = (1-\hat{\rho}^2)L_{yy}. \qquad (10.2.9)$$

由于 $Q \geq 0$,有 $(1-\hat{\rho}^2)L_{yy} \geq 0$,而 $L_{yy} \geq 0$,故 $1-\hat{\rho}^2 \geq 0$. 所以

$$0 \leq |\hat{\rho}| \leq 1.$$

由(10.2.9)式可知,当 $|\hat{\rho}|$ 越接近 1 时,Q 就越接近于 0,说明 x 与 Y 的线性关系就越强;当 $|\hat{\rho}|$ 越接近 0 时,Q 取值就越大,从而可认为 x 与 Y 的线性关系就越弱,以至没有线性关系. 此时或者 x 与 Y 之间存在非线性关系,或者两者根本不存在任何关系. 由此看来,$|\hat{\rho}|$ 的大小反映了 x 与 Y 之间的线性关系的强弱程度,故可用 $|\hat{\rho}|$ 的大

小来判断两个变量的关系是否大致可用直线方程来表示.

由于 L_{xy} 可正可负,所以 $\hat{\rho}$ 也可正可负,若 $\hat{\rho}>0$,则 x 与 Y 叫做正相关,此时当 x 增大(减小)时,Y 呈现出增大(减小)的趋势;若 $\hat{\rho}<0$,则 x 与 Y 叫做负相关,此时当 x 增大(减小)时,Y 呈现出减小(增大)的趋势. 相关系数 $\hat{\rho}$ 的意义如图 10-3 所示.

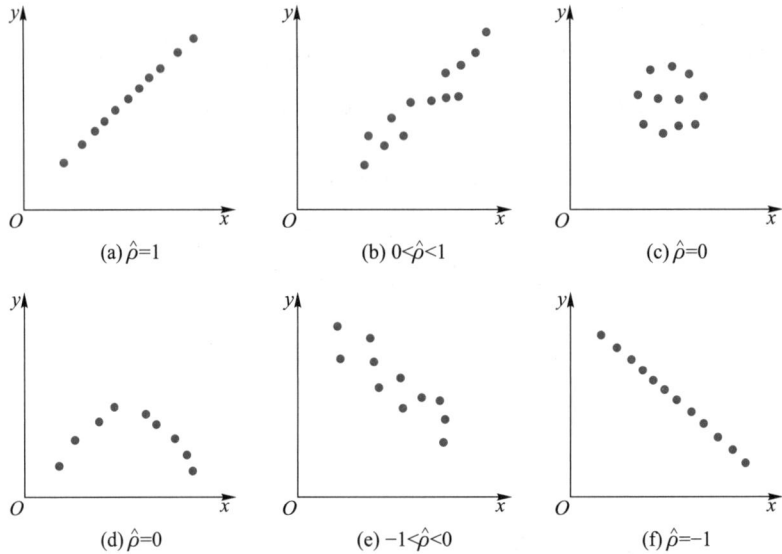

图 10-3

相关系数 $\hat{\rho}$ 的绝对值究竟多大时,回归直线才有意义呢? 或变量 x 与 Y 之间的线性相关才可以认为显著呢? 附录部分的相关系数检验表给出了对不同的样本容量 n,在显著性水平 $\alpha=0.05$ 及 $\alpha=0.01$ 时相关系数的临界值,求出的相关系数的绝对值大于表上的相应数值时,才能考虑用回归直线来描述 x 与 Y 之间的关系,也就是这时的回归直线才有意义.

具体检验步骤和前面所谈的显著性检验完全一样.

第一步:按 $\hat{\rho}=\dfrac{L_{xy}}{\sqrt{L_{xx}L_{xy}}}$ 计算出相关系数估计值 $\hat{\rho}$.

第二步:按给定显著性水平 α,以 $n-2$ 为自由度在相关系数检验表中查出相应的临界值 $\hat{\rho}_\alpha$.

第三步:比较 $|\hat{\rho}|$ 与 $\hat{\rho}_\alpha$ 的大小. 若 $|\hat{\rho}|>\hat{\rho}_\alpha$,则认为 x 与 Y 之间存在线性关系,并称 $\hat{\rho}$ 在 α 下显著;若 $|\hat{\rho}|\leqslant\hat{\rho}_\alpha$,则认为 x 与 Y 之间不存在线性关系,并称 $\hat{\rho}$ 在 α 下不显著.

在计算 $\hat{\rho}$ 值时,常用简化公式

$$\hat{\rho} = \frac{\sum\limits_{i=1}^{n} x_i y_i - n\bar{x}\,\bar{y}}{\sqrt{\left(\sum\limits_{i=1}^{n} x_i^2 - n\bar{x}^2\right)\left(\sum\limits_{i=1}^{n} y_i^2 - n\bar{y}^2\right)}}. \tag{10.2.10}$$

对于例 2 的数据,当显著性水平 $\alpha = 0.05$ 时,自由度 $n-2 = 7$,查相关系数检验表可得临界值为 $\hat{\rho}_{0.05} = 0.6664$. 由样本观测值计算得

$$\sum_{i=1}^{9} x_i y_i - 9\bar{x}\,\bar{y} = 345.09 - 9 \times 3.3667 \times 10.1222 = 38.3843,$$

$$\sum_{i=1}^{9} x_i^2 - 9\bar{x}^2 = 115.11 - 9 \times 3.3667^2 = 13.0980,$$

$$\sum_{i=1}^{9} y_i^2 - 9\bar{y}^2 = 1\,036.65 - 9 \times 10.1222^2 = 114.5196,$$

代入 (10.2.10) 式可得

$$\hat{\rho}_0 = 0.9911,$$

即有 $|\hat{\rho}_0| > \hat{\rho}_{0.05}$. 故可认为 Y 对 x 的线性相关关系是显著的,因而前面所得的回归直线方程确实可以描述变量 x 与 Y 之间的线性相关关系. 这与 F 检验法的结果是一致的.

在实际工作中,有时不需求出回归直线方程,而只需了解变量之间是否线性相关,这时只需利用相关系数检验法检验即可.

四、预测与控制

在工程实际中,回归模型在预测(预报)和控制中有广泛的应用. 所谓预测,就是对给定的 x 值,估计 Y 在什么范围内取值. 而控制则是指当希望 Y 值落在某个指定范围时,应该如何控制 x 才能达到预想目的. 这两个问题,实际上是一个问题的两种不同提法,因而一个问题解决了,另一个问题也就随之解决.

1. 预测问题

若变量 x 与 Y 之间线性关系显著,回归直线 $\hat{y} = \hat{a} + \hat{b}x$ 就大体反映了 x 与 Y 之间的变化规律. 由于它们之间的关系不是确定的,对于任意一个 x_0,相应的 Y 的观测值 Y_0 是一个随机变量. 若假定 Y_0 是以回归直线上对应的值 $\hat{y}_0 = \hat{a} + \hat{b}x_0$ 为中心的正态变量,且设其方差为 σ^2,即假设有 $Y_0 \sim N(\hat{y}_0, \sigma^2)$,由正态分布可知

$$P\{\hat{y}_0 - 1.96\sigma < y_0 < \hat{y}_0 + 1.96\sigma\} = 0.95. \tag{10.2.11}$$

上式表明当 X 取 x_0 时,对应的 Y_0 值以 0.95 的概率落在区间 $(\hat{y}_0 - 1.96\sigma,$ $\hat{y}_0 + 1.96\sigma)$ 之内,这个区间叫做 Y_0 的概率为 0.95 的预测区间.

Y_0 的方差往往是未知的,但可以证明统计量

$$s^2 = \frac{1}{n-2} \sum_{i=1}^{n} (y_i - \hat{y}_i)^2$$

是 σ^2 的无偏估计量. 以 s 代替(10.2.11)式中的 σ 时,对于给定的 x_0,y_0 值的概率为 0.95 的预测区间可近似表示为 $(\hat{y}_0 - 2s, \hat{y}_0 + 2s)$.

在具体计算 s 时,由于 $\sum_{i=1}^{n} (y_i - \hat{y}_i)^2$ 不易计算,改用

$$s^2 = \frac{(1-\hat{\rho}^2) \sum_{i=1}^{n} (y_i - \bar{y})^2}{n-2} = \frac{L_{yy} - \hat{b} L_{xy}}{n-2}.$$

这里,$L_{yy} = \sum_{i=1}^{n} (y_i - \bar{y})^2 = \sum y_i^2 - n\bar{y}^2$ 容易算出.

随着 x 取值的变化,Y 的预测区间的上下限给出,如图 10-4 所示的两条平行于回归直线的直线

$$L_1: y = \hat{a} - 2s + \hat{b}x, \tag{10.2.12}$$
$$L_2: y = \hat{a} + 2s + \hat{b}x. \tag{10.2.13}$$

由此可以预测,对于任何的 x 值,y 值的 95% 将落在直线(10.2.12)和(10.2.13)所夹的区域之中. 同理可得概率为 0.997 的预测区间

$$(\hat{y}_0 - 3s, \hat{y}_0 + 3s)$$

以及相应的预测区域的图示.

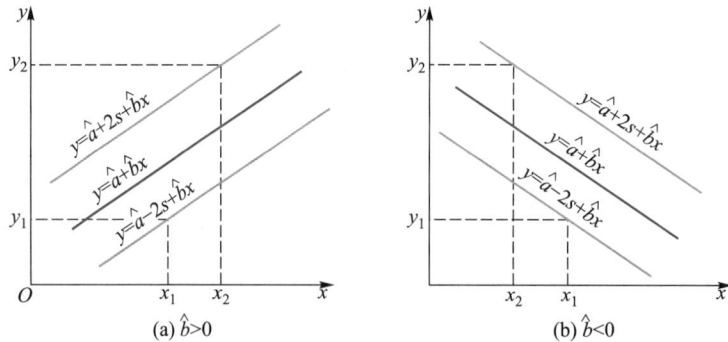

图 10-4

显然,s 越小,则由回归方程预测的 Y_0 的值越精确,故可用 s 来作为衡量预测的精确度.

2. 控制问题

若希望 Y_0 值落在已知区间 (y_1, y_2) 之内,则 x 值的控制区间可由图 10-4 中虚线所示的对应关系确定. 令

$$y_1 = \hat{a} - 2s + \hat{b}x_1, \quad y_2 = \hat{a} + 2s + \hat{b}x_2,$$

从中确定 x_1, x_2:

（1）当 $\hat{b} > 0$ 时,控制区间为（x_1, x_2）;

（2）当 $\hat{b} < 0$ 时,控制区间为（x_2, x_1）.

但必须注意,只有 $y_2 - y_1 > 4s$ 时,所求控制区间才有意义.

一元线性回归的基本问题到此就告一段落,为了使读者对一元线性回归问题有一个完整的理解,再举一例.

例 3　设 x 固定时,Y 为正态随机变量. 对 x, Y 观测 10 次,所得数据及相应计算项结果如下表所示.

（1）求 Y 对 x 的回归直线方程;

（2）求相关系数,检验线性关系的显著性;

（3）当 $x = 0.5$ 时,求 Y 的概率为 95% 的预测区间;

（4）要求 $|Y| < 4$,x 应控制在何范围内?

序号	1	2	3	4	5	6	7	8	9	10	和
x	-2.0	0.6	1.4	1.3	0.1	-1.6	-1.7	0.7	-1.8	-1.1	-4.1
y	-6.1	-0.5	7.2	6.9	-0.2	-2.1	-3.9	3.8	-7.5	-2.1	-4.5
x^2	4.0	0.36	1.96	1.69	0.01	2.56	2.89	0.49	3.24	1.21	18.41
xy	12.2	-0.3	10.08	8.97	-0.02	3.36	6.63	2.66	13.5	2.31	59.39
y^2	37.21	0.25	51.84	47.61	0.04	4.41	15.21	14.44	56.25	4.41	231.67

解　$L_{xx} = \sum_{i=1}^{n} x_i^2 - \dfrac{1}{n}\left(\sum_{i=1}^{n} x_i\right)^2 = 18.41 - \dfrac{1}{10}(-4.1)^2 = 16.729,$

$L_{xy} = \sum_{i=1}^{n} x_i y_i - \dfrac{1}{n}\left(\sum_{i=1}^{n} x_i\right)\left(\sum_{i=1}^{n} y_i\right) = 59.39 - \dfrac{1}{10}(-4.1)(-4.5) = 57.545,$

$L_{yy} = \sum_{i=1}^{n} y_i^2 - \dfrac{1}{n}\left(\sum_{i=1}^{n} y_i\right)^2 = 231.67 - \dfrac{1}{10}(-4.5)^2 = 229.645.$

（1）$\hat{b} = \dfrac{L_{xy}}{L_{xx}} = \dfrac{57.545}{16.729} = 3.4398,$

$\hat{a} = \bar{y} - \hat{b}\bar{x} = \dfrac{1}{10}(-4.5) - 3.4398 \times \dfrac{1}{10}(-4.1) = 0.9603.$

所以 Y 对 x 的回归直线方程为

$$\hat{y} = 0.9603 + 3.4398x.$$

（2）对 $\alpha = 0.05$,自由度 $n - 2 = 10 - 2 = 8$,查相关系数检验表得临界值 $\hat{\rho}_{0.05} = 0.632$. 再由样本计算相关系数

$$\rho^2 = \frac{L_{xy}}{\sqrt{L_{xx} L_{yy}}},$$

得到其观测值为

$$\hat{\rho}_0^2 = \frac{57.545}{\sqrt{16.729 \times 229.645}} = 0.928\ 4,$$

所以 $\hat{\rho}_0 = 0.963\ 5$. 因此 $|\hat{\rho}_0| > \hat{\rho}_{0.05}$，故可认为 Y 对 x 的线性相关关系是显著的.

（3）$s^2 = \dfrac{L_{yy} - \hat{b}L_{xy}}{n-2} = (229.645 - 3.439\ 8 \times 57.545)/8 = 3.962\ 7$，所以

$$s = 1.990\ 7.$$

当 $x = 0.5$ 时，Y 的预测值为

$$\hat{y}_0 = 0.960\ 3 + 3.439\ 8 \times 0.5 = 2.680\ 2.$$

所以，Y 的概率为 95% 的预测区间为

$$(2.680\ 2 - 2 \times 1.990\ 7, 2.680\ 2 + 2 \times 1.990\ 7),$$

即

$$(-1.301\ 2, 6.661\ 6).$$

（4）要求 $|Y| < 4$，即当 $y_1 = -4, y_2 = 4$ 时，要求 Y 在区间 (y_1, y_2) 内. 根据

$$y_1 = \hat{a} - 2s + \hat{b}x_1, \quad y_2 = \hat{a} + 2s + \hat{b}x_2,$$

可以解得

$$x_1 = (-4 - 0.960\ 3 + 2 \times 1.990\ 7)/3.439\ 8 = -0.284\ 6,$$

$$x_2 = (4 - 0.960\ 3 - 2 \times 1.990\ 7)/3.439\ 8 = -0.273\ 8,$$

所以 x 应控制在 $(-0.284\ 6, -0.273\ 8)$ 内.

五、一元非线性回归

在工程实际中，由观测所得数据作出的散点图在很多情况下并不显示线性关系，这时强行用线性回归模型不可能得到好的拟合效果，显著性检验也不可能通过. 对于这些问题，其中的一部分可以选用适当的变量替换，将其转换成线性回归模型，再利用前面介绍的方法求出回归方程.

下面列出几种可变换成线性回归方程求解的非线性回归方程和它们的图形特征.

非线性回归方程	对应图形	变换关系	线性回归模型
$y = ax^b$	图 10-5(a)(b)	$y' = \lg y, x' = \lg x$	$y' = \lg a + bx'$
$y = ae^{bx}$	图 10-6(a)(b)	$y' = \ln y$	$y' = \ln a + bx$
$y = a + b\lg x$	图 10-7(a)(b)	$x' = \lg x$	$y = a + bx'$
$y = \dfrac{x}{ax-b}$	图 10-8(a)(b)	$y' = \dfrac{1}{y}, x' = \dfrac{1}{x}$	$y' = a - bx'$
$y = \dfrac{1}{e^{-(a+bx)}+1}$	图 10-9	$y' = \ln\dfrac{y}{1-y}$	$y' = a + bx$

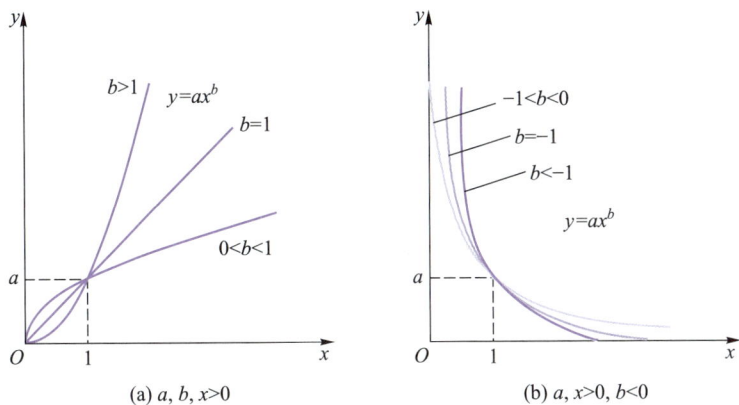

(a) $a, b, x>0$　　　　(b) $a, x>0, b<0$

图 10-5

对一个实际问题可先描绘其散点图,看一看散点图总体变化规律接近什么函数图形,然后选用对应的非线性回归,最后设法用变换化成直线回归求解.

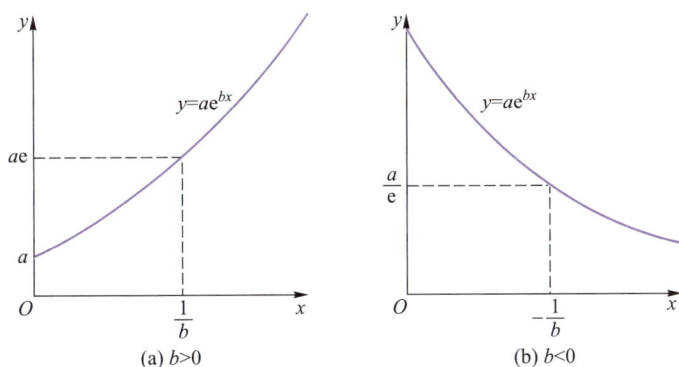

(a) $b>0$　　　　(b) $b<0$

图 10-6

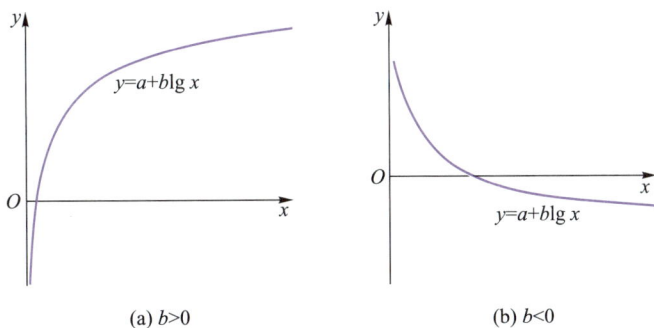

(a) $b>0$　　　　(b) $b<0$

图 10-7

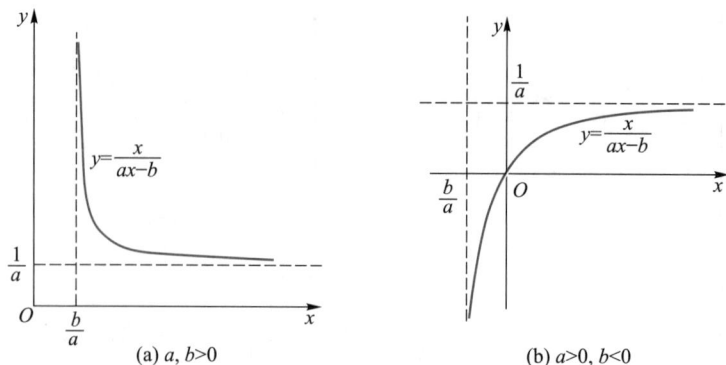

(a) $a, b>0$ (b) $a>0, b<0$

图 10-8

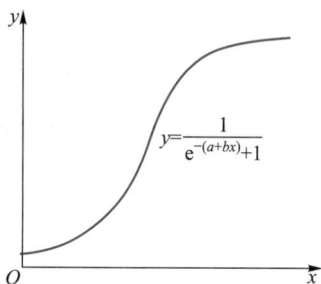

图 10-9

例 4 在某矿脉中 13 个相邻样本点处,某种伴生金属的含量数据如下表所示:

距离 x/km	2	3	4	5	7	8	10
含量 y	106.42	108.20	109.58	109.50	110.00	109.93	110.49
距离 x/km	11	14	15	16	18	19	
含量 y	110.59	110.60	110.90	111.76	111.00	111.20	

试建立适当的 Y 对 x 的非线性回归方程(显著性水平为 0.05).

解 作出散点图如图 10-10 所示:

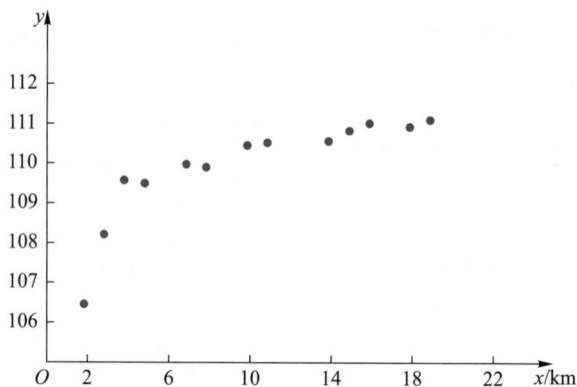

图 10-10

以下三种方程形式可选作回归方程：

（1）$y=a+b\sqrt{x}$；

（2）$y=a+b\lg x$；

（3）$y=a+b\dfrac{1}{x}$.

以求解（2）为例，令 $x'=\lg x$ 可计算得

$$\sum x'=11.928,\quad \sum y=1\,430.17,\quad \overline{x}'=0.917\,5,\quad \overline{y}=110.013\,1;$$

$$\sum x'^2=12.139,\quad \sum y^2=157\,361.2,\quad \sum x'y=1\,317.237;$$

$$L_{x'x'}=1.195,\quad L_{yy}=23.781,\quad L_{x'y}=5.001\,3;$$

$$\hat{b}=\frac{5.001\,3}{1.195}=4.185,\quad \hat{a}=106.173,$$

得回归方程

$$\hat{y}=106.173+4.185x'=106.173+4.185\lg x.$$

因为

$$U=\hat{b}L_{x'y}=20.930\,4,\quad Q=L_{yy}-U=2.850\,6,$$

$$F=\frac{U}{Q/(n-2)}=80.767>F_{0.05}(1,13-2)=4.84.$$

所以回归是显著的. 计算相关系数

$$\rho=\frac{L_{x'y}}{\sqrt{L_{x'x'}}\sqrt{L_{yy}}}=\frac{5.001\,3}{\sqrt{1.195\times23.781}}=0.938\,2.$$

用类似方法可将（1）和（3）变换成线性回归进行计算，下面仅列出计算结果.（1）型回归方程为 $y=106.156+1.267\,7\sqrt{x}$，检验结果为显著，相关系数为 0.888.（3）型回归方程为 $y=111.627\,9-\dfrac{10.232\,5}{x}$，检验结果也为显著，相关系数为 $-0.971\,6$.

上述计算结果表明，三种形式的回归方程都是可以的，但优中选优，方程（3）有最大的相关系数绝对值，它被认为是其中最佳的.

习题 10−2

1. 下表数据是退火温度 x（单位：℃）对黄铜延性效应 Y 的试验结果，Y 是以延长度计算的，且设对于给定的 x，Y 为正态变量，其方差与 x 无关.

$x/℃$	300	400	500	600	700	800
$y/\%$	40	50	55	60	67	70

画出散点图并求 Y 对于 x 的线性回归方程.

2. 合成纤维的强度与拉伸倍数有关,测得数据如下:

拉伸倍数 x	2.0	2.5	3.0	4.0	5.0
强度 $y/(\text{kg} \cdot \text{mm}^{-2})$	1.5	2.5	3.0	3.5	5.5

求 Y 关于 x 的回归方程,并检验方程的显著性.

3. 以等精度测量某一物体用不同单位能量 E 穿透障碍物的深度 h,其结果如下表:

i	E_i	h_i	i	E_i	h_i
1	41	4	8	180	23
2	50	8	9	208	26
3	81	10	10	241	30
4	104	14	11	250	31
5	120	16	12	269	36
6	139	20	13	301	37
7	154	19			

求 h 对于 E 的回归直线方程,并对线性关系的显著性进行检验.

4. 在钢线碳含量对于电阻的效应的研究中,得到以下的数据:

碳含量 $x/\%$	0.10	0.30	0.40	0.55	0.70	0.80	0.95
电阻 $y/\text{m}\Omega$(20 ℃时)	15	18	19	21	22.6	23.8	26

设对于给定的 x,Y 为正态变量,且方差与 x 无关.

(1) 画出散点图;

(2) 求线性回归方程 $\hat{y} = \hat{a} + \hat{b}x$;

(3) 检验假设 $H_0 : b = 0, H_1 : b \neq 0$;

(4) 求 $x = 0.50$ 时 Y 的概率为 0.95 的预测区间.

5. 设 x 固定时,Y 为正态变量. 对 x,Y 有下列观测值:

x	-2.0	0.6	1.4	1.3	0.1	-1.6	-1.7	0.7	-1.8	-1.1
y	-6.1	-0.5	7.2	6.9	-0.2	-2.1	-3.9	3.8	-7.5	-2.1

(1) 求 Y 对于 x 的回归直线方程;

(2) 求相关系数,检验线性关系的显著性;

(3) 当 $x = 0.5$ 时,求 Y 的概率为 95% 的预测区间;

(4) 若要求 $|y| < 4$,则 x 应控制在何范围内?

6. 以电容器充电达某电压值时作为时间的计算原点,此后电容器串联一电阻放电,测定各时刻的电压值 U,测量结果见下表:

t_i/s	U_i/V	t_i/s	U_i/V	t_i/s	U_i/V
0	100	4	30	8	10
1	75	5	20	9	5
2	55	6	15	10	5
3	40	7	10		

求 U 对 t 的回归方程(已知 U,t 有经验关系式 $U=U_0\mathrm{e}^{-nt}$).

第三节　多元线性回归

多元线性回归的原理和求解一元线性回归极为相似,只是计算更为繁难. 所谓多元线性回归就是研究变量 Y 与 p 个变量 $x_1,x_2,\cdots,x_p$ 之间的线性相关关系. 本节重点讨论二元线性回归问题.

一、回归方程的建立

设 Y 与 x_1,x_2 存在相关关系,为了寻求它们之间的线性相关关系,设 x_1,x_2 固定时,Y 服从正态分布,$(x_{1i},x_{2i},y_i)(i=1,2,\cdots,n)$ 是 n 组观测值. 仿照一元线性回归的方法,可由最小二乘原理确定一个线性函数

$$\hat{y}=\hat{b}_0+\hat{b}_1x_1+\hat{b}_2x_2$$

作为观测值的回归方程,这是一个三维空间中的平面,叫做 Y 对 x_1,x_2 的回归平面,$\hat{b}_0,\hat{b}_1,\hat{b}_2$ 叫做偏回归系数. 下面来确定 $\hat{b}_0,\hat{b}_1,\hat{b}_2$.

要想定出回归平面,就是求出使离差平方和

$$Q(b_0,b_1,b_2)=\sum_{i=1}^{n}(y_i-b_0-b_1x_{1i}-b_2x_{2i})^2$$

达到最小的一组 $\hat{b}_0,\hat{b}_1,\hat{b}_2$ 值. 偏回归系数应满足下列方程组

$$\begin{cases}\dfrac{\partial Q}{\partial b_0}=-2\sum_{i=1}^{n}(y_i-b_0-b_1x_{1i}-b_2x_{2i})=0,\\ \dfrac{\partial Q}{\partial b_1}=-2\sum_{i=1}^{n}(y_i-b_0-b_1x_{1i}-b_2x_{2i})x_{1i}=0,\\ \dfrac{\partial Q}{\partial b_2}=-2\sum_{i=1}^{n}(y_i-b_0-b_1x_{1i}-b_2x_{2i})x_{2i}=0.\end{cases}$$

这是关于 b_0,b_1,b_2 的线性方程组,解之即得

$$\begin{cases}\hat{b}_1=\dfrac{\begin{vmatrix}L_{1y}&L_{12}\\L_{2y}&L_{22}\end{vmatrix}}{\begin{vmatrix}L_{11}&L_{12}\\L_{21}&L_{22}\end{vmatrix}},\\[2em]\hat{b}_2=\dfrac{\begin{vmatrix}L_{11}&L_{1y}\\L_{21}&L_{2y}\end{vmatrix}}{\begin{vmatrix}L_{11}&L_{12}\\L_{21}&L_{22}\end{vmatrix}},\\[2em]\hat{b}_0=\overline{y}-\hat{b}_1\overline{x}_1-\hat{b}_2\overline{x}_2,\end{cases}$$

其中,

$$\overline{x}_1 = \frac{1}{n}\sum_{i=1}^{n} x_{1i}, \quad \overline{x}_2 = \frac{1}{n}\sum_{i=1}^{n} x_{2i}, \quad \overline{y} = \frac{1}{n}\sum_{i=1}^{n} y_i,$$

$$L_{11} = \sum_{i=1}^{n} (x_{1i} - \overline{x}_1)^2, \quad L_{12} = \sum_{i=1}^{n} (x_{1i} - \overline{x}_1)(x_{2i} - \overline{x}_2),$$

$$L_{21} = L_{12}, \quad L_{22} = \sum_{i=1}^{n} (x_{2i} - \overline{x}_2)^2,$$

$$L_{1y} = \sum_{i=1}^{n} (x_{1i} - \overline{x}_1)(y_i - \overline{y}), \quad L_{2y} = \sum_{i=1}^{n} (x_{2i} - \overline{x}_2)(y_i - \overline{y}).$$

二、回归方程的显著性检验

关于回归平面方程的显著性检验,可依照回归直线方程的显著性检验一样采用相关系数检验法. 我们把统计量

$$\rho = \sqrt{\frac{\sum_{i=1}^{n}(\hat{y}_i - \overline{y})^2}{\sum_{i=1}^{n}(y_i - \overline{y})^2}} \tag{10.3.1}$$

叫做样本复相关系数,显然 $0 \le \rho < 1$.

对显著性水平 α,查自由度为 $n-3$ 的相关系数表,找出其临界值 ρ_α,由(10.3.1)式算出 ρ 的实现值 ρ_0.

当 $|\rho_0| > \rho_\alpha$ 时,则认为回归平面方程显著;

当 $|\rho_0| \le \rho_\alpha$ 时,则认为回归平面方程不显著.

例 1　某厂生产的圆钢,其屈服点 Y 受含碳量 x_1 和含锰量 x_2 的影响,时有波动. 为了把屈服点控制在一定水平上,需要掌握 Y 与 x_1, x_2 之间的定量关系. 假设 Y, x_1, x_2 呈线性回归关系(这个假设的正确与否需要检验). 为此观测 25 次,所得数据及相应计算项结果如表 10-2 所示(为简化计算,表中值 x_1, x_2, y 已分别减去 18,48,24).

表 10-2　圆钢屈服点与含碳量、含锰量观测数据

测试序号	x_1	x_2	y	x_1^2	$x_1 x_2$	x_2^2	$x_1 y$	$x_2 y$	y^2
1	−2	−9	0	4	18	81	0	0	0
2	0	−10	0.5	0	0	100	0	−5	0.25
3	1	−9	0.5	1	−9	81	0.5	−4.5	0.25
4	−1	−9	0	1	9	81	0	0	0
5	2	−10	1	4	−20	100	2	−10	1
6	−2	0	0.5	4	0	0	−1	0	0.25

测试序号	x_1	x_2	y	x_1^2	$x_1 x_2$	x_2^2	$x_1 y$	$x_2 y$	y^2
7	−2	−3	0	4	6	9	0	0	0
8	−3	0	0	9	0	0	0	0	0
9	1	0	0.5	1	0	0	0.5	0	0.25
10	0	0	0.5	0	0	0	0	0	0.25
11	0	−2	0.5	0	0	4	0	−1	0.25
12	−1	0	0.5	1	0	0	−0.5	0	0.25
13	−1	1	1	1	−1	1	−1	1	1
14	−1	−2	0.5	1	2	4	−0.5	−1	0.25
15	0	−4	0.5	0	0	16	0	−2	0.25
16	0	−3	0.5	0	0	9	0	−1.5	0.25
17	2	0	1	4	0	0	2	0	1
18	3	0	1	9	0	0	3	0	1
19	−2	7	1	4	−14	49	−2	7	1
20	0	7	1	0	0	49	0	7	1
21	1	8	1.5	1	8	64	1.5	12	2.25
22	1	10	1.5	1	10	100	1.5	15	2.25
23	3	10	2.5	9	30	100	7.5	25	6.25
24	1	1	0.5	1	1	1	0.5	0.5	0.25
25	3	1	2	9	3	1	6	2	4
$\sum$	3	−16	19	69	43	850	20	44.5	23.5

（1）求 Y 对 x_1, x_2 的回归平面方程；

（2）检验回归平面方程的显著性（显著性水平 $\alpha = 0.05$）.

解 （1）由表 10-2，

$$L_{11} = \sum x_{1i}^2 - \frac{1}{n} \left(\sum x_{1i} \right)^2 = 68.64,$$

$$L_{12} = L_{21} = \sum x_{1i} x_{2i} - \frac{1}{n} \left(\sum x_{1i} \right) \left(\sum x_{2i} \right) = 44.92,$$

$$L_{22} = \sum x_{2i}^2 - \frac{1}{n} \left(\sum x_{2i} \right)^2 = 839.76,$$

$$L_{1y} = 17.72, \quad L_{2y} = 56.66, \quad L_{yy} = 9.06,$$

$$\begin{vmatrix} L_{11} & L_{12} \\ L_{21} & L_{22} \end{vmatrix} = \begin{vmatrix} 68.64 & 44.92 \\ 44.92 & 839.76 \end{vmatrix} = 55\,623.319,$$

$$\begin{vmatrix} L_{1y} & L_{12} \\ L_{2y} & L_{22} \end{vmatrix} = \begin{vmatrix} 17.72 & 44.92 \\ 56.66 & 839.76 \end{vmatrix} = 12\ 335.38,$$

$$\begin{vmatrix} L_{11} & L_{1y} \\ L_{21} & L_{2y} \end{vmatrix} = \begin{vmatrix} 68.64 & 17.72 \\ 44.92 & 56.66 \end{vmatrix} = 3\ 093.16,$$

$$\hat{b}_1 = \frac{12\ 335.38}{55\ 623.319} = 0.221\ 77, \quad \hat{b}_2 = \frac{3\ 093.16}{55\ 623.319} = 0.055\ 61,$$

$$\hat{b}_0 = \bar{y} - \hat{b}_1 \bar{x}_1 - \hat{b}_2 \bar{x}_2$$

$$= \left(\frac{19}{25} + 24 \right) - 0.221\ 77 \times \left(\frac{3}{25} + 18 \right) - 0.055\ 61 \times \left(\frac{-16}{25} + 48 \right)$$

$$= 18.107\ 8.$$

所以,Y 对 x_1,x_2 的回归平面方程为

$$\hat{y} = 18.107\ 8 + 0.221\ 77 x_1 + 0.055\ 61 x_2.$$

(2)这时直接用(10.3.1)式计算 ρ 值,计算显得不便,而改用另一形式

$$\rho = \sqrt{\frac{\hat{b}_1^2 L_{11} + 2\hat{b}_1 \hat{b}_2 L_{12} + \hat{b}_2^2 L_{22}}{L_{yy}}}. \tag{10.3.2}$$

前面已算出

$$L_{11} = 68.64, \quad L_{12} = 44.92, \quad L_{22} = 839.76,$$

$$\hat{b}_1 = 0.221\ 77, \quad \hat{b}_2 = 0.055\ 61, \quad L_{yy} = 9.06,$$

代入(10.3.2)式得

$$\rho_0 = 0.884.$$

自由度为 $25 - 3 = 22$,$\alpha = 0.05$ 时,由 $\rho_{0.05} = 0.404$ 知 $\rho_0 > \rho_{0.05}$,故可认为回归平面是显著的,即认为 Y 与 x_1,x_2 之间的线性关系显著.

习题 10-3

1. 养猪场为估算猪的毛重,测算了 14 头猪的身长 x_1、肚围 x_2 与体重 Y 的数据,试求 $y = b_0 + b_1 x_1 + b_2 x_2$ 型经验公式.

身长 x_1/cm	41	45	51	52	59	62	69	72	78	80	90	92	98	103
肚围 x_2/cm	49	58	62	71	62	74	71	74	79	84	85	94	91	95
体重 y/kg	28	39	41	44	43	50	51	57	63	66	70	76	80	84

2. 在某种合成橡胶的性能研究中,安排了 28 种不同试验,测出各条件下特性黏度 X、低分子物含量 Y 及门尼黏度 Z 的数据如下表:

序号	特性黏度 X	低分子物含量 Y	门尼黏度 Z	序号	特性黏度 X	低分子物含量 Y	门尼黏度 Z
1	8.18	28.8	75.0	15	8.32	34.5	72.0
2	6.10	33.1	57.5	16	3.95	63.4	24.0
3	3.89	20.0	63.0	17	9.42	31.3	89.0
4	5.95	25.4	37.5	18	8.90	38.3	81.0
5	5.54	36.8	47.0	19	6.22	39.4	56.6
6	10.80	14.4	88.0	20	8.45	30.9	81.5
7	9.07	4.7	97.0	21	4.06	59.9	22.5
8	8.80	29.5	57.5	22	7.75	33.8	75.5
9	4.03	57.3	20.5	23	7.24	39.9	60.0
10	8.30	26.5	79.5	24	5.57	51.8	41.0
11	8.36	35.6	73.0	25	6.85	37.6	5.55
12	8.91	39.1	85.0	26	3.40	55.9	28.0
13	6.70	38.0	54.0	27	3.98	56.6	25.0
14	4.88	55.3	32.0	28	7.19	31.6	70.5

试求 Z 对 X, Y 的回归平面方程, 并检验回归平面方程的显著性.

3. 已知观测数据为

x	0	1	2	3	4	5	6	7
y	4.6	4.2	6.5	8.7	9.0	7.3	5.5	3.2

求: (1) 形如 $y = b_0 + b_1 x + b_2 x^2$ 的回归方程;

(2) 当 $x = 5.5$ 时估计 y 的值.

第十章知识总结

附录

Excel 中的概率统计实验

Excel 是 Microsoft Office 办公软件的基本组件之一,它不仅有强大的电子表格处理功能和丰富的概率论与数理统计相关内置函数,而且还有规划求解功能和含描述性统计、方差分析、指数平滑、傅里叶分析、回归分析、抽样分析、统计检验在内的数据分析功能.又因为 Microsoft Office 是应用广泛的计算机软件,所以本书应用 Excel[①] 作为示例验证性实验的平台.

一般情况下,"规划求解"和"数据分析"在 Excel 菜单中不可见,需要加载才可使用,加载过程如下:

(1) 依次单击"文件"—"选项"—"加载项";

(2) 在下方"管理"框中,选择"Excel 加载项",然后单击"转到";

(3) 在"加载项"框中,选中"规划求解加载项"和"分析工具库"复选框,然后单击"确定";

(4) 在 Excel 的"数据"菜单项上显示"分析"组,并同时显示"数据分析"和"规划求解";

(5) 如果要使用分析工具库的 Visual Basic for Application(VBA)函数,则可加载"分析工具库-VBA",如图附 1 所示.

一、古典概率计算

例 1 袋中有 3 个白球,4 个黑球,现从袋中任取一个球,无论取后是否放回,试求第二次取得白球的概率.

解题分析 样本空间 S 中共有 7 个元素(7 个球),事件 A(取得白球)有 3 个元

---

① 本附录中的示例以 Excel 2016 为平台,部分示例方法在新版 Excel 中可能不完全相同.读者可在网上搜索相关功能介绍,做相应设置或改动后即可正常使用.

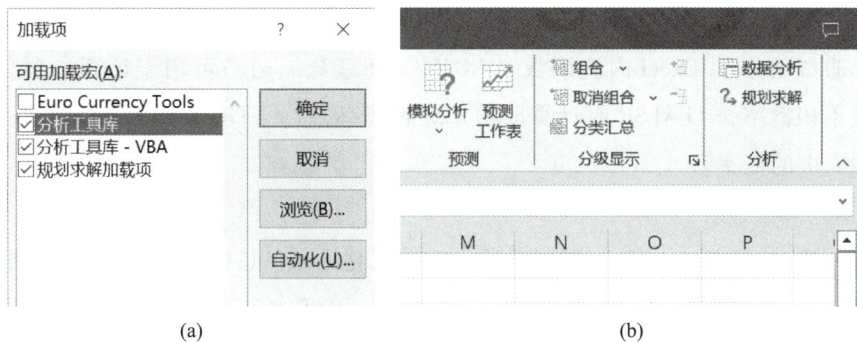

图　附1

素,事件 B(取得黑球)有 4 个元素. 在取后放回的情况下,事件 A 发生的概率 $P(A)=$ $\frac{3}{7}$;无放回时,第二次取得白球的有两种情况:

（1）第一次取得白球,此时 $P_1(A)=\frac{3}{7}\cdot\frac{2}{6}=\frac{1}{7}$;

（2）第一次取得黑球,此时 $P_2(A)=\frac{4}{7}\cdot\frac{3}{6}=\frac{2}{7}$,

$P(A)=P_1(A)+P_2(A)=\frac{1}{7}+\frac{2}{7}=\frac{3}{7}$. 所以无论是什么情况,事件 A 发生的概率 $P(A)=\frac{3}{7}$.

实验步骤

第一步:打开 Excel 表,如图附 2 所示在单元格区域 A1:B2 中输入相应数据;

第二步:在 C2 单元格中输入取白球的概率计算公式"= A2/（A2+B2）",回车确定即得所求概率为 0.428 571 429（图附 2）.

图　附2

二、常用分布及概率计算

1. 二项分布

例 2　抛硬币实验中,假设每次结果出现正面的概率是 0.5,求抛 12 次硬币出现 5 次正面的概率.

解题分析　假设题中每次试验相互独立,则抛硬币出现正面的事件服从 $n=12$, $p=0.5$ 的二项分布. Excel 内置函数 BINOM·DIST(k,n,p,c)可用于计算二项分布的概率或累积概率,$c=$FALSE 时计算成功 k 次的概率,而 $c=$TRUE 时计算累积概率(至多成功 k 次的概率).

实验步骤

第一步:打开 Excel 表,如图附 3 所示在单元格区域 A1:C2 中输入相应数据;

第二步:在单元格 D2 中输入公式"=BINOM.DIST(A2,B2,C2,FALSE)",回车确定即可得所求概率为 0.193 359 375(图附 3).

图　附 3

2. 泊松分布

例 3　试计算事件数 $k=7$ 时,参数 $\lambda=6$ 的泊松分布概率.

解题分析　Excel 内置函数 POISSON.DIST(k,λ,c)可用于计算泊松分布的概率或累积概率,$c=$FALSE 时计算取值为 k 的概率,$c=$TRUE 时计算累积概率(取值不超过 k 的概率).

实验步骤

第一步:打开 Excel 表,如图附 4 所示在单元格区域 A1:B2 中输入相应数据;

第二步:在单元格 C2 中输入公式"=POISSON.DIST(A2,B2,FALSE)",回车确定即可得所求概率为 0.137 676 978(图附 4).

图　附 4

3. 正态分布

例 4　求 $x=1.5$ 时,期望 μ 为 2、标准差 σ 为 5 的正态分布概率密度值.

解题分析　Excel 内置函数 NORM.DIST(x,μ,σ,c)可用于计算 x 点处的正态分

布概率密度或累积概率，c = FALSE 时计算概率密度，c = TRUE 时计算累积概率 ($\{X \leqslant x\}$ 的概率).

实验步骤

第一步：打开 Excel 表，如图附 5 所示在单元格区域 A1:C2 中输入相应数据；

第二步：在 D2 单元格中输入公式 "= NORM. DIST(A2,B2,C2,FALSE)"，回车确定即可得所求概率为 0.079 390 509(图附 5).

图　附 5

4. 指数分布

例 5　求 $x = 0.3$ 时，参数 λ 为 10 的指数分布概率密度值.

解题分析　Excel 内置函数 EXPON. DIST(x, λ, c) 可用于计算点 x 处的指数分布概率密度或累积概率，c = FALSE 时计算概率密度，c = TRUE 时计算累积概率($\{X \leqslant x\}$ 的概率).

实验步骤

第一步：打开 Excel 表，如图附 6 所示在单元格区域 A1:B2 中输入相应数据；

第二步：在 C2 单元格中输入公式 "= EXPON. DIST(A2,B2,FALSE)"，回车确定即可得所求概率为 0.497 870 684(图附 6).

图　附 6

三、样本统计特征计算

1. 单变量样本统计特征

对单变量样本 $X_1, X_2, \cdots, X_n$，样本特征包括基本的最大值、最小值、平均值、众数、中位数、样本标准差、偏度系数、峰度系数等.

例 6　某班 30 名学生"概率论与数理统计"课程期末考试成绩依次为

$$52,\ 43,\ 68,\ 90,\ 98,\ 32,\ 78,\ 81,\ 64,\ 47,$$
$$53,\ 38,\ 48,\ 46,\ 55,\ 74,\ 89,\ 64,\ 76,\ 47,$$
$$65,\ 67,\ 80,\ 82,\ 93,\ 74,\ 42,\ 38,\ 61,\ 76,$$

要求统计该班"概率论与数理统计"课程的基本情况、绘出统计频率直方图,并与正态分布图对比.

解题分析　Excel 的内置基本统计函数 MAX( )、MIN( )、AVERAGE( )、MODE( )、MEDIAN( )、STDEV.S( )、SKEW( )、KURT( )分别用于对给定样本集计算最大值、最小值、平均值、众数、中位数、样本标准差、偏度系数、峰度系数;而 FREQUENCY( )则是用于统计数据中小于等于某给定值的数据个数(频数),对连续给定的有序值所确定的区间,区间端点的频数依次相减即可得到数据落在某区间的频数.

实验步骤

第一步:打开 Excel 表,如图附 7 所示在单元格区域 A2:A31 中输入 30 名学生的成绩;

第二步:在单元格区域 B1:C9 内输入相应的参数类型说明和计算公式(图附 7(a)),确定后可得计算结果(图附 7(b));

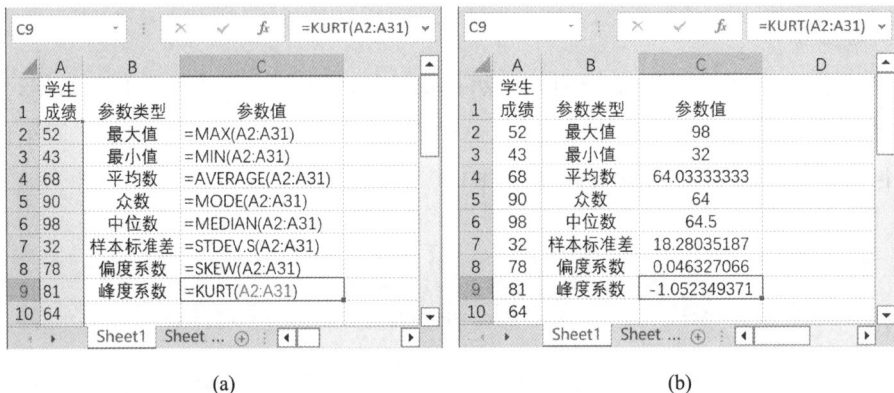

(a)　　　　　　　　　　　　　　(b)

图　附 7

第三步:对数据进行分组,假设最小值取 30,最大值取 100,间距取 10,共分为 7 组,各组区间端点值如图附 8 所示,存于单元格区域 E2:E9;

第四步:统计各组数据频数及频率,如图附 8 所示在单元格区域 F2:H9 输入相应公式即可求得各组数据频数及对应频率(图附 9);

图 附8

第五步：如图附 8 在单元 I3：I9 中输入计算各区间中点处的以样本统计平均值和标准差为参数的正态分布概率密度值公式，确定后即可得如图附 9 所示结果.

图 附9

第六步：绘制统计直方图和概率分布曲线图. 在 Excel 菜单中选择"插入"柱形图或折线图，分别选择 H3：H9 和 I3：I9 为图表数据区，可得图附 10、图附 11 所示结果. 结果表明样本数据虽近似对称，但不服从正态分布.

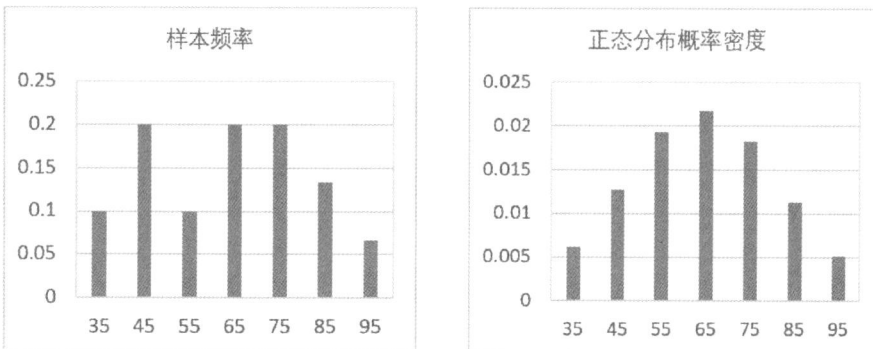

图 附10

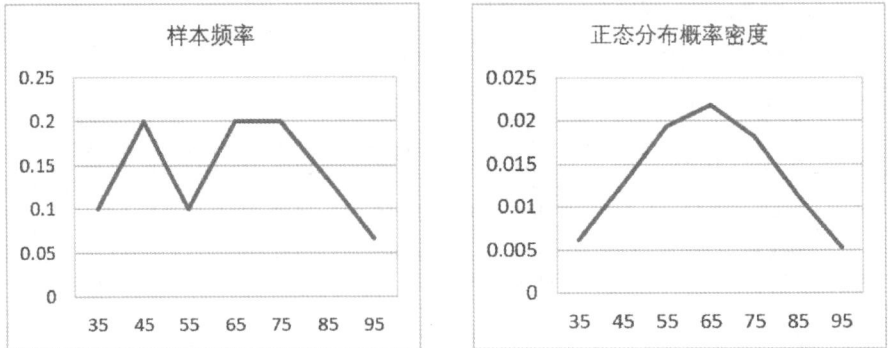

图　附 11

2. 多变量统计特征

多变量统计特征主要涉及协方差和相关系数的计算.

例 7　两个随机变量 X 和 Y 的一组样本值分别为

X	68	90	98	32	78	81	64	47	53	38
Y	55	74	89	64	76	47	65	67	80	82

要求通过统计了解这两个随机变量之间的线性相关程度.

解题分析　两个随机变量之间的线性相关程度可通过计算它们之间的协方差或统计相关系数来说明. Excel 的内置函数 COVARIANCE. P(ArrayX, ArrayY) 和 CORREL(ArrayX, ArrayY) 可用于计算协方差和相关系数,其中 ArrayX, ArrayY 分别是随机变量 X 和 Y 的一组样本值构成的数列.

实验步骤

第一步:打开 Excel 表,如图附 12(a) 所示在单元格区域 A2:B11 中输入相应数据;

第二步:如图附 12(a) 所示在单元格 C2 和 C5 中分别输入协方差和相关系数计算公式,回车确定即得结果如图附 12

(a)

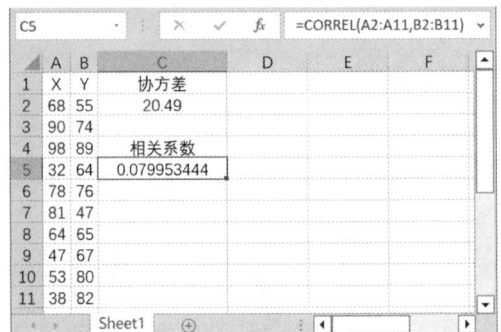

(b)

图　附 12

(b)所示,相关系数为 0.079 953 444,即随机变量 X 和 Y 呈现较小的正相关关系.

四、总体参数估计

例 8　有 50 名乘车上班的旅客,他们花在路上的平均时间为 $\bar{x} = 30$ min,总体标准差为 $\sigma = 2.5$ min,试求旅客乘车上班花在路上的平均时间在置信水平为 0.95 时的置信区间.

解题分析　Excel 内置函数中,在给定置信水平 $1-\alpha$、标准差 σ 和样本规模 n 时正态分布平均值置信区间的函数 CONFIDENCE.NORM(α, σ, n) 可直接用于求解该问题.

实验步骤

第一步:打开 Excel 表,如图附 13(a)所示在任一单元格输入计算正态分布平均值置信区间的函数,结果为 0.692 951 912;亦可在该函数的弹出对话框(图附 13(b))中直接输入参数计算;

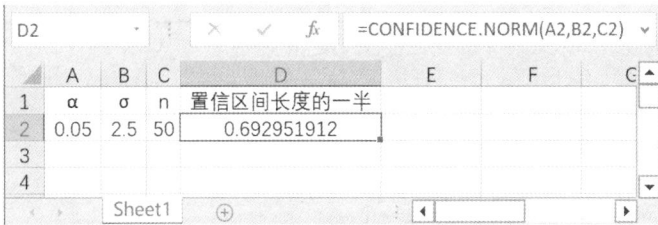

(a)

(b)

图　附 13

第二步:乘客上班花在路上的平均时间在置信水平为 0.95 时相应的置信区间是

$$(30-0.692\,951\,912,30+0.692\,951\,912),$$

即

$$(29.307\,048\,088,30.692\,951\,912).$$

五、假设检验

单个正态总体均值的假设检验包括方差已知和未知两种情况.

1. 方差 σ^2 已知时（$\sigma^2=\sigma_0^2$），总体均值 μ 的假设检验（Z 检验）

例 9 一种机床加工的零件尺寸的平均绝对误差为 1.35mm，生产厂家现采用一种新机床进行加工，希望进一步降低误差.从某天新机床生产的零件中随机抽取 50 个零件，其尺寸的绝对误差数据（单位：mm）如表附 1 所示.假定所有零件尺寸绝对误差的方差为已知，且与 50 个零件尺寸的相同.检验新机床加工的零件尺寸的平均绝对误差与旧机床的相比是否有显著降低（显著性水平 $\alpha=0.05$）？

表　附 1　50 个零件尺寸的绝对误差

1.26	1.19	1.31	0.97	1.81
1.13	0.96	1.06	1.00	0.94
0.98	1.10	1.12	1.03	1.16
1.12	1.12	0.95	1.02	1.13
1.23	0.74	1.50	0.50	0.59
0.99	1.45	1.24	1.01	2.03
1.98	1.97	0.91	1.22	1.06
1.11	1.54	1.08	1.10	1.64
1.70	2.37	1.38	1.60	1.26
1.17	1.12	1.23	0.82	0.86

解题分析　零件的平均绝对误差 $\mu_0=1.35$ 为已知，先利用统计函数计算样本标准差 S 作为总体标准差的估计值，再计算统计量 Z 来判断 μ 与 μ_0 是否有显著差异.

实验步骤

第一步：打开 Excel 表，如图附 14 在单元格区域 A2：A51 中输入表附 1 中 50 个零件尺寸的绝对误差数据；

第二步：如图附 14(a)，在单元格区域 C1：C7 中输入相应计算公式，回车确定后便可求得各计算结果如图附 14(b)所示，检验统计量 Z 的值为 -2.606 103 273；

第三步：查标准正态分布表得 $z_{0.025}=1.96$.因为 $|Z|>z_{\frac{\alpha}{2}}$，所以新机床加工的零件尺寸的平均绝对误差比旧机床有显著降低.

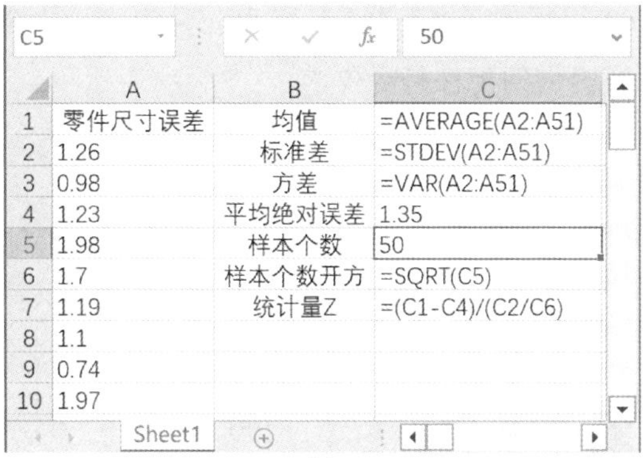

C5　fx　50

	A	B	C
1	零件尺寸误差	均值	=AVERAGE(A2:A51)
2	1.26	标准差	=STDEV(A2:A51)
3	0.98	方差	=VAR(A2:A51)
4	1.23	平均绝对误差	1.35
5	1.98	样本个数	50
6	1.7	样本个数开方	=SQRT(C5)
7	1.19	统计量Z	=(C1-C4)/(C2/C6)
8	1.1		
9	0.74		
10	1.97		

Sheet1

(a)

C7　fx　=(C1-C4)/(C2/C6)

	A	B	C
1	零件尺寸误差	均值	1.2152
2	1.26	标准差	0.365749105
3	0.98	方差	0.133772408
4	1.23	平均绝对误差	1.35
5	1.98	样本个数	50
6	1.7	样本个数开方	7.071067812
7	1.19	统计量Z	-2.606103273
8	1.1		
9	0.74		
10	1.97		

Sheet1

(b)

图　附 14

2. 总体方差 σ^2 未知时，总体均值 μ 的假设检验（t 检验）

例 10　某种轿车配件的标准长度为 12 cm，低于或高于该标准均被认为不合格. 现抽取其中的 10 个样品进行测量，测量长度（单位：cm）为

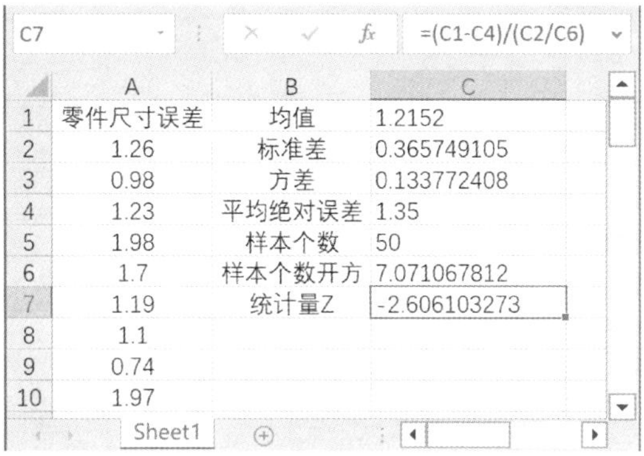

12.2，　10.8，　12.0，　11.8，　11.9，　12.4，　11.3，　12.2，　12.0，　12.3.

假定供货商生产的配件长度服从正态分布，在 0.05 的显著性水平下，检验该供货商提供的配件是否符合要求.

解题分析　在该问题中已知供货商生产的配件长度服从正态分布，但方差未知，要检验该供货商提供的配件是否符合要求，即检验供货商生产的配件平均长度与标准长度 12 cm 之间是否有显著差异，可使用 t 检验.

实验步骤

第一步：打开 Excel 表，如图附 15 所示在单元格区域 A2 : A11 中输入配件长度测量数据；

第二步：如图附 15(a) 在单元格区域 C2 : C7 中输入参数计算公式，回车确定可得计算结果如图附 15(b) 所示，检验统计量 T 的值为 $-0.705\ 327\ 893$.

第三步：查 t 分布表可得 $t_{0.025}=2.2622$，因为 $|T|<t_{0.025}$，故在 0.05 的显著性水平下，接受假设，即供货商提供的配件符合要求.

(a)

(b)

图 附 15

六、方差分析

例 11 用三种机器 A1，A2，A3 制造同一产品，它们的生产条件相同，日产量服从正态分布. 对这三种机器的日产量各观测 5 天，所得数据如表附 2 所示，问这三种机器的日产量是否有显著差异（显著性水平 $\alpha=0.01$）？

表 附 2 三种机器 5 天的日产量

机器	日产量/台				
	1	2	3	4	5
A1	41	48	41	49	57
A2	65	57	54	72	64
A3	45	51	56	48	48

解题分析 机器有 A1,A2,A3 三种类型,指标 X 为日产量,使用单因素方差分析可知这三种机器的日产量有无显著差异. Excel 提供的数据分析工具的"方差分析"可以直接用于求解该问题.

实验步骤

第一步:打开 Excel 表,如图附 16 所示输入表附 2 中的数据;

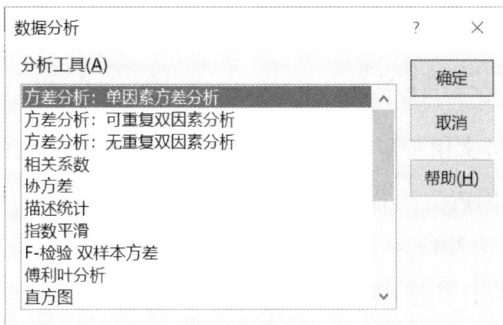

图 附 16

第二步:选择"数据"菜单下的"数据分析"功能便可得分析工具对话框,如图附 17 选择其中的"方差分析:单因素方差分析"并确定,即可弹出图附 18 所示单因素方差分析对话框;

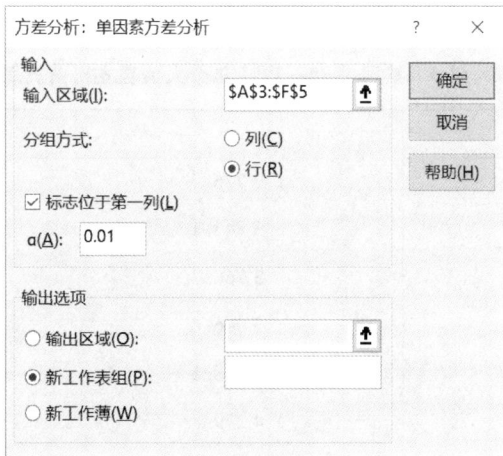

图 附 17

图 附 18

第三步:在图附 18 所示对话框中输入计算数据所在区域和计算参数并确定,即可得图附 19 所示分析结果.结果显示检验统计量 F 的值为 8.96,大于临界值 6.93,表明这三种机器的日产量有显著差异.

	A	B	C	D	E	F	G
1	方差分析: 单因素方差分析						
2							
3	SUMMARY						
4	组	观测数	求和	平均	方差		
5	A1	5	236	47.2	44.2		
6	A2	5	312	62.4	50.3		
7	A3	5	248	49.6	17.3		
8							
9							
10	方差分析						
11	差异源	SS	df	MS	F	P-value	F crit
12	组间	667.7333	2	333.8667	8.958855	0.004164	6.926608
13	组内	447.2	12	37.26667			
14							
15	总计	1114.933	14				
16							

图　附 19

七、一元线性回归分析

一元线性回归是最常用于研究一个因变量与一个自变量之间是否存在线性关系的基本方法,如 GDP(国内生产总值)的年均增长率计算、气温的年均变化率等.

例 12　表附 3 为以 2017 年不变价计算的 2010—2021 年间某国个人消费支出 Y 与国内生产支出 x 的统计数据(单位:亿美元).要求分析该国个人消费支出 Y 与国内生产支出 x 之间是否存在显著的线性关系;如果存在,则给出 Y 在 95% 概率下的预测区间.

表　附 3　某国 1980—1991 年个人消费支出情况表

年份	x	Y
2010	3 776.3	2 447.1
2011	3 843.1	2 476.9
2012	3 760.3	2 503.7
2013	3 906.6	2 619.4
2014	4 148.5	2 746.1
2015	4 279.8	2 865.8
2016	4 404.5	2 969.1

续表

年份	x	Y
2017	4 539.9	3 052.2
2018	4 718.6	3 162.4
2019	4 838.0	3 223.3
2020	4 877.5	3 260.4
2021	4 821.0	3 240.8

解题分析 若 Y 与 x 之间存在显著的线性关系,则可使用一元线性回归方法找到这种线性关系,且检验结果一定是显著的;否则说明 Y 与 x 之间没有显著的线性关系存在.Excel 提供的数据分析工具中的"回归"可以帮助我们求解该问题.

实验步骤

第一步:打开 Excel 表,如图附 20 所示将表附 3 中数据输入 Excel;

图 附 20

第二步:如图附 21 在"数据分析"对话框选择"回归",确定后弹出如图附 22 所示对话框;

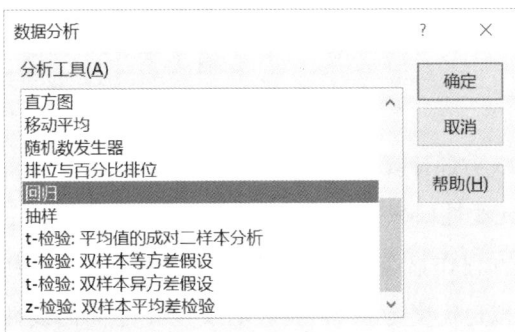

图 附 21

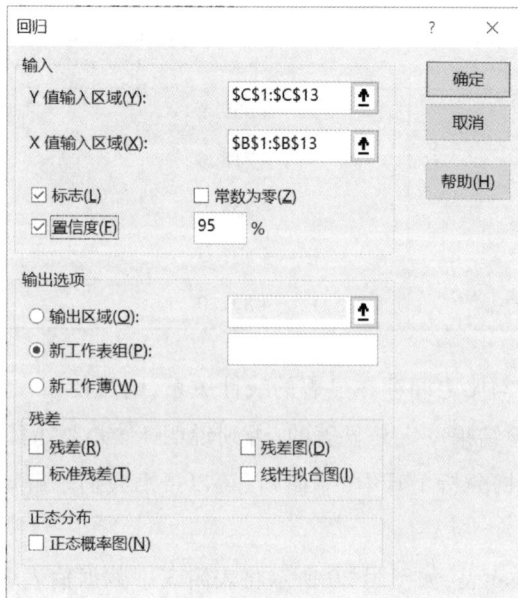

图　附 22

第三步:在图附 22 所示对话框中输入原始数据所在区域和计算参数并确定,即可求得计算结果如图附 23 所示.

图　附 23

第四步:由图附 23 中的计算结果可得

(1) Y 与 x 的一元线性回归方程为 $\hat{y} = 0.719\,433x - 231.795$;

(2) 对所得回归方程作显著性检验,P 值(Significance F)为 1.51×10^{-11},远小于 0.05,回归方程显著;拟合优度为 0.99,也表明 Y 与 x 之间的线性关系显著存在;Y 与 x 的散点图(图附 24)也直观地表明 Y 与 x 之间存在明显的线性关系;

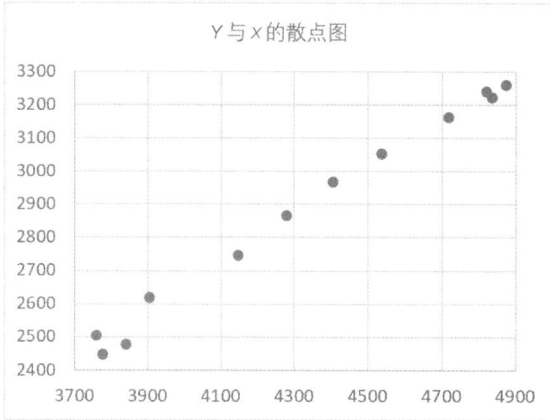

图 附 24

（3）斜率的概率为 95% 的预测区间为（0.670 972 5,0.767 894 5），截距的概率为 95% 的预测区间为（-442.415 5,-21.174 68）.

附表

（一）常用分布, 记号及数字特征一览表

1. 离散型分布

名　称	记　号	概率函数	均　值	方　差
(0-1)分布	$b(1,p)$	$P\{X=k\}=p^k(1-p)^{1-k}$, $k=0,1$	p	$p(1-p)$
二项分布	$b(n,p)$	$P\{X=k\}=C_n^k p^k(1-p)^{n-k}$, $k=0,1,\cdots,n$	np	$np(1-p)$
泊松分布	$\pi(\lambda)$	$P\{X=k\}=\dfrac{e^{-\lambda}\lambda^k}{k!}$, $k=0,1,2,\cdots$	λ	λ

2. 连续型分布

名　称	记　号	概率函数	均　值	方　差
均匀分布	$U(a,b)$	$f(x)=\begin{cases}\dfrac{1}{b-a}, & a<x<b, \\ 0, & \text{其他}\end{cases}$	$\dfrac{a+b}{2}$	$\dfrac{(b-a)^2}{12}$
指数分布	$E(\lambda)$	$f(x)=\begin{cases}\lambda e^{-\lambda x}, & x>0, \\ 0, & \text{其他}\end{cases}$	$\dfrac{1}{\lambda}$	$\dfrac{1}{\lambda^2}$
正态分布	$N(\mu,\sigma^2)$	$f(x)=\dfrac{1}{\sqrt{2\pi}\,\sigma}\exp\left\{-\dfrac{(x-\mu)^2}{2\sigma^2}\right\}$, $-\infty<x<+\infty$	μ	σ^2

（二）泊松分布的概率函数值表

$$P\{X=k\}=\frac{e^{-\lambda}\lambda^{k}}{k!}, \quad k=0,1,2,\cdots$$

k	λ					
	0.1	0.2	0.3	0.4	0.5	0.6
0	0.904 837	0.818 731	0.740 818	0.670 320	0.606 531	0.548 812
1	0.090 484	0.163 746	0.222 245	0.268 128	0.303 265	0.329 287
2	0.004 524	0.016 375	0.033 337	0.053 626	0.075 816	0.098 786
3	0.000 151	0.001 092	0.003 334	0.007 150	0.012 636	0.019 757
4	0.000 004	0.000 055	0.000 250	0.000 715	0.001 580	0.002 964
5		0.000 002	0.000 015	0.000 057	0.000 158	0.000 356
6			0.000 001	0.000 004	0.000 013	0.000 036
7					0.000 001	0.000 003

k	λ					
	0.7	0.8	0.9	1.0	1.5	2.0
0	0.496 585	0.449 329	0.406 570	0.367 879	0.223 130	0.135 335
1	0.347 610	0.359 463	0.365 913	0.367 879	0.334 695	0.270 671
2	0.121 663	0.143 785	0.164 661	0.183 940	0.251 021	0.270 671
3	0.028 388	0.038 343	0.049 398	0.061 313	0.125 510	0.180 447
4	0.004 968	0.007 669	0.011 115	0.015 328	0.047 067	0.090 224
5	0.000 696	0.001 227	0.002 001	0.003 066	0.014 120	0.036 089
6	0.000 081	0.000 164	0.000 300	0.000 511	0.003 530	0.012 030
7	0.000 008	0.000 019	0.000 039	0.000 073	0.000 756	0.003 437
8	0.000 001	0.000 002	0.000 004	0.000 009	0.000 142	0.000 859
9				0.000 001	0.000 024	0.000 191
10					0.000 004	0.000 038
11						0.000 007
12						0.000 001

k	λ					
	2.5	3.0	3.5	4.0	4.5	5.0
0	0.082 085	0.049 787	0.030 197	0.018 316	0.011 109	0.006 738
1	0.205 212	0.149 361	0.105 691	0.073 263	0.049 990	0.033 690
2	0.256 516	0.224 042	0.184 959	0.146 525	0.112 479	0.084 224
3	0.213 763	0.224 042	0.215 785	0.195 367	0.168 718	0.140 374
4	0.133 602	0.168 031	0.188 812	0.195 367	0.189 808	0.175 467
5	0.066 801	0.100 819	0.132 169	0.156 293	0.170 827	0.175 467
6	0.027 834	0.050 409	0.077 098	0.104 196	0.128 120	0.146 223

k	λ					
	2.5	3.0	3.5	4.0	4.5	5.0
7	0.009 941	0.021 604	0.038 549	0.059 540	0.082 363	0.104 445
8	0.003 106	0.008 102	0.016 865	0.029 770	0.046 329	0.065 278
9	0.000 863	0.002 701	0.006 559	0.013 231	0.023 165	0.036 266
10	0.000 216	0.000 810	0.002 296	0.005 292	0.010 424	0.018 133
11	0.000 049	0.000 221	0.000 730	0.001 925	0.004 264	0.008 232
12	0.000 010	0.000 055	0.000 213	0.000 642	0.001 599	0.003 434
13	0.000 002	0.000 013	0.000 057	0.000 197	0.000 554	0.001 321
14		0.000 003	0.000 014	0.000 056	0.000 178	0.000 472
15		0.000 001	0.000 003	0.000 015	0.000 053	0.000 157
16			0.000 001	0.000 004	0.000 015	0.000 049
17				0.000 001	0.000 004	0.000 014
18					0.000 001	0.000 004
19						0.000 001

k	λ				
	6.0	7.0	8.0	9.0	10.0
0	0.002 479	0.000 912	0.000 335	0.000 123	0.000 045
1	0.014 873	0.006 383	0.002 684	0.001 111	0.000 454
2	0.044 618	0.022 341	0.010 735	0.004 998	0.002 270
3	0.089 235	0.052 129	0.028 626	0.014 994	0.007 567
4	0.133 853	0.091 226	0.057 252	0.033 737	0.018 917
5	0.160 623	0.127 717	0.091 604	0.060 727	0.037 833
6	0.160 623	0.149 003	0.122 138	0.091 090	0.063 055
7	0.137 677	0.149 003	0.139 587	0.117 116	0.090 079
8	0.103 258	0.130 377	0.139 587	0.131 756	0.112 599
9	0.068 838	0.101 405	0.124 077	0.131 756	0.125 110
10	0.041 303	0.070 983	0.099 262	0.118 580	0.125 110
11	0.022 529	0.045 171	0.072 190	0.097 020	0.113 736
12	0.011 264	0.026 350	0.048 127	0.072 765	0.094 780
13	0.005 199	0.014 188	0.029 616	0.050 376	0.072 908
14	0.002 228	0.007 094	0.016 924	0.032 384	0.052 077
15	0.000 891	0.003 311	0.009 026	0.019 431	0.034 718
16	0.000 334	0.001 448	0.004 513	0.010 930	0.021 699
17	0.000 118	0.000 596	0.002 124	0.005 786	0.012 764
18	0.000 039	0.000 232	0.000 944	0.002 893	0.007 091

k	λ				
	6. 0	7. 0	8. 0	9. 0	10. 0
19	0. 000 012	0. 000 085	0. 000 397	0. 001 370	0. 003 732
20	0. 000 004	0. 000 030	0. 000 159	0. 000 617	0. 001 866
21	0. 000 001	0. 000 010	0. 000 061	0. 000 264	0. 000 889
22		0. 000 003	0. 000 022	0. 000 108	0. 000 404
23		0. 000 001	0. 000 008	0. 000 042	0. 000 176
24			0. 000 003	0. 000 016	0. 000 073
25			0. 000 001	0. 000 006	0. 000 029
26				0. 000 002	0. 000 011
27				0. 000 001	0. 000 004
28					0. 000 001
29					0. 000 001

（三）标准正态分布函数值表

$$\Phi(x) = \int_{-\infty}^{x} \frac{1}{\sqrt{2\pi}} e^{-\frac{t^2}{2}} dt$$

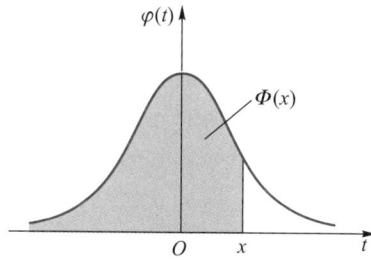

x	0. 00	0. 01	0. 02	0. 03	0. 04	0. 05	0. 06	0. 07	0. 08	0. 09
0. 0	0. 500 0	0. 504 0	0. 508 0	0. 512 0	0. 516 0	0. 519 9	0. 523 9	0. 527 9	0. 531 9	0. 535 9
0. 1	0. 539 8	0. 543 8	0. 547 8	0. 551 7	0. 555 7	0. 559 6	0. 563 6	0. 567 5	0. 571 4	0. 575 3
0. 2	0. 579 3	0. 583 2	0. 587 1	0. 591 0	0. 594 8	0. 598 7	0. 602 6	0. 606 4	0. 610 3	0. 614 1
0. 3	0. 617 9	0. 621 7	0. 625 5	0. 629 3	0. 633 1	0. 636 8	0. 640 6	0. 644 3	0. 648 0	0. 651 7
0. 4	0. 655 4	0. 659 1	0. 662 8	0. 666 4	0. 670 0	0. 673 6	0. 677 2	0. 680 8	0. 684 4	0. 687 9
0. 5	0. 691 5	0. 695 0	0. 698 5	0. 701 9	0. 705 4	0. 708 8	0. 712 3	0. 715 7	0. 719 0	0. 722 4
0. 6	0. 725 7	0. 729 1	0. 732 4	0. 735 7	0. 738 9	0. 742 2	0. 745 4	0. 748 6	0. 751 7	0. 754 9
0. 7	0. 758 0	0. 761 1	0. 764 2	0. 767 3	0. 770 4	0. 773 4	0. 776 4	0. 779 4	0. 782 3	0. 785 2
0. 8	0. 788 1	0. 791 0	0. 793 9	0. 796 7	0. 799 5	0. 802 3	0. 805 1	0. 807 8	0. 810 6	0. 813 3
0. 9	0. 815 9	0. 818 6	0. 821 2	0. 823 8	0. 826 4	0. 828 9	0. 831 5	0. 834 0	0. 836 5	0. 838 9
1. 0	0. 841 3	0. 843 8	0. 846 1	0. 848 5	0. 850 8	0. 853 1	0. 855 4	0. 857 7	0. 859 9	0. 862 1
1. 1	0. 864 3	0. 866 5	0. 868 6	0. 870 8	0. 872 9	0. 874 9	0. 877 0	0. 879 0	0. 881 0	0. 883 0
1. 2	0. 884 9	0. 886 9	0. 888 8	0. 890 7	0. 892 5	0. 894 4	0. 896 2	0. 898 0	0. 899 7	0. 901 5
1. 3	0. 903 2	0. 904 9	0. 906 6	0. 908 2	0. 909 9	0. 911 5	0. 913 1	0. 914 7	0. 916 2	0. 917 7

x	0.00	0.01	0.02	0.03	0.04	0.05	0.06	0.07	0.08	0.09
1.4	0.919 2	0.920 7	0.922 2	0.923 6	0.925 1	0.926 5	0.927 9	0.929 2	0.930 6	0.931 9
1.5	0.933 2	0.934 5	0.935 7	0.937 0	0.938 2	0.939 4	0.940 6	0.941 8	0.942 9	0.944 1
1.6	0.945 2	0.946 3	0.947 4	0.948 4	0.949 5	0.950 5	0.951 5	0.952 5	0.953 5	0.954 5
1.7	0.955 4	0.956 4	0.957 3	0.958 2	0.959 1	0.959 9	0.960 8	0.961 6	0.962 5	0.963 3
1.8	0.964 1	0.964 9	0.965 6	0.966 4	0.967 1	0.967 8	0.968 6	0.969 3	0.969 9	0.970 6
1.9	0.971 3	0.971 9	0.972 6	0.973 2	0.973 8	0.974 4	0.975 0	0.975 6	0.976 1	0.976 7
2.0	0.977 2	0.977 8	0.978 3	0.978 8	0.979 3	0.979 8	0.980 3	0.980 8	0.981 2	0.981 7
2.1	0.982 1	0.982 6	0.983 0	0.983 4	0.983 8	0.984 2	0.984 6	0.985 0	0.985 4	0.985 7
2.2	0.986 1	0.986 4	0.986 8	0.987 1	0.987 5	0.987 8	0.988 1	0.988 4	0.988 7	0.989 0
2.3	0.989 3	0.989 6	0.989 8	0.990 1	0.990 4	0.990 6	0.990 9	0.991 1	0.991 3	0.991 6
2.4	0.991 8	0.992 0	0.992 2	0.992 5	0.992 7	0.992 9	0.993 1	0.993 2	0.993 4	0.993 6
2.5	0.993 8	0.994 0	0.994 1	0.994 3	0.994 5	0.994 6	0.994 8	0.994 9	0.995 1	0.995 2
2.6	0.995 3	0.995 5	0.995 6	0.995 7	0.995 9	0.996 0	0.996 1	0.996 2	0.996 3	0.996 4
2.7	0.996 5	0.996 6	0.996 7	0.996 8	0.996 9	0.997 0	0.997 1	0.997 2	0.997 3	0.997 4
2.8	0.997 4	0.997 5	0.997 6	0.997 7	0.997 7	0.997 8	0.997 9	0.997 9	0.998 0	0.998 1
2.9	0.998 1	0.998 2	0.998 2	0.998 3	0.998 4	0.998 4	0.998 5	0.998 5	0.998 6	0.998 6
3.0	0.998 7	0.998 7	0.998 7	0.998 8	0.998 8	0.998 9	0.998 9	0.998 9	0.999 0	0.999 0
3.1	0.999 0	0.999 1	0.999 1	0.999 1	0.999 2	0.999 2	0.999 2	0.999 2	0.999 3	0.999 3
3.2	0.999 3	0.999 3	0.999 4	0.999 4	0.999 4	0.999 4	0.999 4	0.999 5	0.999 5	0.999 5
3.3	0.999 5	0.999 5	0.999 5	0.999 6	0.999 6	0.999 6	0.999 6	0.999 6	0.999 6	0.999 7
3.4	0.999 7	0.999 7	0.999 7	0.999 7	0.999 7	0.999 7	0.999 7	0.999 7	0.999 7	0.999 7

（四）t 分布表

$$P\{t(n)>t_\alpha(n)\}=\alpha$$

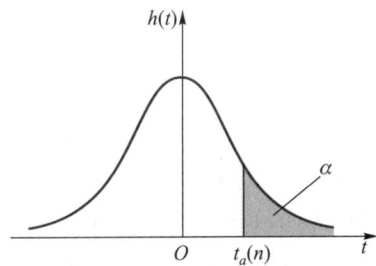

n	α					
	0.25	0.10	0.05	0.025	0.01	0.005
1	1.000 0	3.077 7	6.313 8	12.706 2	31.820 7	63.657 4
2	0.816 5	1.885 6	2.920 0	4.302 7	6.964 6	9.924 8
3	0.764 9	1.637 7	2.354 3	3.182 4	4.540 7	5.840 9
4	0.740 7	1.533 2	2.131 8	2.776 4	3.746 9	4.604 1
5	0.726 7	1.475 9	2.015 0	2.570 6	3.364 9	4.032 2

n	α					
	0.25	0.10	0.05	0.025	0.01	0.005
6	0.717 6	1.439 8	1.943 2	2.446 9	3.142 7	3.707 4
7	0.711 1	1.414 9	1.894 6	2.364 6	2.998 0	3.499 5
8	0.706 4	1.396 8	1.859 5	2.306 0	2.896 5	3.355 4
9	0.702 7	1.383 0	1.833 1	2.262 2	2.821 4	3.249 8
10	0.699 8	1.372 2	1.812 5	2.228 1	2.763 8	3.169 3
11	0.697 4	1.363 4	1.795 9	2.201 0	2.718 1	3.105 8
12	0.695 5	1.356 2	1.782 3	2.178 8	2.681 0	3.054 5
13	0.693 8	1.350 2	1.770 9	2.160 4	2.650 3	3.012 3
14	0.692 4	1.345 0	1.761 3	2.144 8	2.624 5	2.976 8
15	0.691 2	1.340 6	1.753 1	2.131 5	2.602 5	2.946 7
16	0.690 1	1.336 8	1.745 9	2.119 9	2.583 5	2.920 8
17	0.689 2	1.333 4	1.739 6	2.109 8	2.566 9	2.898 2
18	0.688 4	1.330 4	1.734 1	2.100 9	2.552 4	2.878 4
19	0.687 6	1.327 7	1.729 1	2.093 0	2.539 5	2.860 9
20	0.687 0	1.325 3	1.724 7	2.086 0	2.528 0	2.845 3
21	0.686 4	1.323 2	1.720 7	2.079 6	2.517 7	2.831 4
22	0.685 8	1.321 2	1.717 1	2.073 9	2.508 3	2.818 8
23	0.685 3	1.319 5	1.713 9	2.068 7	2.499 9	2.807 3
24	0.684 8	1.317 8	1.710 9	2.063 9	2.492 2	2.796 9
25	0.684 4	1.316 3	1.708 1	2.059 5	2.485 1	2.787 4
26	0.684 0	1.315 0	1.705 8	2.055 5	2.478 6	2.778 7
27	0.683 7	1.313 7	1.703 3	2.051 8	2.472 7	2.770 7
28	0.683 4	1.312 5	1.701 1	2.048 4	2.467 1	2.763 3
29	0.683 0	1.311 4	1.699 1	2.045 2	2.462 0	2.756 4
30	0.682 8	1.310 4	1.697 3	2.042 3	2.457 3	2.750 0
31	0.682 5	1.309 5	1.695 5	2.039 5	2.452 8	2.744 0
32	0.682 2	1.308 6	1.693 9	2.036 9	2.448 7	2.738 5
33	0.682 0	1.307 7	1.692 4	2.034 5	2.444 8	2.733 3
34	0.681 8	1.307 0	1.690 9	2.032 2	2.441 1	2.728 4
35	0.681 6	1.306 2	1.689 6	2.030 1	2.437 7	2.723 8
36	0.681 4	1.305 5	1.688 3	2.028 1	2.434 5	2.719 5
37	0.681 2	1.304 9	1.687 1	2.026 2	2.431 4	2.715 4
38	0.681 0	1.304 2	1.686 0	2.024 4	2.428 6	2.711 6
39	0.680 8	1.303 6	1.684 9	2.022 7	2.425 8	2.707 9
40	0.680 7	1.303 1	1.683 9	2.021 1	2.423 3	2.704 5

n	α					
	0. 25	0. 10	0. 05	0. 025	0. 01	0. 005
41	0. 680 5	1. 302 5	1. 682 9	2. 019 5	2. 420 8	2. 701 2
42	0. 680 4	1. 302 0	1. 682 0	2. 018 1	2. 418 5	2. 698 1
43	0. 680 2	1. 301 6	1. 681 1	2. 016 7	2. 416 3	2. 695 1
44	0. 680 1	1. 301 1	1. 680 2	2. 015 4	2. 414 1	2. 692 3
45	0. 680 0	1. 300 6	1. 679 4	2. 014 1	2. 412 1	2. 689 6

(五) χ^2 分布表

$$P\{\chi^2(n) > \chi_\alpha^2(n)\} = \alpha$$

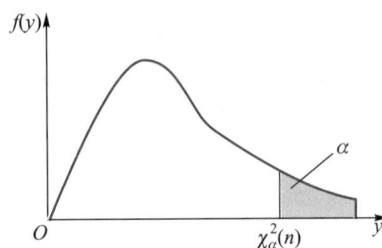

n	α					
	0. 995	0. 99	0. 975	0. 95	0. 90	0. 75
1	—	—	0. 001	0. 004	0. 016	0. 102
2	0. 010	0. 020	0. 051	0. 103	0. 211	0. 575
3	0. 072	0. 115	0. 216	0. 352	0. 584	1. 213
4	0. 207	0. 297	0. 484	0. 711	1. 064	1. 923
5	0. 412	0. 554	0. 831	1. 145	1. 610	2. 675
6	0. 676	0. 872	1. 237	1. 635	2. 204	3. 455
7	0. 989	1. 239	1. 690	2. 167	2. 833	4. 255
8	1. 344	1. 646	2. 180	2. 733	3. 490	5. 071
9	1. 735	2. 088	2. 700	3. 325	4. 168	5. 899
10	2. 156	2. 558	3. 247	3. 940	4. 865	6. 737
11	2. 603	3. 053	3. 816	4. 575	5. 578	7. 584
12	3. 074	3. 571	4. 404	5. 226	6. 304	8. 438
13	3. 565	4. 107	5. 009	5. 892	7. 042	9. 299
14	4. 075	4. 660	5. 629	6. 571	7. 790	10. 165
15	4. 601	5. 229	6. 262	7. 261	8. 547	11. 037
16	5. 142	5. 812	6. 908	7. 962	9. 312	11. 912
17	5. 697	6. 408	7. 564	8. 672	10. 085	12. 792
18	6. 265	7. 015	8. 231	9. 390	10. 865	13. 675
19	6. 844	7. 633	8. 907	10. 117	11. 651	14. 562
20	7. 434	8. 260	9. 591	10. 851	12. 443	15. 452
21	8. 034	8. 897	10. 283	11. 591	13. 240	16. 344

续表

n	α					
	0.995	0.99	0.975	0.95	0.90	0.75
22	8.643	9.542	10.982	12.338	14.042	17.240
23	9.260	10.196	11.689	13.091	14.848	18.137
24	9.886	10.856	12.401	13.848	15.659	19.037
25	10.520	11.524	13.120	14.611	16.473	19.939
26	11.160	12.198	13.844	15.379	17.292	20.843
27	11.808	12.879	14.573	16.151	18.114	21.749
28	12.461	13.565	15.308	16.928	18.939	22.657
29	13.121	14.257	16.047	17.708	19.768	23.567
30	13.787	14.954	16.791	18.493	20.599	24.478
31	14.458	15.655	17.539	19.281	21.434	25.390
32	15.134	16.362	18.291	20.072	22.271	26.304
33	15.815	17.074	19.047	20.807	23.110	27.219
34	16.501	17.789	19.806	21.664	23.952	28.136
35	17.192	18.509	20.569	22.465	24.797	29.054
36	17.887	19.233	21.336	23.269	25.613	29.973
37	18.586	19.960	22.106	24.075	26.492	30.893
38	19.289	20.691	22.878	24.884	27.343	31.815
39	19.996	21.426	23.654	25.695	28.196	32.737
40	20.707	22.164	24.433	26.509	29.051	33.660
41	21.421	22.906	25.215	27.326	29.907	34.585
42	22.138	23.650	25.999	28.144	30.765	35.510
43	22.859	24.398	26.785	28.965	31.625	36.430
44	23.584	25.143	27.575	29.787	32.487	37.363
45	24.311	25.901	28.366	30.612	33.350	38.291

n	α					
	0.25	0.10	0.05	0.025	0.01	0.005
1	1.323	2.706	3.841	5.024	6.635	7.879
2	2.773	4.605	5.991	7.378	9.210	10.597
3	4.108	6.251	7.815	9.348	11.345	12.838
4	5.385	7.779	9.488	11.143	13.277	14.860
5	6.626	9.236	11.071	12.833	15.086	16.750
6	7.841	10.645	12.592	14.449	16.812	18.548
7	9.037	12.017	14.067	16.013	18.475	20.278
8	10.219	13.362	15.507	17.535	20.090	21.955
9	11.389	14.684	16.919	19.023	21.666	23.589
10	12.549	15.987	18.307	20.483	23.209	25.188
11	13.701	17.275	19.675	21.920	24.725	26.757

n	α					
	0.25	0.10	0.05	0.025	0.01	0.005
12	14.845	18.549	21.026	23.337	26.217	28.299
13	15.984	19.812	22.362	24.736	27.688	29.819
14	17.117	21.064	23.685	26.119	29.141	31.319
15	18.245	22.307	24.996	27.488	30.578	32.801
16	19.369	23.542	26.296	28.845	32.000	34.267
17	20.489	24.769	27.587	30.191	33.409	35.718
18	21.605	25.989	28.869	31.526	34.805	37.156
19	22.718	27.204	30.144	32.852	36.191	38.582
20	23.828	28.412	31.410	34.170	37.566	39.997
21	24.935	29.615	32.671	35.479	38.932	41.401
22	26.039	30.813	33.924	36.781	40.289	42.796
23	27.141	32.007	35.172	38.076	41.638	44.181
24	28.241	33.196	36.415	39.364	42.980	45.559
25	29.339	34.382	37.652	40.646	44.314	46.928
26	30.435	35.563	38.885	41.923	45.642	48.290
27	31.528	36.741	40.113	43.194	46.963	49.645
28	32.620	37.916	41.337	44.461	48.278	50.993
29	33.711	39.087	42.557	45.722	49.588	52.336
30	34.800	40.256	43.773	46.979	50.892	53.672
31	35.887	41.422	44.985	48.232	52.191	55.003
32	36.973	42.585	46.194	49.480	53.486	56.328
33	38.053	43.745	47.400	50.725	54.776	57.648
34	39.141	44.903	48.602	51.966	56.061	58.964
35	40.223	46.059	49.802	53.203	57.342	60.275
36	41.304	47.212	50.998	54.437	58.619	61.581
37	42.383	48.363	52.192	55.668	59.892	62.883
38	43.462	49.513	53.384	56.896	61.162	64.181
39	44.539	50.660	54.572	58.120	62.428	65.476
40	45.616	51.805	55.758	59.342	63.691	66.766
41	46.692	52.949	56.942	60.561	64.950	68.053
42	47.766	54.090	58.124	61.777	66.206	69.336
43	48.840	55.230	59.304	62.990	67.459	70.606
44	49.913	56.369	60.481	64.201	68.710	71.893
45	50.985	57.505	61.656	65.410	69.957	73.166

（六）F 分布表

$$P\{F(n_1, n_2) > F_\alpha(n_1, n_2)\} = \alpha$$

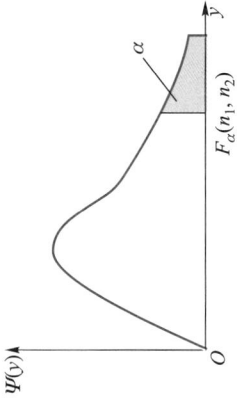

$$\alpha = 0.10$$

n_2	n_1=1	2	3	4	5	6	7	8	9	10	12	15	20	24	30	40	60	120	∞
1	39.86	49.50	53.59	55.83	57.24	58.20	58.91	59.44	59.86	60.19	60.71	61.22	61.74	62.00	62.26	62.53	62.79	63.06	63.33
2	8.53	9.00	9.16	9.24	9.29	9.33	9.35	9.37	9.38	9.39	9.41	9.42	9.44	9.45	9.46	9.47	9.47	9.48	9.49
3	5.54	5.46	5.39	5.34	5.31	5.28	5.27	5.25	5.24	5.23	5.22	5.20	5.18	5.18	5.17	5.16	5.15	5.14	5.13
4	4.54	4.32	4.19	4.11	4.05	4.01	3.98	3.95	3.94	3.92	3.90	3.87	3.84	3.83	3.82	3.80	3.79	3.78	3.76
5	4.06	3.78	3.62	3.52	3.45	3.40	3.37	3.34	3.32	3.30	3.27	3.24	3.21	3.19	3.17	3.16	3.14	3.12	3.10
6	3.78	3.46	3.29	3.18	3.11	3.05	3.01	2.98	2.96	2.94	2.90	2.87	2.84	2.82	2.80	2.78	2.76	2.74	2.72
7	3.59	3.26	3.07	2.96	2.88	2.83	2.78	2.75	2.72	2.70	2.67	2.63	2.59	2.58	2.56	2.54	2.51	2.49	2.47
8	3.46	3.11	2.92	2.81	2.73	2.67	2.62	2.59	2.56	2.54	2.50	2.46	2.42	2.40	2.38	2.36	2.34	2.32	2.29
9	3.36	3.01	2.81	2.69	2.61	2.55	2.51	2.47	2.44	2.42	2.38	2.34	2.30	2.28	2.25	2.23	2.21	2.18	2.16
10	3.29	2.92	2.73	2.61	2.52	2.46	2.41	2.38	2.35	2.32	2.28	2.24	2.20	2.18	2.16	2.13	2.11	2.08	2.06
11	3.23	2.86	2.66	2.54	2.45	2.39	2.34	2.30	2.27	2.25	2.21	2.17	2.12	2.10	2.08	2.05	2.03	2.00	1.97

续表

$\alpha = 0.10$

n_1

n_2	1	2	3	4	5	6	7	8	9	10	12	15	20	24	30	40	60	120	∞
12	3.18	2.81	2.61	2.48	2.39	2.33	2.28	2.24	2.21	2.19	2.15	2.10	2.06	2.04	2.01	1.99	1.96	1.93	1.90
13	3.14	2.76	2.56	2.43	2.35	2.28	2.23	2.20	2.16	2.14	2.10	2.05	2.01	1.98	1.96	1.93	1.90	1.88	1.85
14	3.10	2.73	2.52	2.39	2.31	2.24	2.19	2.15	2.12	2.10	2.05	2.01	1.96	1.94	1.91	1.89	1.86	1.83	1.80
15	3.07	2.70	2.49	2.36	2.27	2.21	2.16	2.12	2.09	2.06	2.02	1.97	1.92	1.90	1.87	1.85	1.82	1.79	1.76
16	3.05	2.67	2.46	2.33	2.24	2.18	2.13	2.09	2.06	2.03	1.99	1.94	1.89	1.87	1.84	1.81	1.78	1.75	1.72
17	3.03	2.64	2.44	2.31	2.22	2.15	2.10	2.06	2.03	2.00	1.96	1.91	1.86	1.84	1.81	1.78	1.75	1.72	1.69
18	3.01	2.62	2.42	2.29	2.20	2.13	2.08	2.04	2.00	1.98	1.93	1.89	1.84	1.81	1.78	1.75	1.72	1.69	1.66
19	2.99	2.61	2.40	2.27	2.18	2.11	2.06	2.02	1.98	1.96	1.91	1.86	1.81	1.79	1.76	1.73	1.70	1.67	1.63
20	2.97	2.59	2.38	2.25	2.16	2.09	2.04	2.00	1.96	1.94	1.89	1.84	1.79	1.77	1.74	1.71	1.68	1.64	1.61
21	2.96	2.57	2.36	2.23	2.14	2.08	2.02	1.98	1.95	1.92	1.87	1.83	1.78	1.75	1.72	1.69	1.66	1.62	1.59
22	2.95	2.56	2.35	2.22	2.13	2.06	2.01	1.97	1.93	1.90	1.86	1.81	1.76	1.73	1.70	1.67	1.64	1.60	1.57
23	2.94	2.55	2.34	2.21	2.11	2.05	1.99	1.95	1.92	1.89	1.84	1.80	1.74	1.72	1.69	1.66	1.62	1.59	1.55
24	2.93	2.54	2.33	2.19	2.10	2.04	1.98	1.94	1.91	1.88	1.83	1.78	1.73	1.70	1.67	1.64	1.61	1.57	1.53
25	2.92	2.53	2.32	2.18	2.09	2.02	1.97	1.93	1.89	1.87	1.82	1.77	1.72	1.69	1.66	1.63	1.59	1.56	1.52
26	2.91	2.52	2.31	2.17	2.08	2.01	1.96	1.92	1.88	1.86	1.81	1.76	1.71	1.68	1.65	1.61	1.58	1.54	1.50
27	2.90	2.51	2.30	2.17	2.07	2.00	1.95	1.91	1.87	1.85	1.80	1.75	1.70	1.67	1.64	1.60	1.57	1.53	1.49
28	2.89	2.50	2.29	2.16	2.06	2.00	1.94	1.90	1.87	1.84	1.79	1.74	1.69	1.66	1.63	1.59	1.56	1.52	1.48
29	2.89	2.50	2.28	2.15	2.06	1.99	1.93	1.89	1.86	1.83	1.78	1.73	1.68	1.65	1.62	1.58	1.55	1.51	1.47
30	2.88	2.49	2.28	2.14	2.05	1.98	1.93	1.88	1.85	1.82	1.77	1.72	1.67	1.64	1.61	1.57	1.54	1.50	1.46
40	2.84	2.44	2.23	2.09	2.00	1.93	1.87	1.83	1.79	1.76	1.71	1.66	1.61	1.57	1.54	1.51	1.47	1.42	1.38
60	2.79	2.39	2.18	2.04	1.95	1.87	1.82	1.77	1.74	1.71	1.66	1.60	1.54	1.51	1.48	1.44	1.40	1.35	1.29
120	2.75	2.35	2.13	1.99	1.90	1.82	1.77	1.72	1.68	1.65	1.60	1.55	1.48	1.45	1.41	1.37	1.32	1.26	1.19
∞	2.71	2.30	2.08	1.94	1.85	1.77	1.72	1.67	1.63	1.60	1.55	1.49	1.42	1.38	1.34	1.30	1.24	1.17	1.00

续表

$\alpha = 0.05$

n_2	n_1																		
	1	2	3	4	5	6	7	8	9	10	12	15	20	24	30	40	60	120	∞
1	161.4	199.5	215.7	224.6	230.2	234.0	236.8	238.9	240.5	241.9	243.9	245.9	248.0	249.1	250.1	251.1	252.2	253.3	254.3
2	18.51	19.00	19.16	19.25	19.30	19.33	19.35	19.37	19.38	19.40	19.41	19.43	19.45	19.45	19.46	19.47	19.48	19.49	19.50
3	10.13	9.55	9.28	9.12	9.01	8.94	8.89	8.85	8.81	8.79	8.74	8.70	8.66	8.64	8.62	8.59	8.57	8.55	8.53
4	7.71	6.94	6.59	6.39	6.26	6.16	6.09	6.09	6.00	5.96	5.91	5.86	5.80	5.77	5.75	5.72	5.69	5.66	5.63
5	6.61	5.79	5.41	5.18	5.05	4.95	4.88	4.82	4.77	4.74	4.68	4.62	4.56	4.53	4.50	4.46	4.43	4.40	4.36
6	5.99	5.14	4.76	4.53	4.39	4.28	4.21	4.15	4.10	4.06	4.00	3.94	3.87	3.84	3.81	3.77	3.74	3.70	3.67
7	5.59	4.74	4.35	4.12	3.97	3.87	3.79	3.73	3.68	3.64	3.57	3.51	3.44	3.41	3.38	3.34	3.30	3.27	3.23
8	5.32	4.46	4.07	3.84	3.69	3.58	3.50	3.44	3.39	3.35	3.28	3.22	3.15	3.12	3.08	3.04	3.01	2.97	2.93
9	5.12	4.26	3.86	3.63	3.48	3.37	3.29	3.23	3.18	3.14	3.07	3.01	2.94	2.90	2.86	2.83	2.79	2.75	2.71
10	4.96	4.10	3.71	3.48	3.33	3.22	3.14	3.07	3.02	2.98	2.91	2.85	2.77	2.74	2.70	2.66	2.62	2.58	2.54
11	4.84	3.98	3.59	3.36	3.20	3.09	3.01	2.95	2.90	2.85	2.79	2.72	2.65	2.61	2.57	2.53	2.49	2.45	2.40
12	4.75	3.89	3.49	3.26	3.11	3.00	2.91	2.85	2.80	2.75	2.69	2.62	2.54	2.51	2.47	2.43	2.38	2.34	2.30
13	4.67	3.81	3.41	3.18	3.03	2.92	2.83	2.77	2.71	2.67	2.60	2.53	2.46	2.42	2.38	2.34	2.30	2.25	2.21
14	4.60	3.74	3.34	3.11	2.96	2.85	2.76	2.70	2.65	2.60	2.53	2.46	2.39	2.35	2.31	2.27	2.22	2.18	2.13
15	4.54	3.68	3.29	3.06	2.90	2.79	2.71	2.64	2.59	2.54	2.48	2.40	2.33	2.29	2.25	2.20	2.16	2.11	2.07
16	4.49	3.63	3.24	3.01	2.85	2.74	2.66	2.59	2.54	2.49	2.42	2.35	2.28	2.24	2.19	2.15	2.11	2.06	2.01
17	4.45	3.59	3.20	2.96	2.81	2.70	2.61	2.55	2.49	2.45	2.38	2.31	2.23	2.19	2.15	2.10	2.06	2.01	1.96
18	4.41	3.55	3.16	2.93	2.77	2.66	2.58	2.51	2.46	2.41	2.34	2.27	2.19	2.15	2.11	2.06	2.02	1.97	1.92

续表

$\alpha = 0.05$

n_2 \ n_1	1	2	3	4	5	6	7	8	9	10	12	15	20	24	30	40	60	120	∞
19	4.38	3.52	3.13	2.90	2.74	2.63	2.54	2.48	2.42	2.38	2.31	2.23	2.16	2.11	2.07	2.03	1.98	1.93	1.88
20	4.35	3.49	3.10	2.87	2.71	2.60	2.51	2.45	2.39	2.35	2.28	2.20	2.12	2.08	2.04	1.99	1.95	1.90	1.84
21	4.32	3.47	3.07	2.84	2.68	2.57	2.49	2.42	2.37	2.32	2.25	2.18	2.10	2.05	2.01	1.96	1.92	1.87	1.81
22	4.30	3.44	3.05	2.82	2.66	2.55	2.46	2.40	2.34	2.30	2.23	2.15	2.07	2.03	1.98	1.94	1.89	1.84	1.78
23	4.28	3.42	3.03	2.80	2.64	2.53	2.44	2.37	2.32	2.27	2.20	2.13	2.05	2.01	1.96	1.91	1.86	1.81	1.76
24	4.26	3.40	3.01	2.78	2.62	2.51	2.42	2.36	2.30	2.25	2.18	2.11	2.03	1.98	1.94	1.89	1.84	1.79	1.73
25	4.24	3.39	2.99	2.76	2.60	2.49	2.40	2.34	2.28	2.24	2.16	2.09	2.01	1.96	1.92	1.87	1.82	1.77	1.71
26	4.23	3.37	2.98	2.74	2.59	2.47	2.39	2.32	2.27	2.22	2.15	2.07	1.99	1.95	1.90	1.85	1.80	1.75	1.69
27	4.21	3.35	2.96	2.73	2.57	2.46	2.37	2.31	2.25	2.20	2.13	2.06	1.97	1.93	1.88	1.84	1.79	1.73	1.67
28	4.20	3.34	2.95	2.71	2.56	2.45	2.36	2.29	2.24	2.19	2.12	2.04	1.96	1.91	1.87	1.82	1.77	1.71	1.65
29	4.18	3.33	2.93	2.70	2.55	2.43	2.35	2.28	2.22	2.18	2.10	2.03	1.94	1.90	1.85	1.81	1.75	1.70	1.64
30	4.17	3.32	2.92	2.69	2.53	2.42	2.33	2.27	2.21	2.16	2.09	2.01	1.93	1.89	1.84	1.79	1.74	1.68	1.62
40	4.08	3.23	2.84	2.61	2.45	2.34	2.25	2.18	2.12	2.08	2.00	1.92	1.84	1.79	1.74	1.69	1.64	1.58	1.51
60	4.00	3.15	2.76	2.53	2.37	2.25	2.17	2.10	2.04	1.99	1.92	1.84	1.75	1.70	1.65	1.59	1.53	1.47	1.39
120	3.92	3.07	2.68	2.45	2.29	2.17	2.09	2.02	1.96	1.91	1.83	1.75	1.66	1.61	1.55	1.50	1.43	1.35	1.25
∞	3.84	3.00	2.60	2.37	2.21	2.10	2.01	1.94	1.88	1.83	1.75	1.67	1.57	1.52	1.46	1.39	1.32	1.22	1.00

$\alpha = 0.025$

n_2	n_1																		
	1	2	3	4	5	6	7	8	9	10	12	15	20	24	30	40	60	120	∞
1	647.8	799.5	864.2	899.6	921.8	937.1	948.2	956.7	963.3	968.6	976.7	984.9	993.1	997.2	1001	1006	1010	1014	1018
2	38.51	39.00	39.17	39.25	39.30	39.33	39.36	39.37	39.39	39.40	39.41	39.43	39.45	39.46	39.46	39.47	39.48	39.49	39.50
3	17.44	16.04	15.44	15.10	14.88	14.73	14.62	14.54	14.47	14.42	14.34	14.25	14.17	14.12	14.08	14.04	13.99	13.95	13.90
4	12.22	10.65	9.98	9.60	9.36	9.20	9.07	8.98	8.90	8.84	8.75	8.66	8.56	8.51	8.46	8.41	8.36	8.31	8.26
5	10.01	8.43	7.76	7.39	7.15	6.98	6.85	6.76	6.68	6.62	6.52	6.43	6.33	6.28	6.23	6.18	6.12	6.07	6.02
6	8.81	7.26	6.60	6.23	5.99	5.82	5.70	5.60	5.52	5.46	5.37	5.27	5.17	5.12	5.07	5.01	4.96	4.90	4.85
7	8.07	6.54	5.89	5.52	5.29	5.12	4.99	4.90	4.82	4.76	4.67	4.57	4.47	4.42	4.36	4.31	4.25	4.20	4.14
8	7.57	6.06	5.42	5.05	4.82	4.65	4.53	4.43	4.36	4.30	4.20	4.10	4.00	3.95	3.89	3.84	3.78	3.73	3.67
9	7.21	5.71	5.08	4.72	4.48	4.23	4.20	4.10	4.03	3.96	3.87	3.77	3.67	3.61	3.56	3.51	3.45	3.39	3.33
10	6.94	5.46	4.83	4.47	4.24	4.07	3.95	3.85	3.78	3.72	3.62	3.52	3.42	3.37	3.31	3.26	3.20	3.14	3.08
11	6.72	5.26	4.63	4.28	4.04	3.88	3.76	3.66	3.59	3.53	3.43	3.33	3.23	3.17	3.12	3.06	3.00	2.94	2.88
12	6.55	5.10	4.47	4.12	3.89	3.73	3.61	3.51	3.44	3.37	3.28	3.18	3.07	3.02	2.96	2.91	2.85	2.79	2.72
13	6.41	4.97	4.35	4.00	3.77	3.60	3.48	3.39	3.31	3.25	3.15	3.05	2.95	2.89	2.84	2.78	2.72	2.66	2.60
14	6.30	4.86	4.24	3.89	3.66	3.50	3.38	3.29	3.21	3.15	3.05	2.95	2.84	2.79	2.73	2.67	2.61	2.55	2.49
15	6.20	4.77	4.15	3.80	3.58	3.41	3.29	3.20	3.12	3.06	2.96	2.86	2.76	2.70	2.64	2.59	2.52	2.46	2.40

续表

$\alpha = 0.025$

n_2	n_1																		
	1	2	3	4	5	6	7	8	9	10	12	15	20	24	30	40	60	120	∞
16	6.12	4.69	4.08	3.73	3.50	3.34	3.22	3.12	3.05	2.99	2.89	2.79	2.68	2.63	2.57	2.51	2.45	2.38	2.32
17	6.04	4.62	4.01	3.66	3.44	3.28	3.16	3.06	2.98	2.92	2.82	2.72	2.62	2.56	2.50	2.44	2.38	2.32	2.25
18	5.98	4.56	3.95	3.61	3.38	3.22	3.10	3.01	2.93	2.87	2.77	2.67	2.56	2.50	2.44	2.38	2.32	2.26	2.19
19	5.92	4.51	3.90	3.56	3.33	3.17	3.05	2.96	2.88	2.82	2.72	2.62	2.51	2.45	2.39	2.33	2.27	2.20	2.13
20	5.87	4.46	3.86	3.51	3.29	3.13	3.01	2.91	2.84	2.77	2.68	2.57	2.46	2.41	2.35	2.29	2.22	2.16	2.09
21	5.83	4.42	3.82	3.48	3.25	3.09	2.97	2.87	2.80	2.73	2.64	2.53	2.42	2.37	2.31	2.25	2.18	2.11	2.04
22	5.79	4.38	3.78	3.44	3.22	3.05	2.93	2.84	2.76	2.70	2.60	2.50	2.39	2.33	2.27	2.21	2.14	2.08	2.00
23	5.75	4.35	3.75	3.41	3.18	3.02	2.90	2.81	2.73	2.67	2.57	2.47	2.36	2.30	2.24	2.18	2.11	2.04	1.97
24	5.72	4.32	3.72	3.38	3.15	2.99	2.87	2.78	2.70	2.64	2.54	2.44	2.33	2.27	2.21	2.15	2.08	2.01	1.94
25	5.69	4.29	3.69	3.35	3.13	2.97	2.85	2.75	2.68	2.61	2.51	2.41	2.30	2.24	2.18	2.12	2.05	1.98	1.91
26	5.66	4.27	3.67	3.33	3.10	2.94	2.82	2.73	2.65	2.59	2.49	2.39	2.28	2.22	2.16	2.09	2.03	1.95	1.88
27	5.63	4.24	3.65	3.31	3.08	2.92	2.80	2.71	2.63	2.57	2.47	2.36	2.25	2.19	2.13	2.07	2.00	1.93	1.85
28	5.61	4.22	3.63	3.29	3.06	2.90	2.78	2.69	2.61	2.55	2.45	2.34	2.23	2.17	2.11	2.05	1.98	1.91	1.83
29	5.59	4.20	3.61	3.27	3.04	2.88	2.76	2.67	2.59	2.53	2.43	2.32	2.21	2.15	2.09	2.03	1.96	1.89	1.81
30	5.57	4.18	3.59	3.25	3.03	2.87	2.75	2.65	2.57	2.51	2.41	2.31	2.20	2.14	2.07	2.01	1.94	1.87	1.79
40	5.42	4.05	3.46	3.13	2.90	2.74	2.62	2.53	2.45	2.39	2.29	2.18	2.07	2.01	1.94	1.88	1.80	1.72	1.64
60	5.29	3.93	3.34	3.01	2.79	2.63	2.51	2.41	2.33	2.27	2.17	2.06	1.94	1.88	1.82	1.74	1.67	1.58	1.48
120	5.15	3.80	3.23	2.89	2.67	2.52	2.39	2.30	2.22	2.16	2.05	1.94	1.82	1.76	1.69	1.61	1.53	1.43	1.31
∞	5.02	3.69	3.12	2.79	2.57	2.41	2.29	2.19	2.11	2.05	1.94	1.83	1.71	1.64	1.57	1.48	1.39	1.27	1.00

续表

$\alpha = 0.01$

n_2 \ n_1	1	2	3	4	5	6	7	8	9	10	12	15	20	24	30	40	60	120	∞
1	4 052	5 000	5 403	5 625	5 764	5 859	5 928	5 982	6 022	6 056	6 106	6 157	6 209	6 235	6 261	6 287	6 313	6 339	6 366
2	98.50	99.00	99.17	99.25	99.30	99.33	99.36	99.37	99.39	99.40	99.42	99.43	99.45	99.46	99.47	99.47	99.48	99.49	99.50
3	34.12	30.82	29.46	28.71	28.24	27.91	27.67	27.49	27.35	27.23	27.05	26.87	26.69	26.60	26.50	26.41	26.32	26.22	26.13
4	21.20	18.00	16.69	15.98	15.52	15.21	14.98	14.80	14.66	14.55	14.37	14.20	14.02	13.93	13.84	13.75	13.65	13.56	13.46
5	16.26	13.27	12.06	11.39	10.97	10.67	10.46	10.29	10.16	10.05	9.89	9.72	9.55	9.47	9.38	9.29	9.20	9.11	9.02
6	13.75	10.92	9.78	9.15	8.75	8.47	8.26	8.10	7.98	7.87	7.72	7.56	7.40	7.31	7.23	7.14	7.06	6.97	6.88
7	12.25	9.55	8.45	7.85	7.46	7.19	6.99	6.84	6.72	6.62	6.47	6.31	6.16	6.07	5.99	5.91	5.82	5.74	5.65
8	11.26	8.65	7.59	7.01	6.63	6.37	6.18	6.03	5.91	5.81	5.67	5.52	5.36	5.28	5.20	5.12	5.03	4.95	4.86
9	10.56	8.02	6.99	6.42	6.06	5.80	5.61	5.47	5.35	5.26	5.11	4.96	4.81	4.73	4.65	4.57	4.48	4.40	4.31
10	10.04	7.56	6.55	5.99	5.64	5.39	5.20	5.06	4.94	4.85	4.71	4.56	4.41	4.33	4.25	4.17	4.08	4.00	3.91
11	9.65	7.21	6.22	5.67	5.32	5.07	4.89	4.74	4.63	4.54	4.40	4.25	4.10	4.02	3.94	3.86	3.78	3.69	3.60
12	9.33	6.93	5.95	5.41	5.06	4.82	4.64	4.50	4.39	4.30	4.16	4.01	3.86	3.78	3.70	3.62	3.54	3.45	3.36
13	9.07	6.70	5.74	5.21	4.86	4.62	4.44	4.30	4.19	4.10	3.96	3.82	3.66	3.59	3.51	3.43	3.34	3.25	3.17
14	8.86	6.51	5.56	5.04	4.69	4.46	4.28	4.14	4.03	3.94	3.80	3.66	3.51	3.43	3.35	3.27	3.18	3.09	3.00
15	8.68	6.36	5.42	4.89	4.56	4.32	4.14	4.00	3.89	3.80	3.67	3.52	3.37	3.29	3.21	3.13	3.05	2.96	2.87
16	8.53	6.23	5.29	4.77	4.44	4.20	4.03	3.89	3.78	3.69	3.55	3.41	3.26	3.18	3.10	3.02	2.93	2.84	2.75

续表

$\alpha = 0.01$

n_1

n_2	1	2	3	4	5	6	7	8	9	10	12	15	20	24	30	40	60	120	8
17	8.40	6.11	5.18	4.67	4.34	4.10	3.93	3.79	3.68	3.59	3.46	3.31	3.16	3.08	3.00	2.92	2.83	2.75	2.65
18	8.29	6.01	5.09	4.58	4.25	4.01	3.84	3.71	3.60	3.51	3.37	3.23	3.08	3.00	2.92	2.84	2.75	2.66	2.57
19	8.18	5.93	5.01	4.50	4.17	3.94	3.77	3.63	3.52	3.43	3.30	3.15	3.00	2.92	2.84	2.76	2.67	2.58	2.49
20	8.10	5.85	4.94	4.43	4.10	3.87	3.70	3.56	3.46	3.37	3.23	3.09	2.94	2.86	2.78	2.69	2.61	2.52	2.42
21	8.02	5.78	4.87	4.37	4.04	3.81	3.64	3.51	3.40	3.31	3.17	3.03	2.88	2.80	2.72	2.64	2.55	2.46	2.36
22	7.95	5.72	4.82	4.31	3.99	3.76	3.59	3.45	3.35	3.26	3.12	2.98	2.83	2.75	2.67	2.58	2.50	2.40	2.31
23	7.88	5.66	4.76	4.26	3.94	3.71	3.54	3.41	3.30	3.21	3.07	2.93	2.78	2.70	2.62	2.54	2.45	2.35	2.26
24	7.82	5.61	4.72	4.22	3.90	3.67	3.50	3.36	3.26	3.17	3.03	2.89	2.74	2.66	2.58	2.49	2.40	2.31	2.21
25	7.77	5.57	4.68	4.18	3.85	3.63	3.46	3.32	3.22	3.13	2.99	2.85	2.70	2.62	2.54	2.45	2.36	2.27	2.17
26	7.72	5.53	4.64	4.14	3.82	3.59	3.42	3.29	3.18	3.09	2.96	2.81	2.66	2.58	2.50	2.42	2.33	2.23	2.13
27	7.68	5.49	4.60	4.11	3.78	3.56	3.39	3.26	3.15	3.06	2.93	2.78	2.63	2.55	2.47	2.38	2.29	2.20	2.10
28	7.64	5.45	4.57	4.07	3.75	3.53	3.36	3.23	3.12	3.03	2.90	2.75	2.60	2.52	2.44	2.35	2.26	2.17	2.06
29	7.60	5.42	4.54	4.04	3.73	3.50	3.33	3.20	3.09	3.00	2.87	2.73	2.57	2.49	2.41	2.33	2.23	2.14	2.03
30	7.56	5.39	4.51	4.02	3.70	3.47	3.30	3.17	3.07	2.98	2.84	2.70	2.55	2.47	2.39	2.30	2.21	2.11	2.01
40	7.31	5.18	4.31	3.83	3.51	3.29	3.12	2.99	2.89	2.80	2.66	2.52	2.37	2.29	2.20	2.11	2.02	1.92	1.80
60	7.08	4.98	4.13	3.65	3.34	3.12	2.95	2.82	2.72	2.63	2.50	2.35	2.20	2.12	2.03	1.94	1.84	1.73	1.60
120	6.85	4.79	3.95	3.48	3.17	2.96	2.79	2.66	2.56	2.47	2.34	2.19	2.03	1.95	1.86	1.76	1.66	1.53	1.38
8	6.63	4.61	3.78	3.32	3.02	2.80	2.64	2.51	2.41	2.32	2.18	2.04	1.88	1.79	1.70	1.59	1.47	1.32	1.00

续表

$\alpha = 0.005$

n_2 \\ n_1	1	2	3	4	5	6	7	8	9	10	12	15	20	24	30	40	60	120	∞
1	16 211	20 000	21 615	22 500	23 056	23 437	23 715	23 925	24 091	24 224	24 426	24 630	24 836	24 940	25 044	25 148	25 253	25 359	25 465
2	198.5	199.0	199.2	199.2	199.2	199.3	199.4	199.4	199.4	199.4	199.4	199.4	199.4	199.5	199.5	199.5	199.5	199.5	199.5
3	55.55	49.80	47.47	46.19	45.39	44.84	44.43	44.13	43.88	43.69	43.39	43.08	42.78	42.62	42.47	42.31	42.15	41.99	41.83
4	31.33	26.28	24.26	23.15	22.46	21.97	21.62	21.35	21.14	20.97	20.70	20.44	20.17	20.03	19.89	19.75	19.61	19.47	19.32
5	22.78	18.31	16.53	15.56	14.94	14.51	14.20	13.96	13.77	13.62	13.38	13.15	12.90	12.78	12.66	12.53	12.40	12.27	12.14
6	18.63	14.54	12.92	12.03	11.46	11.07	10.79	10.57	10.39	10.25	10.03	9.81	9.59	9.47	9.36	9.24	9.12	9.00	8.88
7	16.24	12.40	10.88	10.05	9.52	9.16	8.89	8.68	8.51	8.38	8.18	7.97	7.75	7.65	7.53	7.42	7.31	7.19	7.08
8	14.69	11.04	9.60	8.81	8.30	7.95	7.69	7.50	7.34	7.21	7.01	6.81	6.61	6.50	6.40	6.29	6.18	6.06	5.95
9	13.61	10.11	8.72	7.96	7.47	7.13	6.88	6.69	6.54	6.42	6.23	6.03	5.83	5.73	5.62	5.52	5.41	5.30	5.19
10	12.83	9.43	8.08	7.34	6.87	6.54	6.30	6.12	5.97	5.85	5.66	5.47	5.27	5.17	5.07	4.97	4.86	4.75	4.64
11	12.23	8.91	7.60	6.88	6.42	6.10	5.86	5.68	5.54	5.42	5.24	5.05	4.86	4.76	4.65	4.55	4.44	4.34	4.23
12	11.75	8.51	7.23	6.52	6.07	5.76	5.52	5.35	5.20	5.09	4.91	4.72	4.53	4.43	4.33	4.23	4.12	4.01	3.90
13	11.37	8.19	6.93	6.23	5.79	5.48	5.25	5.08	4.94	4.82	4.64	4.46	4.27	4.17	4.07	3.97	3.87	3.76	3.65
14	11.06	7.92	6.68	6.00	5.56	5.26	5.03	4.86	4.72	4.60	4.43	4.25	4.06	3.96	3.86	3.76	3.66	3.55	3.44
15	10.80	7.70	6.48	5.80	5.37	5.07	4.85	4.67	4.54	4.42	4.25	4.07	3.88	3.79	3.69	3.58	3.48	3.37	3.26
16	10.58	7.51	6.30	5.64	5.21	4.91	4.69	4.52	4.38	4.27	4.10	3.92	3.73	3.64	3.54	3.44	3.33	3.22	3.11

续表

$\alpha = 0.005$

n_2	\multicolumn{19}{c}{n_1}
	1	2	3	4	5	6	7	8	9	10	12	15	20	24	30	40	60	120	∞
17	10.38	7.35	6.16	5.50	5.07	4.78	4.56	4.39	4.25	4.14	3.97	3.79	3.61	3.51	3.41	3.31	3.21	3.10	2.98
18	10.22	7.21	6.03	5.37	4.96	4.66	4.44	4.28	4.14	4.03	3.86	3.68	3.50	3.40	3.30	3.20	3.10	2.99	2.87
19	10.07	7.09	5.92	5.27	4.85	4.56	4.34	4.18	4.04	3.93	3.76	3.59	3.40	3.31	3.21	3.11	3.00	2.89	2.78
20	9.94	6.99	5.82	5.17	4.76	4.47	4.26	4.09	3.96	3.85	3.68	3.50	3.32	3.22	3.12	3.02	2.92	2.81	2.69
21	9.83	6.89	5.73	5.09	4.68	4.39	4.18	4.01	3.88	3.77	3.60	3.43	3.24	3.15	3.05	2.95	2.84	2.73	2.61
22	9.73	6.81	5.65	5.02	4.61	4.32	4.11	3.94	3.81	3.70	3.54	3.36	3.18	3.08	2.98	2.88	2.77	2.66	2.55
23	9.63	6.73	5.58	4.95	4.54	4.26	4.05	3.88	3.75	3.64	3.47	3.30	3.12	3.02	2.92	2.82	2.71	2.60	2.48
24	9.55	6.66	5.52	4.89	4.49	4.20	3.99	3.83	3.69	3.59	3.42	3.25	3.06	2.97	2.87	2.77	2.66	2.55	2.43
25	9.48	6.60	5.46	4.84	4.43	4.15	3.94	3.78	3.64	3.54	3.37	3.20	3.01	2.92	2.82	2.72	2.61	2.50	2.38
26	9.41	6.54	5.41	4.79	4.38	4.10	3.89	3.73	3.60	3.49	3.33	3.15	2.97	2.87	2.77	2.67	2.56	2.45	2.33
27	9.34	6.49	5.36	4.74	4.34	4.06	3.85	3.69	3.56	3.45	3.28	3.11	2.93	2.83	2.73	2.63	2.52	2.41	2.29
28	9.28	6.44	5.32	4.70	4.30	4.02	3.81	3.65	3.52	3.41	3.25	3.07	2.89	2.79	2.69	2.59	2.48	2.37	2.25
29	9.23	6.40	5.28	4.66	4.26	3.98	3.77	3.61	3.48	3.38	3.21	3.04	2.86	2.76	2.66	2.56	2.45	2.33	2.21
30	9.18	6.35	5.24	4.62	4.23	3.95	3.74	3.58	3.45	3.34	3.18	3.01	2.82	2.73	2.63	2.52	2.42	2.30	2.18
40	8.83	6.07	4.98	4.37	3.99	3.71	3.51	3.35	3.22	3.12	2.95	2.78	2.60	2.50	2.40	2.30	2.18	2.06	1.93
60	8.49	5.79	4.73	4.14	3.76	3.49	3.29	3.13	3.01	2.90	2.74	2.57	2.39	2.29	2.19	2.08	1.96	1.83	1.69
120	8.18	5.54	4.50	3.92	3.55	3.28	3.09	2.93	2.81	2.71	2.54	2.37	2.19	2.09	1.98	1.87	1.75	1.61	1.43
∞	7.88	5.30	4.28	3.72	3.35	3.09	2.90	2.74	2.62	2.52	2.36	2.19	2.00	1.90	1.79	1.67	1.53	1.36	1.00

（七）秩和临界值表

	(2,4)			(4,4)			(6,7)	
3	11	0.067	11	25	0.029	28	56	0.026
	(2,5)		12	24	0.057	30	54	0.051
3	13	0.047		(4,5)			(6,8)	
	(2,6)		12	28	0.032	29	61	0.021
3	15	0.036	13	27	0.056	32	58	0.054
4	14	0.071		(4,6)			(6,9)	
	(2,7)		12	32	0.019	31	65	0.025
3	17	0.028	14	30	0.057	33	63	0.044
4	16	0.056		(4,7)			(6,10)	
	(2,8)		13	35	0.021	33	69	0.028
3	19	0.022	15	33	0.055	35	67	0.047
4	18	0.044		(4,8)			(7,7)	
	(2,9)		14	38	0.024	37	68	0.027
3	21	0.018	16	36	0.055	39	66	0.049
4	20	0.036		(4,9)			(7,8)	
	(2,10)		15	41	0.025	39	73	0.027
4	22	0.030	17	39	0.053	41	71	0.047
5	21	0.061		(4,10)			(7,9)	
	(3,3)		16	44	0.026	41	78	0.027
6	15	0.050	18	42	0.053	43	76	0.045
	(3,4)			(5,5)			(7,10)	
6	18	0.028	18	37	0.028	43	83	0.028
7	17	0.057	19	36	0.048	46	80	0.054
	(3,5)			(5,6)			(8,8)	
6	21	0.018	19	41	0.026	49	87	0.025
7	20	0.036	20	40	0.041	52	84	0.052
	(3,6)			(5,7)			(8,9)	
7	23	0.024	20	45	0.024	51	93	0.023
8	22	0.048	22	43	0.053	54	90	0.046
	(3,7)			(5,8)			(8,10)	
8	25	0.033	21	49	0.023	54	98	0.027
9	24	0.058	23	47	0.047	57	95	0.051
	(3,8)			(5,9)			(9,9)	
8	28	0.024	22	53	0.021	63	108	0.025
9	27	0.042	25	50	0.056	66	105	0.047
	(3,9)			(5,10)			(9,10)	
9	30	0.032	24	56	0.028	66	114	0.027
10	29	0.050	26	54	0.050	69	111	0.047
	(3,10)			(6,6)			(10,10)	
9	33	0.024	26	52	0.021	79	131	0.026
11	31	0.056	28	50	0.047	83	127	0.053

注:括号内数字表示样本容量(n_1, n_2).

（八）相关系数临界值表

$$P\{|\rho|>\rho_\alpha\}=\alpha$$

n	α				n	α			
	0.50	0.10	0.05	0.01		0.50	0.10	0.05	0.01
1	0.707	0.988	0.997	1.000	31	0.122	0.291	0.344	0.442
2	0.500	0.900	0.950	0.990	32	0.120	0.287	0.339	0.436
3	0.404	0.805	0.878	0.959	33	0.118	0.283	0.334	0.430
4	0.347	0.729	0.811	0.917	34	0.116	0.279	0.329	0.424
5	0.309	0.669	0.755	0.875	35	0.115	0.275	0.325	0.418
6	0.281	0.621	0.707	0.834	36	0.113	0.271	0.320	0.413
7	0.260	0.582	0.666	0.798	37	0.111	0.267	0.316	0.408
8	0.242	0.549	0.632	0.765	38	0.110	0.264	0.312	0.403
9	0.228	0.521	0.602	0.735	39	0.108	0.261	0.308	0.398
10	0.216	0.497	0.576	0.708	40	0.107	0.257	0.304	0.393
11	0.206	0.476	0.553	0.684	41	0.106	0.254	0.301	0.389
12	0.197	0.457	0.532	0.661	42	0.104	0.251	0.297	0.384
13	0.189	0.441	0.514	0.641	43	0.103	0.248	0.294	0.380
14	0.182	0.426	0.497	0.623	44	0.102	0.246	0.291	0.376
15	0.176	0.412	0.482	0.606	45	0.101	0.243	0.288	0.372
16	0.170	0.400	0.468	0.590	46	0.100	0.240	0.285	0.368
17	0.165	0.389	0.456	0.575	47	0.099	0.238	0.282	0.365
18	0.160	0.378	0.444	0.561	48	0.098	0.235	0.270	0.361
19	0.156	0.369	0.433	0.549	49	0.097	0.233	0.276	0.358
20	0.152	0.360	0.423	0.537	50	0.096	0.231	0.273	0.354
21	0.148	0.352	0.413	0.526	54	0.092	0.222	0.263	0.341
22	0.145	0.344	0.404	0.515	58	0.089	0.214	0.254	0.330
23	0.141	0.337	0.396	0.505	62	0.086	0.207	0.246	0.320
24	0.138	0.330	0.388	0.496	66	0.083	0.201	0.239	0.310
25	0.136	0.323	0.381	0.487	70	0.081	0.195	0.232	0.302
26	0.133	0.317	0.374	0.479	74	0.079	0.190	0.226	0.294
27	0.131	0.311	0.367	0.471	78	0.077	0.185	0.220	0.286
28	0.128	0.306	0.361	0.463	82	0.075	0.181	0.215	0.280
29	0.126	0.301	0.355	0.456	86	0.073	0.177	0.210	0.273
30	0.124	0.296	0.349	0.449	90	0.071	0.173	0.205	0.267

部分习题参考答案

第一章

习题 1-1

1. （1）否； （2）是； （3）是； （4）是.

2. （1）$S=\{3,4,5,6,7,8,9,10,11,12,13,14,15,16,17,18\}$；

（2）$S=\{1,2,3,4,\cdots\}$；

（3）$S=\{(x,y)\mid x^2+y^2<1\}$；

（4）$S=\left\{\dfrac{i}{n}\;\middle|\;i=0,1,2,\cdots,100n\right\}$，其中 n 为该班人数.

3. $A\cup B=\{x\mid 1\leqslant x\leqslant 4\}$, $AB=\{x\mid \sqrt{2}<x<3\}$,

   $B-A=\{x\mid 3\leqslant x\leqslant 4\}$, $\overline{A\cup B}=\{x\mid 0\leqslant x<1 \text{ 或 } 4<x\leqslant 5\}$.

4. （1）$A\cup B\cup C$；   （2）$\overline{A}\,\overline{B}\,\overline{C}$；

（3）$AB\overline{C}\cup A\overline{B}C\cup \overline{A}BC$；   （4）$AB\cup AC\cup BC$；

（5）$A\overline{B}\,\overline{C}\cup \overline{A}B\overline{C}\cup \overline{A}\,\overline{B}C$；   （6）$\overline{A}\,\overline{B}\cup \overline{A}\,\overline{C}\cup \overline{B}\,\overline{C}$；

（7）$\overline{A}\,\overline{B}\,\overline{C}$.

5. （1）A； （2）样本空间 S； （3）$\varnothing$.

习题 1-2

1. $\dfrac{5}{8},\dfrac{3}{8}$.

2. $P(A-B)=0.1$，$P(B-A)=0.3$.

3. $P(\overline{A}\cup \overline{B})=1-c$, $P(\overline{A}\cap B)=b-c$, $P(\overline{A}\cap \overline{B})=1-a-b+c$.

4. （1）当 $A\subseteq B$ 时，$P(AB)$ 取到最大值 0.6；

（2）当 $P(A\cup B)=1$ 时，$P(AB)$ 取到最小值 0.3.

5. （1）$\dfrac{1}{2}$；（2）$\dfrac{1}{6}$；（3）$\dfrac{3}{8}$.

习题 1-3

1. （1）$\dfrac{1}{12}$； （2）$\dfrac{1}{20}$.

2. $\dfrac{1}{12}$.

3. （1）$\dfrac{C_{1\,200}^{80}\,C_{300}^{20}}{C_{1\,500}^{100}}$;　（2）$1-\dfrac{C_{1\,200}^{100}+C_{300}^{1}\,C_{1\,200}^{19}}{C_{1\,500}^{100}}$.

4. $\dfrac{1}{6}$.

5. （1）$\dfrac{C_{M}^{k}\,C_{N-M}^{n-k}}{C_{N}^{n}}$;　（2）$1-\dfrac{C_{N-M}^{n}}{C_{N}^{n}}$.

6. $\dfrac{13}{21}$.

7. （1）$\dfrac{1}{1\,296}$;　（2）$\dfrac{5}{18}$;　（3）$\dfrac{13}{18}$.

习题 1-4

1. $\dfrac{2}{3}$;

2. 0. 25.

3. $\dfrac{t+a}{r+t+3a}\cdot\dfrac{t}{r+t+2a}\cdot\dfrac{r+a}{r+t+a}\cdot\dfrac{r}{r+t}$.

4. 0. 04.

5. （1）$\dfrac{7}{24}$;　（2）$\dfrac{2}{7}$.

6. （1）$\dfrac{n(N+1)+mN}{(m+n)(M+N+1)}$;　（2）$\dfrac{n(N+1)}{n(N+1)+mN}$.

7. $\dfrac{20}{21}$.

8. $\dfrac{m-2}{m+n-2}$.

习题 1-5

1. 0. 5.

2. 略.

3. 略.

4. $\dfrac{b}{b+a\cdot 2^{-n}}$.

5. 0. 137 1.

6. $2p^{2}+2p^{3}-5p^{4}+2p^{5}$.

7. 0. 6.

8. （1）0. 345 6;　（2）0. 663 04.

9. （1）0. 321;　（2）0. 243.

第二章

习题 2-1

1. X 的取值为 $1,2,3$; $P\{X=3\}=\dfrac{1}{16}$.

2. 0. 989 76.

3. $M=\max(X,Y),N=\min(X,Y),W=X+Y,P\{M=2\}=\dfrac{1}{12}$.

习题 2−2

1.

X	3	4	5
p_k	$\dfrac{1}{10}$	$\dfrac{3}{10}$	$\dfrac{6}{10}$

2.

M	1	2	3	4	5	6
p_k	$\dfrac{1}{36}$	$\dfrac{3}{36}$	$\dfrac{5}{36}$	$\dfrac{7}{36}$	$\dfrac{9}{36}$	$\dfrac{11}{36}$

N	1	2	3	4	5	6
p_k	$\dfrac{11}{36}$	$\dfrac{9}{36}$	$\dfrac{7}{36}$	$\dfrac{5}{36}$	$\dfrac{3}{36}$	$\dfrac{1}{36}$

3. $P\{X=k\}=\dfrac{C_M^k C_{N-M}^{n-k}}{C_N^n},k=0,1,2,\cdots,\min(n,M)$.

4. $P\{Y=k\}=C_{k-1}^{r-1}p^r(1-p)^{k-r},k=r,r+1,\cdots$.

5. 0. 4.

6. $a=1$.

7. （1）0. 072 9； （2）0. 008 56； （3）0. 999 54； （4）0. 409 51.

8. 0. 999 7.

9. （1）$\dfrac{1}{70}$； （2）猜对的概率仅万分之三,由实际推断原理,认为他确有区分能力.

10. 21 台.

习题 2−3

1. $F(x)=\begin{cases}0, & x<2,\\ 0.3, & 2\leqslant x<3,\\ 0.7, & 3\leqslant x<4,\\ 1, & x\geqslant 4,\end{cases}$ $P\{X>\sqrt{5}\}=0.7,P\{3\leqslant X\leqslant 5\}=0.7$.

2.

X	0	1
p_k	0. 2	0. 8

3. $A=1$.

4. $F(x)=\begin{cases}0, & x<0,\\ \dfrac{x}{a}, & 0\leqslant x<a,\\ 1, & x\geqslant a.\end{cases}$

习题 2-4

1. $\dfrac{4}{7}$.

2. (1) $A = \dfrac{1}{2}, B = \dfrac{1}{\pi}$; (2) $\dfrac{1}{3}$; (3) $f(x) = \begin{cases} \dfrac{1}{\pi\sqrt{a^2 - x^2}}, & |x| < a, \\ 0, & \text{其他}. \end{cases}$

3. $c = \dfrac{6}{29}$;

$$F(x) = \begin{cases} 0, & x < 1, \\ \dfrac{2}{29}(x^3 - 1), & 1 \leqslant x < 2, \\ \dfrac{1}{29}(3x^2 + 2), & 2 \leqslant x < 3, \\ 1, & x \geqslant 3; \end{cases}$$

$P\{1 < X < \sqrt{5}\} = \dfrac{17}{29}$.

4. (1) $P\{Y = k\} = C_4^k (e^{-2})^k (1 - e^{-2})^{4-k}, k = 0, 1, 2, 3, 4$; (2) $4e^{-6} - 3e^{-8}$.

5. $\dfrac{2}{\sqrt{\ln 3}}$.

6. (1) $P\{2 < X \leqslant 5\} = 0.532\,8, P\{-4 < X \leqslant 10\} = 0.999\,6$,

$P\{|X| > 2\} = 0.697\,7, P\{X > 3\} = 0.5$;

(2) $c = 3$; (3) $d \leqslant 0.436$.

7. 0.162 4. **8.** (1) 0.012 4; (2) 6 时 59 分.

习题 2-5

1.

Y	0	1	4	9
p_k	$\dfrac{6}{30}$	$\dfrac{7}{30}$	$\dfrac{6}{30}$	$\dfrac{11}{30}$

2. (1) $f_Y(y) = \begin{cases} \dfrac{1}{\sqrt{2\pi y}} e^{-\frac{y}{2}}, & y > 0, \\ 0, & y \leqslant 0; \end{cases}$ (2) $f_Y(y) = \begin{cases} \dfrac{1}{y\sqrt{2\pi}} e^{-\frac{(\ln y)^2}{2}}, & y > 0, \\ 0, & y \leqslant 0; \end{cases}$

(3) $f_Y(y) = \begin{cases} \dfrac{4y}{\sqrt{2\pi}} e^{-\frac{y^4}{2}}, & y > 0, \\ 0, & y \leqslant 0. \end{cases}$

3. $f_Y(y) = \begin{cases} \dfrac{3(y+1)}{8\sqrt{y}}, & 0 < y < 1, \\ 0, & \text{其他}. \end{cases}$

4. $f_Y(y)=\begin{cases}\dfrac{2}{3\pi\sqrt{1-y^2}}, & -1<y\leqslant 0,\\[3mm]\dfrac{4}{3\pi\sqrt{1-y^2}}, & 0<y<1,\\[3mm]0, & 其他.\end{cases}$

5. $f_Y(y)=\dfrac{3(1-y)^2}{\pi\left[1+(1-y)^6\right]},\ -\infty<y<+\infty$.

6. $f_W(w)=\begin{cases}\dfrac{1}{8}\left(\dfrac{2}{w}\right)^{\frac12}, & 162<w<242,\\[3mm]0, & 其他.\end{cases}$

7. 略.

第三章

习题 3−1

1.

		0	1	2	3
			X		
Y	0	0	0	3/35	2/35
	1	0	6/35	12/35	2/35
	2	1/35	6/35	3/35	0

2. (1)

		1	2	3	4	5	6
				Y			
	1	6/36	0	0	0	0	0
	2	1/36	5/36	0	0	0	0
	3	1/36	1/36	4/36	0	0	0
X	4	1/36	1/36	1/36	3/36	0	0
	5	1/36	1/36	1/36	1/36	2/36	0
	6	1/36	1/36	1/36	1/36	1/36	1/36

(2) $\dfrac{7}{12}$; (3) $\dfrac{1}{3}$.

3. (1) $a+b=\dfrac{11}{24}$; (2) $a=\dfrac14,b=\dfrac{5}{24}$.

4. (1) $k=10$; (2) $\dfrac{85}{96}$.

5. (1) $F(x,y)=\begin{cases}(1-e^{-x^2})(1-e^{-y^2}), & x>0,y>0;\\0, & 其他;\end{cases}$ (2) $1-e^{-4}$.

6. (1) $A=\dfrac{1}{\pi^2},B=\dfrac{\pi}{2},C=\dfrac{\pi}{2}$; (2) $f(x,y)=\dfrac{6}{\pi^2(4+x^2)(9+y^2)},x\in\mathbf{R},y\in\mathbf{R}$.

习题 3-2

1.

		X		$p_{\cdot j}$
		2	3	
Y	0	0.18	0.108	0.288
	1	0.24	0.216	0.456
	2	0.08	0.144	0.224
	3	0	0.032	0.032
$p_{i\cdot}$		0.5	0.5	

2. (1) $F_X(x) = \begin{cases} 1-e^{-x}, & x>0, \\ 0, & x\leqslant 0; \end{cases}$ $\qquad F_Y(y) = \begin{cases} 1-e^{-y}, & y>0, \\ 0, & y\leqslant 0; \end{cases}$

(2) $f(x,y) = \begin{cases} e^{-y}/2, & y\geqslant x>0, \\ e^{-x}/2, & x>y>0, \\ 0, & \text{其他}. \end{cases}$

3. $P\{X=n\} = \dfrac{14^n e^{-14}}{n!}, n=0,1,2,\cdots;$ $\quad P\{Y=m\} = \dfrac{7.14^m e^{-7.14}}{m!}, m=0,1,2,\cdots,n.$

4. (1) $k=24$; (2) $f_X(x) = \begin{cases} 12(1-x)x^2, & 0<x<1, \\ 0, & \text{其他}, \end{cases}$ $\quad f_Y(y) = \begin{cases} 12y(1-y)^2, & 0<y<1, \\ 0, & \text{其他}. \end{cases}$

5. $f_X(x) = \begin{cases} \dfrac{x}{2}, & 0<x<2, \\ 0, & \text{其他}; \end{cases}$ $\quad f_Y(y) = \begin{cases} \dfrac{1}{4}(2-|y|), & -2<y<2, \\ 0, & \text{其他}. \end{cases}$

6. $f_X(x) = \begin{cases} e^{-x}, & x>0, \\ 0, & \text{其他}; \end{cases}$ $\quad f_Y(y) = \begin{cases} ye^{-y}, & y>0, \\ 0, & \text{其他}. \end{cases}$

习题 3-3

1. $f_{Y|X}(y|x) = \begin{cases} \dfrac{1}{x}, & 0<y<x, \\ 0, & \text{其他}. \end{cases}$

2. $\dfrac{7}{15}.$

习题 3-4

1. (1) $k=1$; (2) $f_X(x) = \begin{cases} e^{-x}, & 0<x<+\infty, \\ 0, & \text{其他}; \end{cases}$ $\quad f_Y(y) = \begin{cases} e^{-y}, & 0<y<+\infty, \\ 0, & \text{其他}; \end{cases}$ (3) 相互独立.

2. (1)

		X		
		-1	0	1
Y	0	$\dfrac{1}{4}$	0	$\dfrac{1}{4}$
	1	0	$\dfrac{1}{2}$	0

（2）不独立.

3. $\dfrac{1}{3}$.

4. （1）$f(x,y)=\begin{cases} 25\mathrm{e}^{-5y}, & 0<x<0.2, y>0, \\ 0, & \text{其他}; \end{cases}$ （2）e^{-1}.

5. 相互独立.

6. （1）

Z	0	1
p_k	$2p(1-p)$	$p^2+(1-p)^2$

（2）

		\multicolumn{2}{c}{Z}
		0	1
X	0	$p(1-p)$	$(1-p)^2$
	1	$p(1-p)$	p^2

（3）$p=\dfrac{1}{2}$.

习题 3-5

1. （1）

Z	0	1	2	3	4
p_k	$\dfrac{1}{36}$	$\dfrac{4}{36}$	$\dfrac{10}{36}$	$\dfrac{12}{36}$	$\dfrac{9}{36}$

（2）

M	0	1	2
p_k	$\dfrac{1}{36}$	$\dfrac{8}{36}$	$\dfrac{27}{36}$

（3）

N	0	1	2
p_k	$\dfrac{11}{36}$	$\dfrac{16}{36}$	$\dfrac{9}{36}$

2. （1）$P\{Z=n\}=(n+1)p^2q^n, n=0,1,2,\cdots$；

（2）$P\{M=n\}=pq^n(2-q^n-q^{n+1}), n=0,1,2,\cdots$；$P\{N=k\}=pq^{2k}(1+q), k=0,1,2,\cdots$.

3. （1）$f_Z(z)=\begin{cases} 0, & z\leqslant 0, \\ 2\mathrm{e}^{-z}[\mathrm{e}^z(z-1)+1], & 0<z\leqslant 1, \\ 2\mathrm{e}^{-z}, & z>1; \end{cases}$

（2）$f_Z(z)=\begin{cases} \dfrac{1}{15\,000}(600z-60z^2+z^3), & 0\leqslant z\leqslant 10, \\ \dfrac{1}{15\,000}(8\,000-1\,200z+60z^2-z^3), & 10<z\leqslant 20, \\ 0, & \text{其他}. \end{cases}$

4. $f_U(u) = \begin{cases} 0, & u \leq 0, \\ 1-e^{-u}+ue^{-u}, & 0<u\leq 1, \\ e^{-u}, & u>1; \end{cases}$ $\quad f_V(v) = \begin{cases} (2-v)e^{-v}, & 0<v<1, \\ 0, & 其他. \end{cases}$

5. $e^{-\frac{5}{2}}$.

6. $f(x) = \begin{cases} \lambda^3 x^2 e^{-\lambda x}/2, & x>0, \\ 0, & 其他. \end{cases}$

7. 略.

8.

Y	-1	0	1
p_k	$\dfrac{3}{16}$	$\dfrac{10}{16}$	$\dfrac{3}{16}$

9. $F_Z(z) = \begin{cases} 0, & z \leq 0, \\ 1-e^{-\frac{z^2}{2}}, & z>0; \end{cases}$ $\quad f_Z(z) = \begin{cases} 0, & z \leq 0, \\ ze^{-\frac{z^2}{2}}, & z>0. \end{cases}$

第四章

习题 4-1

1. （1）-0.1；（2）1.7；（3）10.1.

2. 甲的成绩好于乙的.

3. $5\,492.2$ 元.

4. （1）$a=\dfrac{3}{5}, b=\dfrac{6}{5}$；（2）$\dfrac{2}{25}$.

5. （1）$E(X)=2, E(Y)=0$；（2）0.2；（3）5.

6. （1）$E(X)=\dfrac{4}{5}, E(Y)=\dfrac{3}{5}$；（2）$E(XY)=\dfrac{1}{2}$；（3）$E(X^2+Y^2)=\dfrac{16}{15}$.

7. 21 件.

8. 1.

9. $\mu_1\mu_4-\mu_2\mu_3$.

习题 4-2

1. $D(X)=2.76, D(X^2)=3.36$.

2. $E(X)=\dfrac{1}{p}, D(X)=\dfrac{1-p}{p^2}$.

3. 期望 $\dfrac{26}{3}$，方差 $\dfrac{964}{45}$.

4. 18.

5. $E(X^4)=\dfrac{31}{15}, D(X^2)=\dfrac{127}{180}$.

6. $E(X) = \sum\limits_{i=1}^{n} p_i, D(X) = \sum\limits_{i=1}^{n}(p_i - p_i^2).$

7. 11.

8. $E(Y) = 0, D(Y) = 1.$

9. 略.

10. 0.977 2.

11. $D(X) = 1.$

习题 4–3

1. $E(X) = \dfrac{4}{5}, E(Y) = \dfrac{8}{15}, \mathrm{cov}(X, Y) = \dfrac{4}{225}.$

2. 略.

3. （1）是； （2）否.

4. 3.

5. （1） $E(Z) = \dfrac{1}{3}, D(Z) = 3$； （2） 0.

6. $a = E(Y) - \dfrac{E(X)\,\mathrm{cov}(X, Y)}{D(X)}, b = \dfrac{\mathrm{cov}(X, Y)}{D(X)}$，最小值：$[1 - \rho^2(X, Y)]D(Y).$

7. $\dfrac{\alpha^2 \sigma_1^2 - \beta^2 \sigma_2^2}{\alpha^2 \sigma_1^2 + \beta^2 \sigma_2^2}.$

8,9. 略.

10. $-1.$

习题 4–4

1. （1） $\dfrac{2(2^{k+1} - 1)}{(k+1)(k+2)}$； （2） $\dfrac{1}{28}.$

2. $\begin{pmatrix} \dfrac{(b_1 - a_1)^2}{12} & 0 \\ 0 & \dfrac{(b_2 - a_2)^2}{12} \end{pmatrix}.$

3. 略.

第五章

习题 5–1

1. $\lambda.$

2. $E(\overline{X}) = \dfrac{a+b}{2}, D(\overline{X}) = \dfrac{(b-a)^2}{12n}.$

3. 略.

4. 0.074.

习题 5-2

1. 0. 181 4.

2. (1) 0. 180 2； (2) 446.

3. 0. 888 2.

4. 0. 006 2.

5. (1) 0. 998 1； (2) 0.

6. 25.

7. 参数分别为 0. 4 和 $\dfrac{0.24}{n}$.

第六章

习题 6-2

1. 0. 829 3.

2. 0. 674 4.

3. (1) $E(\overline{X}) = 3, D(\overline{X}) = 0.03$； (2) $E(S^2) = 3$； (3) 0.

4. $k = -0.438\ 3$.

5. 0. 95.

6. (1) 0. 99； (2) $D(S^2) = 2\sigma^4/(n-1)$.

7,8. 略.

第七章

习题 7-2

1. $\hat{\mu} = 74.002; \hat{\sigma}^2 = 6 \times 10^{-6}; s^2 = 6.86 \times 10^{-6}$.

2. $\hat{\theta} = \dfrac{1}{\overline{X}} - 1$.

3. $\hat{\alpha} = 3\overline{X}$.

4. $\hat{\lambda} = \dfrac{1}{\overline{X}}$.

5. $\overline{X} + 1.64 S^*$.

6. $\hat{\lambda} = \dfrac{1}{n} \sum_{i=1}^{n} x_i = \overline{x}$.

7. $\hat{\lambda} = 1 \Big/ \left(\dfrac{1}{n} \sum_{i=1}^{n} \ln x_i - \ln \hat{\theta} \right)$，其中 $\hat{\theta} = \min(X_1, X_2, \cdots, X_n)$.

8. $\hat{p} = \dfrac{1}{75} \sum_{i=1}^{75} x_i = \dfrac{10}{75} = \dfrac{2}{15}$.

9. $\hat{\theta} = -\dfrac{n}{\sum\limits_{i=1}^{n} \ln X_i}$.

10. $\hat{\theta} = \sqrt{\dfrac{1}{n}\sum\limits_{i=1}^{n}X_i^2}$.

11. 矩估计量 $\hat{\theta} = \dfrac{\overline{X}}{\overline{X}-c}$,最大似然估计量 $\hat{\theta} = \dfrac{n}{\sum\limits_{i=1}^{n}\ln X_i - n\ln c}$.

12. (1) $\hat{\theta} = \dfrac{\overline{X}^2}{(1-\overline{X})^2}$; (2) $\hat{\theta} = \dfrac{n^2}{\left(\sum\limits_{i=1}^{n}\ln X_i\right)^2}$.

习题 **7-3**

1. φ_2 最有效.

2. $C = \dfrac{1}{2(n-1)}$.

3. $\hat{\theta} = \overline{X} - \dfrac{1}{2}$,无偏估计量.

4. 略.

5. $k_1 = \dfrac{1}{3}, k_2 = \dfrac{2}{3}$.

习题 **7-4**

1. $[14.88, 15.21]$.

2. $[1.002, 1.018]$.

3. $[31\,216, 32\,784]$.

习题 **7-5**

1. (1) $[2.120\,9, 2.129\,1]$; (2) $[2.117\,6, 2.132\,4]$.

2. $[71.668, 85.332]$.

3. $[30.868, 31.252]$.

4. 均值:$[57.113, 60.637]$,方差:$[23.94, 56.67]$.

5. $[7.43, 21.08]$.

6. $[0.055\,8, 0.206\,1]$.

7. $n \geqslant \dfrac{4z_{\alpha/2}^2 \sigma^2}{L^2}$.

8. $[-0.002, 0.006]$.

9. $[92.65, 207.35]$.

10. $[0.34, 3.95]$.

11. $[0.52, 4.21]$.

习题 **7-6**

40 526.

习题 **7-7**

1. $[0.721\,6, 0.878\,4]$.

2. $[0.723, 0.777]$.

第八章

习题 8-1

1. 不能出厂.

2. 有理由认为"运气"不佳.

习题 8-2

1. 能够认为含量为 3.25%.

2. 有显著差异.

3. 不能认为 $\mu > 12$.

4. 平均质量有明显提高.

习题 8-3

1. 不能认为标准差为 0.15.

2. 有显著变化.

3. 接受 H_0.

习题 8-4

1. 无显著差异.

2. 有显著差异.

3. 有显著变化.

习题 8-5

1. 接受 H_0.

2. 接受 H_0.

3. 可以认为新生女婴体重的方差冬季的比夏季的小.

习题 8-6

1. 认为服从泊松分布.

2. 接受 H_0.

3. 无显著差异.

第九章

习题 9-2

1. 有显著差异.

2. 有显著差异.

3. 无显著差异.

习题 9-3

1. 因素 A 与因素 B 的影响均不显著.

2. 均有显著差异.

3. 均无显著差异.

第十章

习题 10-2

1. $\hat{y} = 24.6287 + 0.05886x$.

2. $\hat{y} = -0.754 + 1.198x$，显著.

3. $\hat{h} = 0.69 + 0.1242E$，显著.

4.（1）略；（2）$\hat{y} = 13.9584 + 12.5503x$；（3）回归效果显著；（4）（19.67, 20.80）.

5.（1）回归直线方程为 $\hat{y} = 0.96 + 3.44x$；（2）$\rho = 0.928$；

（3）y 的概率为 95% 的预测区间为（-1.3, 6.66）；（4）x 的控制范围为（-0.284, -0.273）.

6. 回归方程为 $\hat{u} = 100.8e^{-0.3127t}$.

习题 10-3

1. $\hat{y} = -16.011 + 0.522x_1 + 0.475x_2$.

2. 回归平面方程为 $Z = 30.82 + 7.29X - 0.58Y$；显著.

3.（1）$\hat{y} = 3.4167 + 2.7262x - 0.3905x^2$；（2）6.5982.

参 考 文 献

[1] 盛骤,谢式千,潘承毅.概率论与数理统计[M].4版.北京:高等教育出版社,2008.

[2] 同济大学概率统计教研组.概率统计[M].3版.上海:同济大学出版社,2004.

[3] 梁之舜,邓集贤,杨维权,等.概率论及数理统计:上册[M].3版.北京:高等教育出版社,2005.

[4] 梁之舜,邓集贤,杨维权,等.概率论及数理统计:下册[M].3版.北京:高等教育出版社,2005.

[5] 刘嘉焜,王家生,张玉环,等.应用概率统计[M].2版.北京:科学出版社,2010.

[6] 孙清华,孙昊.概率论与数理统计内容、方法与技巧[M].2版.武汉:华中科技大学出版社, 2006.

[7] 同济大学基础数学教研室.工程数学解题方法与同步训练:下册[M].上海:同济大学出版社, 2000.

[8] 李俊德,等.概率论与数理统计:下册,数理统计[M].开封:河南大学出版社,1995.

[9] 茆诗松,周纪芗.概率论与数理统计[M].3版.北京:中国统计出版社,2007.

[10] 魏振军.概率论与数理统计三十三讲[M].2版.北京:中国统计出版社,2005.

[11] 萧亮壮,谭锐先.工程数学:概率论与数理统计[M].北京:国防工业出版社,1988.

[12] 朱燕堂,赵选民,徐伟.应用概率统计方法[M].2版.西安:西北工业大学出版社,2000.

[13] 周兆麟,李毓芝.数理统计学[M].北京:中国统计出版社,1987.

[14] 迟美华.Excel方差分析在市场营销中的应用[J].中国管理信息化,2013,16(11):49-50.

[15] 郭珂.Excel常用函数之探究[J].电脑编程技巧与维护,2014(2):29-30.

[16] 张爱莲,张杰.浅谈EXCEL在统计工作中的应用[J].改革与开放,2013(18):81-83.

[17] 游学民.基于Excel的概率统计的假设检验计算[J].高等函授学报(自然科学版),2011,24 (5):41-43.

[18] 张天德,叶宏.概率论与数理统计:慕课版[M].北京:人民邮电出版社,2021.

[19] 刘中强,李文玲.概率论与数理统计[M].2版.北京:高等教育出版社,2021.

[20] 徐全智,吕恕.概率论与数理统计[M].4版.北京:高等教育出版社,2021.

[21] 缪柏其,张伟平.概率论与数理统计[M].北京:高等教育出版社,2022.

[22] 茆诗松,程依明,濮晓龙.概率论与数理统计[M].3版.北京:高等教育出版社,2019.

郑重声明

高等教育出版社依法对本书享有专有出版权。任何未经许可的复制、销售行为均违反《中华人民共和国著作权法》,其行为人将承担相应的民事责任和行政责任;构成犯罪的,将被依法追究刑事责任。为了维护市场秩序,保护读者的合法权益,避免读者误用盗版书造成不良后果,我社将配合行政执法部门和司法机关对违法犯罪的单位和个人进行严厉打击。社会各界人士如发现上述侵权行为,希望及时举报,我社将奖励举报有功人员。

反盗版举报电话　(010) 58581999　58582371

反盗版举报邮箱　dd@ hep. com. cn

通信地址　北京市西城区德外大街 4 号
　　　　　高等教育出版社知识产权与法律事务部

邮政编码　100120

读者意见反馈

为收集对教材的意见建议,进一步完善教材编写并做好服务工作,读者可将对本教材的意见建议通过如下渠道反馈至我社。

咨询电话　400-810-0598

反馈邮箱　hepsci@ pub. hep. cn

通信地址　北京市朝阳区惠新东街 4 号富盛大厦 1 座
　　　　　高等教育出版社理科事业部

邮政编码　100029